小浪底水库高滩深槽塑造及支流库容利用研究

李文学　安催花　付　健　著

黄 河 水 利 出 版 社
·郑 州·

内 容 提 要

本书紧密围绕小浪底水库延长拦沙年限和长期保留有效库容的关键技术问题开展研究，共9章，主要内容包括：小浪底水库入库水沙条件研究，水库排沙和降低水位冲刷的调控指标研究，小浪底水库淤积形态分析，冲刷模式和数学模拟技术研究，水库冲刷水位及冲刷时机研究，不同水库运用方式对水库冲淤形态影响研究，水库拦沙库容和有效库容论证等。提出的水库冲刷模式、排沙和冲刷的调控指标、冲刷模拟技术、降水冲刷时机、高滩深槽塑造和支流库容有效利用等创新性成果，丰富了河流泥沙运动力学和河床演变学的理论，推动了学科发展和治黄科技进步。

本书可供从事水利水电工程规划、设计、科研人员和高等院校相关专业的师生学习参考。

图书在版编目(CIP)数据

小浪底水库高滩深槽塑造及支流库容利用研究/李文学，安催花，付健著.—郑州：黄河水利出版社，2015.7
ISBN 978-7-5509-1018-8

Ⅰ.①小… Ⅱ.①李…②安…③付… Ⅲ.①水库泥沙-研究-洛阳市②库容-利用-研究-洛阳市 Ⅳ.①TV145 ②TV697.1

中国版本图书馆CIP数据核字(2015)第023480号

组稿编辑：王路平 电话：0371-66022212 E-mail：hhslwlp@126.com

出 版 社：黄河水利出版社
地址：河南省郑州市顺河路黄委会综合楼14层 邮政编码：450003
发行单位：黄河水利出版社
发行部电话：0371-66026940、66020550、66028024、66022620(传真)
E-mail：hhslcbs@126.com
承印单位：河南新华印刷集团有限公司
开本：787 mm×1 092 mm 1/16
印张：13.5
字数：310千字 印数：1—1 000
版次：2015年7月第1版 印次：2015年7月第1次印刷

定价：52.00元

前　言

小浪底水库位于黄河中游最后一个峡谷出口，是黄河治理开发和水沙调控体系中的控制性骨干工程，是解决黄河下游防洪、减淤等问题的不可替代的关键工程，在黄河综合治理开发中具有重要的战略地位。工程于1997年10月截流，1999年10月25日下闸蓄水，水库自投入运用以来，在防洪(防凌)、减淤、供水、灌溉、发电等方面发挥了巨大作用。通过水库拦沙和调水调沙运用，下游河道持续冲刷，截至2011年4月，黄河下游利津以上河道累计冲刷泥沙20.15亿t，下游河道最小平滩流量已由2002年汛前的1 800 m^3/s增加至4 100 m^3/s，主槽行洪输沙能力得到提高，防洪形势有所好转。小浪底水库运用以来，确保了下游河道年年不断流，并基本满足了灌溉、供水的需要，还多次向天津应急供水，缓解了当地用水危机。至2011年，电站累计发电量为534亿kWh，取得了巨大的社会效益和经济效益。

小浪底水库总库容126.5亿m^3，其中支流库容约占40%，设计长期有效库容51亿m^3，拦沙库容75.5亿m^3。要充分发挥小浪底水库的防洪、减淤功能，有两个重要条件：一是正常运用期要形成高滩深槽形态，利用10亿m^3槽库容长期调水调沙运用；二是要能够有效利用支流库容拦沙减淤。自1997年10月小浪底工程截流以后，随着水库的持续运行，库区淤积量不断增加，至2007年4月，库区累计淤积泥沙21.95亿m^3，其中支流淤积3.43亿m^3，占总淤积量的15.6%。水库运用由拦沙初期运用阶段进入拦沙后期运用阶段，面临运用方式调整，调整后对高滩深槽塑造和支流库容的影响如何，直接关系长期有效库容能否保持，从而影响水库能否充分发挥综合利用效益。因此，水库运用方式调整对高滩深槽塑造及支流库容利用的影响已成为业界关注的焦点，是当时迫切需要解决的关键问题之一。在此背景下，水利部安排对此问题开展了系统研究，形成本研究成果，支撑了小浪底水库运用调度实践和治黄规划。

本书是在总结2007年以来的大量研究成果的基础上形成的，共分为9章，主要内容及编写人员分工如下：第1章绪论，由李文学、安催花执笔；第2章小浪底水库入库水沙条件研究，由万占伟、盖永岗执笔；第3章水库排沙和降低水位冲刷的调控指标研究，由韦诗涛、钱胜执笔；第4章小浪底水库淤积形态分析，由陈松伟、付健执笔；第5章冲刷模式和数学模拟技术研究，由付健、韦诗涛、陈松伟执笔；第6章水库冲刷水位及冲刷时机研究，由刘继祥、李世滢执笔；第7章不同水库运用方式对水库冲淤形态影响研究，由安催花、张俊华、马怀宝执笔；第8章水库拦沙库容和有效库容论证，由李庆国、李涛、张厚军执笔；第9章主要结论，由李文学、安催花执笔。全书由李文学、安催花、付健统稿。

本研究成果是许多同事经过多年的共同努力完成的，主要完成人员有：李文学、安催花、付健、刘继祥、张俊华、万占伟、陈松伟、马怀宝、韦诗涛、李庆国、李涛、张厚军、李世滢、王婷、钱胜、盖永岗等。在研究过程中，全体研究人员密切配合，相互支持，圆满地完成了研究任务，在此对他们的辛勤劳动表示诚挚的感谢！

限于作者水平，书中欠妥之处敬请读者批评指正。

作　者

2014 年 8 月

目　录

第1章　绪　论

1.1　研究背景

黄河小浪底水利枢纽位于洛阳以北的黄河干流上，在黄河中游最后一段峡谷的出口处，上距三门峡水利枢纽130 km，向下俯视黄淮海平原，距郑州花园口128 km。坝址控制流域面积69.4万km^2，占黄河流域总面积的92.3%；控制黄河径流量的87%和近100%的输沙量。工程开发任务是"以防洪（包括防凌）、减淤为主，兼顾供水、灌溉、发电，蓄清排浑，除害兴利，综合利用"。按照黄河开发治理规划，小浪底水利枢纽与上游龙羊峡、刘家峡、黑山峡和中游碛口、古贤、三门峡构成七大控制性骨干工程，由于小浪底工程处在控制黄河下游水沙的关键部位，是解决黄河下游防洪减淤问题的不可替代的关键工程，在黄河综合治理开发中具有重要的战略地位。

小浪底水库正常蓄水位275 m，正常死水位230 m，非常死水位220 m。水库最高运用水位275 m时总库容126.5亿m^3，防洪库容40.5亿m^3，调水调沙库容10亿m^3，拦沙库容75.5亿m^3。小浪底水库长期保持51亿m^3的有效库容，汛期以防洪和调水调沙运用为主，非汛期调节径流，发挥灌溉、供水、发电等综合效益，凌汛期预留20亿m^3的防凌库容进行防凌运用。

黄河下游的主要问题是洪水，下游洪水问题的症结在于泥沙，由于泥沙淤积，下游河床以每年大约10 cm的速度抬升，随河床抬高而不断加高大堤，河床高悬于两岸地面形成地上悬河，且随着大堤的不断加高，悬河态势愈演愈烈，防洪形势日益恶化。公元前602年至1938年的2 540年间，黄河下游决口1 590次，改道26次，其中有5次大的迁徙改道，洪灾波及范围北抵天津，南至江苏夺淮入海，波及面积达25万km^2，成为中华民族的心腹之患。据分析，现黄河不论从南岸还是北岸决口，直接受灾面积将超过30 000 km^2。人民治黄以来，黄河下游已初步形成了上拦（黄河三门峡水库、洛河故县水库和伊河陆浑水库）、下排（三次加高加固两岸堤防）、两岸分滞（北岸北金堤滞洪区和南岸东平湖滞洪区）的防洪体系，防洪设计标准为1958年洪水22 300 m^3/s。由于三门峡水库严重淤积，潼关高程抬高，改变了原水库的防洪运用条件，"75·8"淮河大水警示，三门峡—花园口区间仍有发生40 000 m^3/s以上洪水的可能，下游防洪形势依然十分严峻。黄河小浪底水利枢纽建成后，利用40.5亿m^3的防洪库容，与三门峡、故县和陆浑水库联合调度，可使黄河下游花园口断面百年一遇洪水29 500 m^3/s削减为15 700 m^3/s；千年一遇洪水42 300 m^3/s削减为22 600 m^3/s，将下游防洪标准从不足60年一遇提高到近千年一遇。黄河下游从低纬度的河南向北流入高纬度的山东由渤海湾入海，每年封河和开河季节，凌汛问题十分突出，仅靠三门峡水库15亿m^3的防凌库容远不能满足防凌要求，在20世纪50年代2次发生凌汛决口。小浪底设有20亿m^3的防凌库容，并可首先投入防凌运用，不足部分再动用三门峡水库防凌，这样可基本解除下游的凌汛威胁，也减少了三门峡水库防凌运用的概率和由于防凌运用带来的不利影响。利用小浪底水库75.5亿m^3的拦沙库容进行水库拦沙和调水调沙运用，可减少下游河床淤积约78亿t，使下游河床20年左右不淤积抬升。小浪底水库具有不完全年调节功能，经小浪底水库对径流的调节，平均每年可增加调节水量17.9亿m^3，在保证沿黄50多座大中城市供水的前提下，可提高下游1 500万亩(1亩=1/15 hm^2)引黄灌区的灌溉保证率，并可相机为其他2 000余万亩的沿黄耕地补充水源。小浪底水电站装机容量1 800 MW，以火电为主的河南电网担任调峰、调频和事故备用，设计多年平均年发电量前10年为45.99亿kWh，10年后为58.51亿kWh，可大大改善电网的供电质量。小浪底水库以其不可替代的社会经济效益，成为黄河治理的里程碑工程。

小浪底水库在黄河综合治理开发中具有重要的战略地位，利用干支流51亿m^3的长期有效库容可长期发挥防洪(包括防凌)、减淤、供水、灌溉、发电等综合利用效益。小浪底水库运用方式对高滩深槽塑造及支流库容利用研究是实现其开发目标的关键，也是黄河治理开发的关键。

进入21世纪以来，水利行业以科学发展观为指导，提出了从传统水利向现代水利、可持续发展水利转变的治水新思路，黄河水利委员会(简称黄委)提出了"维持黄河健康生命"的治河新理念，这些新思路、新理念的提出和不断实践，需要深入研究泥沙处理、水沙调控等黄河治理开发中的重大问题。小浪底水库是黄河治理开发和水沙调控体系中的骨干工程，其开发目标和作用的充分发挥对黄河治理开发意义重大。按照《小浪底水利枢纽拦沙初期运用调度规程》定义，小浪底水库运用分为三个时期，即拦沙初期、拦沙后期和正常运用期。其中，拦沙初期是指水库淤积量达到21亿~22亿m^3以前。拦沙后期指拦沙初期之后至库区形成高滩深槽，坝前滩面高程达254 m。正常运用期是指在长期保持254 m高程以上防洪库容的前提下，利用254 m高程的槽库容长期进行调水调沙。2007年汛前，小浪底库区累计淤积泥沙已达21.95亿m^3，水库运用即将进入拦沙后期，拦沙后期高滩深槽塑造和库区支流库容能否有效利用并影响小浪底水库在黄河下游防洪减淤、水资源优化配置等方面作用发挥，是小浪底水库运用实践急需解决的问题，也是治水新思路和"维持黄河健康生命"新理念需要深入研究的泥沙处理、水沙调控等黄河治理开发中重大问题的范畴。为此，2007年小浪底水库运用方式对高滩深槽塑造及支流库容利用研究被列为水利部公益性行业科研专项经费项目开展研究。

1.2 研究目标和内容

1.2.1 研究目标

小浪底水库是黄河治理开发的骨干工程，1999年10月下闸蓄水运用以来，至2007年汛前库区已淤积泥沙21.95亿m^3，即将进入水库的拦沙后期，完成水库拦沙和坝前滩面高程254 m、坝前河底工程226.3 m的高滩深槽淤积形态的形成。拦沙后期高滩深槽如何塑造、库区干支流淤积形态是否合理、支流库容能否有效利用将是影响到能否充分发挥小浪底水库防洪(包括防凌)、减淤、供水、灌溉、发电等综合利用效益的关键问题,是小浪底水库运用实践急需解决的问题,对其进行研究迫在眉睫。

"小浪底水库运用方式对高滩深槽塑造及支流库容利用研究"项目确定的目标是:提出小浪底水库运用方式对高滩深槽塑造和支流库容有效利用的影响,从库区泥沙冲淤及淤积形态角度提出水库可采取的运用方式。论证水库的拦沙库容和有效库容,提出小浪底水库可拦减的泥沙量,干、支流库容,以及支流库容的可利用程度等研究成果。

1.2.2 研究内容

本书围绕小浪底水库运用方式对高滩深槽塑造及支流库容利用的关键技术问题开展研究,主要研究内容有:

(1)分析拟定研究采用的水沙条件。

由于气候降雨的影响以及人类活动的加剧,进入黄河的水沙量呈逐年减少趋势,尤其是1986年以来减少幅度更大。在以往研究工作的基础上,分析黄河水沙变化,预估小浪底水库入库水沙变化趋势,结合研究需要选定水沙代表系列,拟定研究采用的水沙条件。

(2)水库排沙和降低水位冲刷的调控指标研究。

水库不同运用阶段应该采取不同的排沙方式,运用初期,蓄水体大,壅水程度高,水库主要的排沙方式为异重流和浑水水库排沙;运用至中、后期,随着库区的持续淤积,水库壅水明流排沙和均匀流排沙机遇逐渐增多。以实测资料分析为主要手段,研究不同的水沙条件和水库运用条件下水库的输沙效果、淤积部位,研究降低运用水位冲刷时不同出库流量和历时条件下水库的冲刷效果、冲刷部位、冲刷形态及恢复库容效果,提出降低水位冲刷的流量及历时。

(3)小浪底水库干、支流淤积形态分析。

库区淤积形态的变化与水库水位的变化幅度、异重流产生及运行情况、来水来沙条件等因素有密切关系。利用原型观测资料,分析小浪底水库运用以来库区干流、各个重要支流淤积形态;研究不同水沙条件和水库运用条件下库区干流、各个重要支流滩槽淤积形态变化;研究支流沟口倒灌淤积特性,以及淤积后的支流库容特性。

(4)冲刷模式和数学模拟技术研究。

依据已建水库实测资料分析,结合模型试验,研究库区沿程冲刷、溯源冲刷等冲刷方式、影响因素和冲刷效果;研究库区淤积物的粗细和固结历时对库区冲刷效果的影响;研究不同降低水位冲刷方式下干、支流的纵向、横向形态,对支流沟口"倒锥体"的影响和对支流的影响范围;研究库区冲刷计算的方法和模拟技术。

(5)水库冲刷时机和冲刷方式研究。

降水冲刷时机是指水库可以泄空冲刷的起始时间,用水库淤积量达到一定数值来表示。根据小浪底水库的实际情况,考虑泥沙淤积物固结、黄河水沙条件变化、水库敞泄排沙和库区冲刷的条件及黄河下游河道减淤要求,研究小浪底水库开始冲刷的库区淤积量或淤积面条件;考虑枢纽工程安全等因素,研究库水位下降速率和最低冲刷水位。

(6)不同运用方式对水库高滩深槽的塑造模式研究。

方式一是拦粗排细运用方式,利用黄河下游河道大水输沙,泥沙越细输沙能力越大,且有一定输送粒径大于0.05 mm粗沙能力的特性,所以水库保持低壅水、合理地拦粗排细,实现下游河道减淤。方式二运用重点考虑高村以下河段的减淤,增大高村以下河道挟沙力、减少淤积和维持中水河槽的关键是要用一定持续时间的较大流量输沙。采用库区泥沙冲淤计算数学模型,拟定不同水库运用方式,计算分析小浪底水库干、支流泥沙冲淤变化和高滩深槽的塑造过程,结合库区模型试验,分析比较不同水库运用条件下库区干、支流淤积的纵剖面、横断面形态变化,高滩深槽塑造的时间,支流倒锥体变化,库区干、支流库容变化,以及支流库容的利用程度。从库区泥沙冲淤及淤积形态角度提出水库可采取的运用方式。

(7)水库拦沙库容和有效库容的论证。

随着水库淤积发展,水库库容也随之变化。在以上研究的基础上,结合理论和实测资料分析、数学模型计算、实体模型试验等多种方法,分析论证小浪底库区干支流河槽、滩地平衡纵剖面比降,以不影响三门峡坝下尾水为控制条件,分析论证小浪底水库冲淤平衡的坝前滩面高程、河底高程。分析论证库区冲淤平衡的横断面形态。分析支流倒锥体冲开的可能性。分析论证库区最终的拦沙库容及有效库容。

1.3 技术路线

在调查研究的基础上,采用理论和实测资料分析、数学模型计算、实体模型试验等多种研究手段,分基础层、技术层和方案层三个层次开展研究工作。基础层预测了基于人类活动影响的水沙条件,识别了水库干、支流淤积形态的主要影响因子;技术层包括冲刷临界条件研究、水库冲刷模式和数学模型研究、排沙调控指标及冲刷时机研究、水位下降速率及最低冲刷水位研究;方案层研究提出了运用方式与高滩深槽塑造及支流库容利用的响应关系,论证了拦沙库容和有效库容,评价了支流库容的可利用程度。研究的技术路线图见图1-1。

1.4 研究取得的主要成果

本项研究紧密结合小浪底水库运用实践,从理论研究、实测资料分析、数学模型模拟计算和实体模型试验等方面开展研究工作,同时与库区原型观测和运行总结紧密结合,取得了如下主要研究成果:

(1)分析了黄河近期水沙变化特性,研究了黄河水沙变化趋势,提出了研究采用的小浪底水库入库水沙条件。

预估未来50年黄河龙华河洑四站多年平均水量为285亿m^3左右,多年平均沙量为10亿t左右。在2020年水平1956~2000年水沙系列中选取前10年平水平沙的1968系列、水沙偏丰的1960系列、水沙偏枯的1990系列三个系列进行本项目的研究。三个系列50年平均水沙量差别不大,龙华河洑四站水量分别为293.1亿m^3、292.3亿m^3、287.6亿m^3,沙量分别为10.56亿t、10.44亿t、10.52亿t,前10年平均水量分别为288.0亿m^3、339.8亿m^3、234.4亿m^3,平均沙量分别为11.81亿t、13.10亿t、8.35亿t。

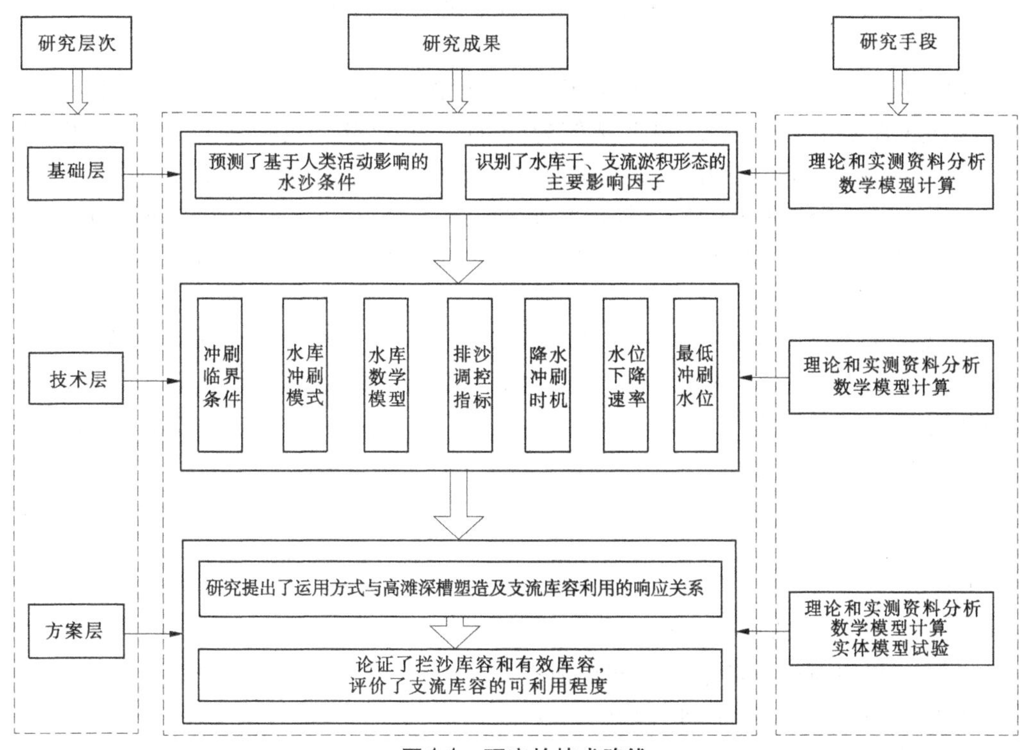

图1-1 研究的技术路线

考虑三门峡水库的调节作用，以及龙华河湫至三门峡河段的工农业用水和冲淤调整，小浪底水库入库50年平均水量分别为273.2亿 m^3、272.6亿 m^3、268.0亿 m^3，沙量分别为9.92亿t、9.84亿t、9.81亿t。1968系列、1960系列、1990系列前10年平均水量分别为268.0亿 m^3、320.0亿 m^3、215.4亿 m^3，多年平均沙量分别为10.98亿t、11.99亿t、7.87亿t。

(2)以实测资料分析和理论探讨为手段，研究了不同水沙条件的输沙效果，不同运用方式对冲刷形态的影响，降低运用水位冲刷时不同出库流量和历时条件下水库的冲刷效果、冲刷部位、冲刷形态及恢复库容效果，提出了小浪底水库排沙和冲刷的调控指标。

水库降低水位冲刷效果主要与库区前期冲淤状态、入库流量、入库含沙量、冲刷历时等因素相关。水库前期为淤积状态时，降低水位冲刷效果好，而前期库区为冲刷状态时，则冲刷效果差，后者的平均冲刷强度和冲刷效率仅为前者的1/3左右。平均流量为2 000～3 000 m^3/s 量级的洪水，综合冲刷效果较好，且入库过程中有一定的发生机遇，适合用于降低水位冲刷排沙；冲刷历时保持6 d左右比较适宜。

(3)利用原型观测资料，分析完成小浪底水库运用以来库区干流、各个重要支流淤积形态，不同水沙条件和水库运用条件下库区干流、各个重要支流滩槽淤积形态变化，支流沟口淤积特性，以及淤积后的支流库容特性。

小浪底水库运用以来干流淤积为三角洲淤积形态，水库的淤积形态与运用水位关系密切。运用水位降低，淤积三角洲顶点向坝前推进，顶点高程随之降低；运用水位升高，淤积三角洲顶点向上游移动，顶点高程随之升高。总体而言，随着水库的淤积发展，三角洲逐渐向坝前推移，截至2011年10月，三角洲顶点推进至距坝16.39 km，顶点高程约215.2 m。

库区支流淤积形态，有些时段形成了一定高度的支流拦门沙坎，但随着时间的推移，拦门沙坎逐渐又被泥沙淤平，并未形成较为严重的拦门沙坎。大峪河、畛水河、石井河距坝较近，干流以异重流输沙为主，支流未形成拦门沙坎；而西阳河、沇西河距坝相对较远，处于干流淤积三角洲顶点上游，干流以浑水明流输沙为主，支流已初步呈现拦门沙坎雏形；亳清河距坝最远，虽然位于干流浑水明流运动区，但由于其回水长度较短，也未形成拦门沙坎。

(4)依据已建水库实测资料分析，结合降水冲刷专题试验，研究了库区沿程冲刷、溯源冲刷等冲刷方式、影响因素和冲刷效果，提出了冲刷模式研究成果。根据有关水库实测资料和模型基本理论，研究了水库冲淤计算方法和模拟技术，开发提出了小浪底水库水文学和水动力学两套数学模型，进一步深化了水库泥沙数学模型研究与应用。

水库运用方式，特别是坝前水位的变化，与水库冲刷形态关系密切。前期有一定的淤积量，淤积面相对较高的情况下，降低水位易发生溯源冲刷，冲刷效果好，若入库流量较大，配合沿程冲刷则冲刷可发展至全库区。由于黄河水资源供需矛盾越来越突出，小浪底水库拦沙后期要冲刷水库恢复库容可以利用的大流量机遇少，选择溯源加沿程这种冲刷方式，在来大流量时迅速降低水位，提前泄空蓄水，待大流量到来时集中排沙，这种冲刷模式的冲刷效率最高，且利于高滩深槽的形成。

(5)根据小浪底水库的实际情况，考虑泥沙淤积物固结、黄河水沙条件变化、水库敞泄排沙和库区冲刷的条件及黄河下游河道减淤要求，提出了小浪底水库开始冲刷的库区淤积量范围，完成了水库冲刷时机和冲刷方式研究，并考虑枢纽工程安全等因素，研究提出了库水位下降速率和最低冲刷水位。

采用调控上限流量为3 700 m^3/s和2 600 m^3/s的不同冲刷时机的对比分析可知，两个调控上限流量表现相同的规律，水库降水冲刷时机越早，降水冲刷的次数越多，库区淤积越慢，拦沙后期越长，综合利用效益越好，在库区淤积量达42亿m^3之前，水库坝前淤积面较低，尚不具备降低水位冲刷恢复库容的条件，因此选定冲刷时机为水库淤积42亿m^3开始进行降水冲刷。

小浪底水库坝前水位不宜骤升骤降，库水位为275～250 m时，连续24 h下降最大幅度不应大于4 m；库水位在250 m以下时，连续24 h下降最大幅度不应大于3 m；当库水位连续下降时，7 d内最大下降幅度不应大于15 m。库水位在260 m以上连续24 h的上升幅度不应大于5.0 m。分析小浪底水库减淤要求的拦沙库容和调水调沙库容、防洪要求的防洪库容和综合利用要求的调节库容，以及枢纽的设计思想，综合考虑小浪底水库拦沙期最低运用水位为210 m，正常运用期最低运用水位为230 m。

(6)采用理论研究、实测资料分析、数学模型计算和实体模型试验等手段，对逐步抬高坝前水位拦粗排细的运用方式(方式一)和多年调节泥沙、相机降水冲刷调水调沙的运用方式(方式二)进行分析论证，分析了水库高滩深槽的形成过程，提出了小浪底水库不同运用方式和高滩深槽塑造及支流库容有效利用的响应关系。

两种运用方式，方式一主汛期水库蓄水量按照拦粗排细的运用要求控制，库水位在一个较小的范围内有升降变化,但总趋势是逐步升高的,滩槽淤积面同时逐步上升,当坝前淤积面淤至245 m后,再降低库水位冲刷下切,形成高滩深槽,之后利用槽库容拦粗排细调节运用,水库持续淤积,拦沙期较短。方式二小水时蓄水拦沙,拦粗排细运用,大水时降低水位排沙或冲刷恢复库容,库区冲淤交替进行,滩槽同步形成,水库库容可以重复利用,拦沙期较方式一延长。两个数学模型计算的1968系列结果表明,水库形成高滩的年限方式一为11年,方式二为16~18年,由于降水冲刷恢复库容,方式二比方式一延长了水库拦沙期5~7年。实体模型试验的1990系列具有相同的性质,由于该系列前期来水较枯,方式二降水冲刷恢复库容机会相对较少,即便如此,水库形成高滩的年限的长度方式一为15年,方式二为16年,方式二比方式一延长水库拦沙期1年。

数学模型计算结果,两种运用方式第18年水库都形成了滩槽淤积形态,坝前滩面高程都达到254 m,但深槽的河床高程有所不同,坝前30 km范围内方式一河槽纵剖面较方式二高5~10 m。支流淤积形态没有十分明显的差别,支流沟口的高程随着干流滩面的淤积高程而逐步抬高,在支流沟口处形成高度约4 m的拦门沙坎,拦门沙坎后的支流库容由泥沙淤积填充。水库运用过程中,方式一淤积速度较方式二快,其支流无效库容也发展相对较快,但最终两种运用方式支流无效库容差别不大。方式一至第11年完成拦沙期,其无效库容为3.18亿m^3,有效库容为46.17亿m^3(其中干流库容为22.39亿m^3,支流库容为23.78亿m^3);方式二至第18年拦沙后期完成,其无效库容为3.21亿m^3,有效库容为48.84亿m^3(其中干流库容为24.89亿m^3,支流库容为22.95亿m^3)。两种运用方式拦沙期完成后,库区冲淤交替出现,库区干、支流库容差别不大。

实体模型试验20年成果表明,两方式相比,支流口门处高程和滩面高程基本相同,拦门沙坎高度方式二略小于方式一。水库总库容方式二和方式一分别为53.629亿m^3和52.153亿m^3,其中干流库容分别为21.225亿m^3及16.064亿m^3,支流库容分别为32.404亿m^3及36.089亿m^3。方式二与方式一相比,干流库容多5.161亿m^3,支流库容少3.685亿m^3,总库容多1.476亿m^3。

(7)采用经验分析、数学模型计算和实体模型试验多种方法,考虑不同水沙条件,分析论证了小浪底水库平衡淤积形态、拦沙库容和有效库容,深入评价了小浪底水库支流库容的可利用程度。

理论与经验分析结果表明,采用不同水沙系列分析计算,水库形成高滩深槽平衡形态后总有效库容为51.3亿~51.7亿m^3,拦沙库容为75.2亿~74.8亿m^3,扣除支流无效库容3亿m^3,可拦沙量72.2亿~71.8亿m^3,与规划设计阶段成果基本相当。

数学模型计算结果表明,1960系列、1968系列和1990系列拦沙期完成年限分别为15年、17年和16年。从拦沙期完成至水库运用到第50年,各系列有效库容平均值分别为47.80亿m^3、48.04亿m^3和48.48亿m^3,其中汛限水位254 m以上历年水库总有效库容平均值分别为42.21亿m^3、41.90亿m^3和42.20亿m^3,满足防洪库容不小于40.5亿m^3的设计要求。从拦沙期完成至水库运用到第50年各系列平均拦沙量为76.40亿m^3、76.11亿m^3和75.74亿m^3,与规划设计阶段采用的72.5亿m^3比较接近。

实体模型试验成果表明,采用1960系列,按照推荐运用方式运用,水库14年完成拦沙期。拦沙期结束时水库有效库容为41.58亿m^3,水库拦沙量为79.19亿m^3。

1.5 研究成果的创新性

成果紧密围绕小浪底水库延长拦沙年限和长期保留有效库容的关键技术问题深入研究,取得了多项创新性研究成果,主要创新点如下:

(1)系统研究了水库不同水沙条件下的输沙效果,不同运用方式对库区冲淤形态的影响,降低运用水位冲刷时不同出库流量和历时条件下水库的冲刷效果、冲刷部位、冲刷形态及恢复库容效果,首次提出了小浪底水库高效排沙和冲刷的调控指标,为延长小浪底水库拦沙库容使用年限提供了科学依据。

(2)深入研究了库区沿程冲刷、溯源冲刷及复合冲刷模式、影响因素和冲刷效果。深化了水库泥沙数学模型的研究,在干流倒灌支流淤积、水库降低水位冲刷模拟技术方面取得了新的突破。

(3)考虑黄河水沙条件变化、泥沙淤积物固结、水库敞泄排沙和库区冲刷的条件及黄河下游河道减淤要求等多种因素,首次明确了小浪底水库开始冲刷的库区淤积量范围、冲刷时机和冲刷方式、库水位下降速率和最低冲刷水位。

(4)对逐步抬高坝前水位的拦粗排细运用方式和多年调节泥沙、结合下游冲淤相机降低库水位冲刷运用方式进行分析论证,首次得出了小浪底水库不同运用方式与高滩深槽塑造及支流库容有效利用的响应关系。

(5)首次分析了小浪底水库支流库容的可利用程度,为客观评价小浪底水库干支流的拦沙库容提供了技术支撑。

1.6 推广应用情况

研究提出的小浪底水库入库水沙条件、水库泥沙冲淤计算数学模型、水库冲刷时机等成果已在《黄河流域综合规划》中得到应用;水库泥沙冲淤计算数学模型、水库排沙调控指标等主要研究成果已在小浪底水库2009年以来的调水调沙调度预案和防洪调度预案编制中得到应用;水库淤积量达42亿 m^3 开始降水冲刷等运用指标已应用于《小浪底水利枢纽拦沙后期(第一阶段)运用调度规程》的编制,指导了小浪底水库的运用调度实践,对充分发挥小浪底水库以防洪减淤为主的综合利用效益具有十分重要的意义,产生了显著的社会效益、经济效益和环境效益。

研究提出的水库冲刷模式、排沙和冲刷的调控指标、冲刷模拟技术、降水冲刷时机、高滩深槽塑造和支流库容有效利用等创新性成果,在多沙河流水库调度实践中可进一步推广应用,持续发挥显著的社会效益、经济效益和环境效益。

第 2 章　小浪底水库入库水沙条件研究

2.1　黄河水沙基本特征

2.1.1　水少沙多,水沙关系不协调

黄河以泥沙多而闻名于世。在我国的大江大河中,黄河的面积仅次于长江而居第二位,但由于大部分地区处于半干旱和干旱地带,流域水资源量极为贫乏,与流域面积相比很不相称。黄河多年平均天然径流量仅 535 亿 m^3,来沙量高达 16 亿 t,实测多年平均含沙量达 35 kg/m^3(1919~1960 年陕县站)。黄河的径流量不及长江的 1/20,而来沙量为长江的 3 倍,与世界多泥沙河流相比,孟加拉国的恒河年沙量 14.5 亿 t,与黄河相近,但恒河水量达 3 710 亿 m^3,是黄河的 7 倍,而含沙量较小,只有 3.9 kg/m^3,远小于黄河;美国的柯罗拉多河的含沙量为 27.5 kg/m^3,与黄河相近,而年沙量仅有 1.35 亿 t。由此可见,黄河沙量之多,含沙量之高,在世界大江大河中是绝无仅有的。水沙关系不协调主要体现为干支流含沙量高和来沙系数(含沙量和流量之比)大,河口镇至龙门区间的来水含沙量高达 123.10 kg/m^3,来沙系数高达 0.67 $kg \cdot s/m^6$,黄河支流渭河华县的来水含沙量也达 50.22 kg/m^3,来沙系数达到 0.22 $kg \cdot s/m^6$。

2.1.2　水沙异源

黄河流经不同的自然地理单元,流域地形、地貌和气候等条件差别很大,受其影响,黄河具有水沙异源的特点(见表 2-1)。黄河水量主要来自上游,中游是黄河泥沙的主要来源区。

上游河口镇以上流域面积为 38 万 km^2,占全流域面积的 51%,年水量占全河(采用三黑武代表,下同)水量的 55.7%,而年沙量仅占 9.4%。上游径流又集中来源于流域面积仅占全河流域面积 18% 的兰州以上,其天然径流量占全河的 75.2%,是黄河水量的主要来源区;兰州以上泥沙约占河口镇来沙的 68.8%。

中游河口镇至三门峡区间是黄河泥沙的主要来源区。其中,河口镇至龙门区间流域面积 11 万 km^2,占全流域面积的 15%,该区间有祖历河、皇甫川、无定河、窟野河等众多支流汇入,年水量占全河水量的 14.1%,而年沙量却占 57.1%,是黄河泥沙尤其是粗沙的集中来源区;龙门至三门峡区间面积 19 万 km^2,该区间有渭河、泾河、汾河等支流汇入,年水量占全河水量的 22.0%,年沙量占 37.3%,该区间部分地区也属于黄河泥沙的主要来源区。

三门峡以下的伊河、洛河和沁河是黄河的清水来源区之一,年水量占全河水量的 9.6%,年沙量仅占 1.8%。

2.1.3 水沙年际变化大

受大气环流和季风的影响，黄河水沙，特别是沙量年际变化大。

以三门峡水文站为例，实测最大年径流量为659.1亿m^3(1937年)，最小年径流量仅为120.3亿m^3(2002年)，丰枯极值比为5.5。在1919~2008年长系列中，出现了1922~1932年、1969~1974年和1986~2008年三个枯水时段，分别持续了11年、6年和23年，花园口断面三个枯水段水量分别相当于长系列的85%、78%和62%；1981~1985年为连续5年的丰水时段，该时段水量为长系列平均水量的1.24倍。

表2-1 黄河主要站区水沙特征值统计(1919~2008年)

站名	项目								
	水量(亿m^3)			沙量(亿t)			含沙量(kg/m^3)		
	7~10月	11~次年6月	7~次年6月	7~10月	11~次年6月	7~次年6月	7~10月	11~次年6月	7~次年6月
贵德	114.44	86.43	200.87	0.12	0.05	0.17	1.02	0.53	0.81
兰州	169.54	140.09	309.63	0.66	0.14	0.80	3.92	1.02	2.61
下河沿	166.95	133.13	300.08	1.21	0.21	1.42	7.23	1.58	4.73
河口镇	129.73	99.37	229.10	0.93	0.24	1.17	7.16	2.46	5.12
龙门	160.70	126.53	287.23	7.29	1.04	8.33	45.35	8.23	29.00
河龙区间	30.97	27.16	58.13	6.36	0.80	7.16	205.32	29.35	123.10
渭洛汾河	55.90	34.60	90.50	4.27	0.40	4.67	76.38	11.58	51.60
四站	216.60	161.13	377.73	11.56	1.44	13.00	53.36	8.95	34.41
三门峡	211.77	160.56	372.33	10.56	1.74	12.30	49.87	10.84	33.04
潼关	187.76	154.99	342.75	8.81	1.82	10.63	46.94	11.72	31.01
伊洛沁河	24.88	14.44	39.32	0.20	0.02	0.22	8.13	1.55	5.72
三黑武	236.65	175.00	411.65	10.76	1.76	12.52	45.48	10.07	30.43
花园口	238.96	176.75	415.71	9.43	1.82	11.25	39.44	10.29	27.05
利津	189.83	121.05	310.88	6.40	1.16	7.56	33.70	9.62	24.32

注：1. 四站指龙门、华县、河津、洑头之和。

2. 利津站水沙为1950年7月至2009年6月年平均值。

三门峡水文站年输沙量最大为37.26亿t(1933年)，最小为1.75亿t(1961年)，丰枯极值比为21.3。由于输沙量年际变化较大，黄河泥沙主要集中在几个大沙年份，20世纪80年代以前，各年代最大3年输沙量所占比例在40%左右；1980年以来，黄河来沙进入一个长时期枯水时段，潼关站年最大沙量为14.44亿t，多年平均沙量为6.95亿t，但大沙年份所占比例依然较高，潼关站年来沙量大于10亿t的1981年、1988年、1994年和1996年4年沙量占1981~2008年总沙量的27.4%。

2.1.4　水沙年内分配不均匀

水沙在年内分配也不均匀，主要集中在汛期(7～10 月)。黄河汛期水量占年水量的60%左右，汛期沙量占年沙量的80%以上，集中程度更甚于水量，且主要集中在暴雨洪水期，往往5～10 d的沙量可占年沙量的50%～90%。支流沙量的集中程度又甚于干流，如龙门站1961年最大5 d沙量占年沙量的33%，三门峡站1933年最大5 d沙量占年沙量的54%，支流窟野河1966年最大5 d沙量占年沙量的75%，岔巴沟1966年最大5 d沙量占年沙量的89%。

2.1.5　各地区泥沙颗粒组成不同

黄河来沙组成中，河口镇以上来沙较细，河口镇泥沙中数粒径为0.017 mm；河口镇至龙门区间是黄河多沙、粗沙区，因此来沙粗，龙门站中数粒径则达0.030 mm，区间主要支流除昕水河外，泥沙中数粒径为0.023～0.058 mm；龙门以下渭河来沙较细，华县站泥沙中数粒径与河口镇比较接近，为0.018 mm，见表2-2。

表 2-2　黄河上下游干支流泥沙颗粒组成统计(1966～2005 年)

站(河)名		分组(mm)			中数粒径(mm)
		<0.025	0.025～0.05	>0.05	
干流	兰州	68.76	17.60	13.64	0.012
	河口镇	62.24	21.03	16.74	0.017
	龙门	44.82	27.13	28.05	0.030
	潼关	52.84	27.03	20.14	0.023
支流	华县	62.74	24.90	12.36	0.018
	皇甫川	35.68	14.81	49.51	0.049
	孤山川	41.40	20.95	37.66	0.035
	窟野河	34.01	14.99	51.00	0.053
	秃尾河	26.67	19.27	54.06	0.058
	三川河	53.04	26.87	20.09	0.023
	无定河	38.47	27.82	33.71	0.035
	清涧河	44.98	30.23	24.79	0.029
	昕水河	60.23	24.46	15.31	0.019
	延水河	47.47	27.32	25.21	0.027

2.2 近期水沙变化特征

2.2.1 年均径流量和输沙量大幅度减少

对黄河主要水文站实测径流量、输沙量资料的统计分析表明,20 世纪 70 年代以来,由于气候降雨的影响以及人类活动的加剧,进入黄河的水沙量呈逐年减少趋势,尤其 1986 年以来减少幅度更大。黄河主要干支流站不同时期实测径流量和输沙量变化情况见表 2-3。

黄河干流头道拐、龙门、三门峡、花园口和利津站多年平均实测径流量分别为 229.10 亿 m^3、287.23 亿 m^3、372.33 亿 m^3、415.71 亿 m^3 和 310.88 亿 m^3,1987 ~ 1999 年平均径流量为 164.45 亿 m^3、205.41 亿 m^3、254.98 亿 m^3、274.91 亿 m^3 和 148.43 亿 m^3,较多年平均值分别偏少了 28.22%、28.49%、31.52%、33.87% 和 52.25%,2000 年以来水量减少更多,以上各站 2000 ~ 2008 年平均径流量仅有 145.36 亿 m^3、171.13 亿 m^3、196.36 亿 m^3、236.14亿 m^3 和 145.73 亿 m^3,与多年均值相比,减少幅度达 36.55% ~ 53.12%。支流入黄水量同样变化很大,渭河华县站和汾河河津站 1987 ~ 1999 年入黄水量较多年平均值减少 33.06% 和 54.14%,2000 以来减少 35.72% 和 70.43%。

黄河中游四站 1987 ~ 1999 年、2000 ~ 2008 年平均径流量分别为 265.58 亿 m^3、225.83 亿 m^3,分别较多年平均值减少了 29.69%、40.21%。从历年实测径流量过程看,1990 年以来四站径流量均小于多年平均值,其中 2002 年仅 158.95 亿 m^3,是 1919 年以来径流量最小的一年,见图 2-1。

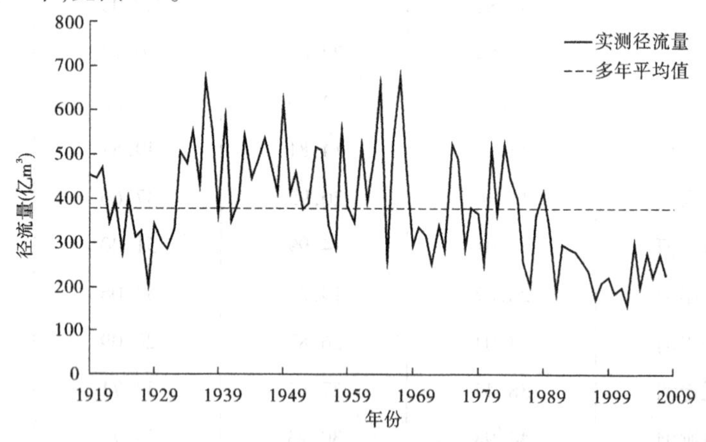

图 2-1　中游四站历年实测径流量过程

与径流量变化趋势基本一致,实测输沙量也大幅度减少。头道拐、龙门、三门峡、花园口和利津各站多年平均实测输沙量分别为 1.17 亿 t、8.33 亿 t、12.30 亿 t、11.24 亿 t 和 7.56亿 t,1987 ~ 1999 年平均输沙量分别减至 0.45 亿 t、5.31 亿 t、7.97 亿 t、7.11 亿 t 和 4.15 亿 t,较多年均值分别偏少 61.54%、36.25%、35.2%、36.74% 和 45.11%,2000 年以来减幅更大,2000 ~ 2008 年头道拐、龙门和三门峡各站年均沙量仅有 0.40 亿 t、1.87 亿 t

和3.61亿t,与多年均值相比,减幅为65.81%~77.55%,为历史上最枯沙时段。小浪底水库投入运用以来,由于水库拦沙作用,进入下游的沙量大大减少,2000~2008年花园口站和利津站沙量仅有1.07亿t、1.46亿t,较多年均值减少90.48%、80.69%。渭河、汾河和北洛河等支流入黄沙量也同步减少,2000~2008年华县站、河津站、洑头站输沙量较多年均值偏少60%以上。

中游四站自20世纪70年代开始,尤其进入80年代以来,入黄沙量持续减少(见图2-2),1987~1999年、2000~2008年多年平均输沙量仅为8.98亿t、3.52亿t,占多年均值的69.1%、27.1%,减沙幅度分别达30.9%、72.9%,与1987年以前相比,减沙幅度在一半以上。

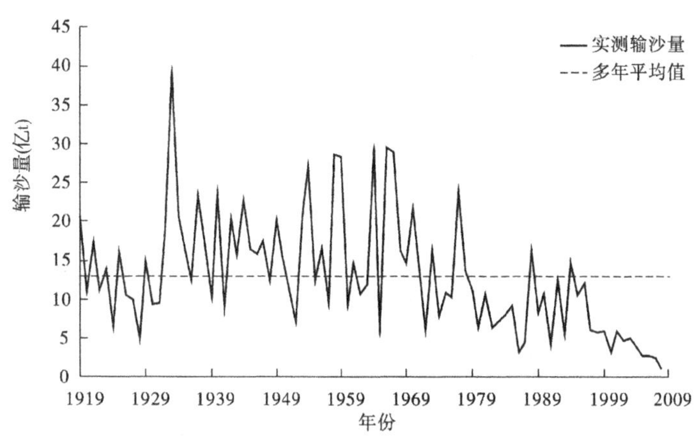

图2-2 中游四站历年实测输沙量过程

随着水沙量的减少,表示水沙关系的来沙系数发生变化,四站1919~1949年、1950~1959年、1960~1969年、1970~1979年、1980~1989年、1990~2008年多年平均来沙系数分别为0.027 kg·s/m^6、0.031 kg·s/m^6、0.025 kg·s/m^6、0.033 kg·s/m^6、0.018 kg·s/m^6、0.035 kg·s/m^6,不同时期相比,以近期1990~2008年为最大,说明近期1990年以来黄河中下游水沙关系更加不协调。

2.2.2 径流量年内分配比例发生变化,汛期比重减少

由于刘家峡、龙羊峡、小浪底等大型水库先后投入运用,其调蓄作用和沿途引用黄河水,使黄河干流河道内实际来水年内分配发生了很大的变化,表现为汛期比例下降,非汛期比例上升,年内径流量月分配趋于均匀。

表2-4给出了黄河干流大型水库运用前后主要水文站实测径流量年内分配不同时段对比情况。可以看出,黄河干流花园口水文站以上,1986年以前汛期径流量一般可占年径流量60%左右,1986年以后普遍降到了47%以下,且最大月径流量与最小月径流量比值也在逐步缩小。2000年小浪底水库投入运用以来,进入下游花园口断面汛期来水比例仅为37.1%。

表 2-3　黄河主要干支流水文站实测径流量和输沙量不同时段对比

（单位：水量，亿 m^3；沙量，亿 t；来沙系数，$kg·s/m^6$）

时段	头道拐			龙门			三门峡			花园口			利津		
	水量	沙量	来沙系数	水量	沙量	来沙系数	水量	沙量	来沙系数	水量	沙量	来沙系数	水量	沙量	来沙系数
1919～1949 年	253.71	1.39	0.007	328.78	10.20	0.030	427.18	15.56	0.027	481.75	15.03	0.020			
1950～1959 年	241.40	1.51	0.008	315.10	11.85	0.038	426.11	17.60	0.031	474.41	15.56	0.022	463.57	13.15	0.019
1960～1969 年	274.96	1.83	0.008	340.87	11.38	0.031	460.00	11.54	0.017	515.20	11.31	0.013	512.88	11.00	0.013
1970～1979 年	232.40	1.15	0.007	283.12	8.67	0.034	354.74	13.77	0.035	377.73	12.19	0.027	304.19	8.88	0.030
1980～1989 年	242.10	0.99	0.005	278.69	4.69	0.019	376.16	8.64	0.019	418.52	7.79	0.014	290.66	6.46	0.024
1990～2008 年	149.77	0.40	0.006	183.21	3.55	0.033	215.63	5.74	0.039	243.21	4.08	0.022	138.36	2.69	0.044
1919～2008 年①	229.10	1.17	0.007	287.23	8.33	0.032	372.33	12.30	0.028	415.71	11.24	0.021	310.88	7.56	0.025
1950～1986 年②	251.57	1.43	0.007	309.41	9.39	0.031	410.41	13.21	0.025	453.53	12.00	0.018	408.13	10.24	0.019
1987～1999 年③	164.45	0.45	0.005	205.41	5.31	0.040	254.98	7.97	0.039	274.91	7.11	0.030	148.43	4.15	0.059
2000～2008 年④	145.36	0.40	0.006	171.13	1.87	0.020	196.36	3.61	0.029	236.14	1.07	0.006	145.73	1.46	0.022
③较①少（%）	28.22	61.54	28.57	28.49	36.25	-25.0	31.52	35.20	-39.29	33.87	36.74	-42.86	52.25	45.11	-136.0
④较①少（%）	36.55	65.81	14.29	40.42	77.55	37.50	47.26	70.65	-3.57	43.20	90.48	71.43	53.12	80.69	12.0
④较②少（%）	42.22	72.03	14.29	44.69	80.09	34.48	52.16	72.67	-16.0	47.93	91.08	66.67	64.29	85.74	-15.79

续表 2-3

时段	华县			河津			洑头			四站		
	水量	沙量	来沙系数	水量	沙量	来沙系数	水量	沙量	来沙系数	水量	沙量	来沙系数
1919～1949 年	77.99	4.23	0.219	15.28	0.48	0.647	7.03	0.81	5.177	429.08	15.72	0.027
1950～1959 年	83.83	4.26	0.191	17.41	0.70	0.726	6.50	0.92	6.896	422.84	17.74	0.031
1960～1969 年	97.89	4.39	0.145	18.28	0.35	0.328	8.90	1.00	3.968	465.93	17.12	0.025
1970～1979 年	57.67	3.82	0.362	9.93	0.19	0.602	5.75	0.80	7.618	356.47	13.47	0.033
1980～1989 年	81.01	2.77	0.133	6.74	0.04	0.311	7.11	0.47	2.966	373.54	7.98	0.018
1990～2008 年	43.84	2.14	0.351	4.22	0.02	0.317	5.89	0.58	5.284	237.15	6.29	0.035
1919～2008 年①	71.72	3.60	0.221	11.97	0.31	0.684	6.80	0.76	5.157	377.73	13.00	0.029
1950～1986 年②	81.02	3.89	0.187	13.53	0.34	0.588	7.08	0.81	5.088	411.05	14.44	0.027
1987～1999 年③	48.01	2.79	0.382	5.49	0.04	0.385	6.68	0.84	5.935	265.58	8.98	0.040
2000～2008 年④	46.10	1.41	0.209	3.54	0.00	0.078	5.06	0.24	2.906	225.83	3.52	0.022
③较①少(%)	33.06	22.50	-72.85	54.14	87.10	43.71	1.76	-10.53	-15.09	29.69	30.92	-37.93
④较①少(%)	35.72	60.83	5.43	70.43	99.01	88.60	25.59	68.42	43.65	40.21	72.92	24.14
④较②少(%)	43.10	63.75	-11.76	73.84	99.09	86.73	28.53	70.37	42.89	45.06	75.62	18.52

表 2-4 黄河干流主要水文站实测径流量年内分配对比

站名	时段	年内分配(%)												
		1	2	3	4	5	6	7	8	9	10	11	12	汛期
头道拐	1919~1967年	2.6	2.6	4.3	4.8	5.2	7.1	14.1	17.0	16.9	14.5	7.7	3.2	62.5
	1968~1986年	5.4	5.3	7.7	7.4	4.1	4.2	10.6	14.4	15.4	14.3	6.6	4.6	54.8
	1987~2009年	6.7	7.5	14.2	10.0	3.8	5.0	6.4	12.7	12.8	6.5	7.7	6.7	38.4
龙门	1919~1967年	2.7	3.1	5.4	5.2	5.3	6.3	13.8	17.5	15.6	13.8	7.9	3.4	60.7
	1968~1986年	4.9	5.4	7.9	7.5	4.9	3.9	10.8	15.1	14.4	13.5	6.9	4.8	53.8
	1987~2009年	5.7	7.3	12.5	10.0	4.2	5.5	8.0	13.2	12.6	7.3	6.8	7.0	40.9
潼关	1950~1967年	2.8	3.2	5.2	5.8	5.8	5.5	13.0	17.6	15.5	13.6	8.2	3.9	59.8
	1968~1986年	4.2	4.7	7.0	6.8	5.7	3.8	10.7	14.5	17.0	14.2	7.3	4.1	56.5
	1987~2009年	5.1	6.5	10.8	9.1	4.9	5.6	8.7	13.8	13.1	9.4	6.9	6.1	44.9
三门峡	1919~1967年	2.8	3.1	5.1	5.3	5.6	6.4	13.6	17.6	15.6	13.5	7.7	3.7	60.2
	1968~1986年	3.7	3.2	7.3	6.7	6.6	4.9	10.7	14.5	16.1	14.6	7.1	4.6	55.9
	1987~2009年	4.5	6.1	10.0	8.9	6.3	6.7	8.9	13.8	13.4	8.8	6.5	6.1	45.0
花园口	1919~1967年	2.9	3.0	4.9	5.2	5.5	6.3	13.6	17.8	15.6	13.6	7.8	3.8	60.8
	1968~1986年	3.8	3.0	6.8	6.3	6.2	4.5	11.0	15.0	16.5	15.0	7.3	4.6	57.5
	1987~1999年	4.8	5.6	9.1	8.7	6.9	6.2	10.2	17.4	12.9	6.8	5.7	6.2	47.3
	2000~2009年	4.3	4.6	9.2	9.1	7.5	15.0	9.9	7.8	8.6	10.8	7.3	5.9	37.1

2.2.3 汛期小流量历时增加、输沙比例提高

黄河不仅径流量、泥沙量大大减少，而且水沙过程也发生了很大变化，汛期平枯水流量历时增加，输沙比例大大提高。从潼关水文站汛期日均流量过程的统计结果看(见表2-5)，1987年以来，2 000 m^3/s 以下流量级历时大大增加，相应水量、沙量所占比例也明显提高。1960~1968年日均流量小于2 000 m^3/s 出现天数占汛期比例为36.3%，水量、沙量占汛期的比例为18.1%、14.6%(见图2-3)；1969~1986年出现天数比例为61.5%，水量、沙量占汛期的比例分别为36.6%、28.9%，与1960~1968年相比略有提高；1987~1999年该流量级出现天数比例增加至87.7%，水量、沙量占汛期的比例也分别增加至69.5%、47.9%；2000~2009年该流量级出现天数比例增加为95.4%，水量、沙量占汛期的比例增为85.7%、78.4%。

表 2-5　潼关站不同时期各流量级水沙特征值(汛期)

项目	时期	流量级(m^3/s)							
		<500	500 ~ 1 000	1 000 ~ 2 000	2 000 ~ 3 000	3 000 ~ 4 000	4 000 ~ 5 000	>5 000	汛期
年均天数(d)	1960 ~ 1968 年	2.8	8.4	33.4	33.8	25.5	11.9	7.2	123.0
	1969 ~ 1986 年	5.8	24.3	45.5	24.9	13.8	6.2	2.5	123.0
	1987 ~ 1999 年	24.8	41.7	41.5	10.7	3.1	0.8	0.4	123.0
	2000 ~ 2009 年	36.0	46.3	35.1	3.9	1.5	0.2	0	123.0
占总天数(%)	1960 ~ 1968 年	2.3	6.8	27.2	27.5	20.7	9.7	5.9	100.0
	1969 ~ 1986 年	4.7	19.8	37.0	20.3	11.2	5.0	2.0	100.0
	1987 ~ 1999 年	20.1	33.9	33.7	8.7	2.6	0.7	0.3	100.0
	2000 ~ 2009 年	29.3	37.6	28.5	3.2	1.2	0.2	0	100.0
年均水量(亿 m^3)	1960 ~ 1968 年	0.74	5.80	44.14	73.04	75.55	45.48	35.79	280.54
	1969 ~ 1986 年	1.93	15.87	57.56	52.31	41.25	23.42	12.88	205.22
	1987 ~ 1999 年	6.78	25.89	50.27	22.36	9.03	3.22	1.87	119.42
	2000 ~ 2009 年	9.66	28.9	40.39	8.14	4.35	0.70	0	92.14
年均沙量(亿 t)	1960 ~ 1968 年	0.03	0.15	1.61	2.88	3.09	2.35	2.15	12.26
	1969 ~ 1986 年	0.04	0.47	2.11	2.34	1.85	1.13	1.12	9.06
	1987 ~ 1999 年	0.08	0.54	2.31	1.63	0.84	0.43	0.29	6.12
	2000 ~ 2009 年	0.19	0.71	1.17	0.41	0.14	0.02	0	2.64
含沙量(kg/m^3)	1960 ~ 1968 年	43.67	26.42	36.47	39.47	40.89	51.69	60.20	43.75
	1969 ~ 1986 年	19.56	29.80	36.72	44.69	44.75	48.09	87.02	44.13
	1987 ~ 1999 年	12.36	20.77	45.96	73.05	92.99	132.14	154.58	51.24
	2000 ~ 2009 年	19.67	24.57	28.97	50.37	32.18	28.57		28.65
水比例(%)	1960 ~ 1968 年	0.3	2.1	15.7	26.0	26.9	16.2	12.8	100.0
	1969 ~ 1986 年	0.9	7.7	28.0	25.5	20.1	11.4	6.4	100.0
	1987 ~ 1999 年	5.7	21.7	42.1	18.7	7.6	2.7	1.5	100.0
	2000 ~ 2009 年	10.5	31.4	43.8	8.8	4.7	0.8	0	100.0
沙比例(%)	1960 ~ 1968 年	0.3	1.2	13.1	23.5	25.2	19.2	17.5	100.0
	1969 ~ 1986 年	0.4	5.2	23.3	25.9	20.4	12.4	12.4	100.0
	1987 ~ 1999 年	1.4	8.8	37.7	26.7	13.7	7.0	4.7	100.0
	2000 ~ 2009 年	7.2	26.9	44.3	15.5	5.3	0.8	0	100.0

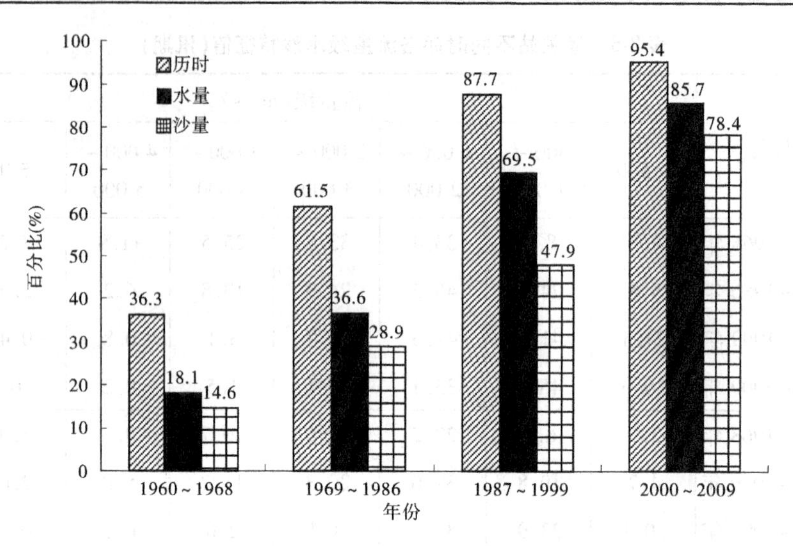

图 2-3　潼关站不同时期 2 000 m^3/s 以下流量级水沙特征值分析

相反，日均流量大于 2 000 m^3/s 的流量级历时与相应水量、沙量比例则大大减小（见图 2-4）。如 2 000 ~ 4 000 m^3/s 流量级天数的比例由 1960 ~ 1968 年的 48.0% 减少至 1969 ~ 1986 年的 31.5%，1987 ~ 1999 年该流量级出现天数比例仅为 11.3%，而 2000 ~ 2009 年又减少至 4.4%；该流量级水量占汛期水量的比例由 1960 ~ 1968 年的 52.9% 减少至 1969 ~ 1986 年的 45.6%，1987 ~ 1999 年为 26.3%，2000 ~ 2009 年减为 13.5%；该流量级相应沙量占汛期的比例也由 1960 ~ 1968 年的 48.7% 减少至 1969 ~ 1986 年的 46.2%，1987 ~ 1999 年的 40.4%，2000 ~ 2009 年的 20.8%，逐时段持续减少。大于 4 000 m^3/s 流量级天数的比例由 1960 ~ 1968 年的 15.6% 减少至 1969 ~ 1986 年的 7.0%，1987 ~ 1999 年该流量级天数比例仅为 1.0%，2000 ~ 2009 年又减少至 0.2%；该流量级水量占汛期水量比例 1960 ~ 1968 年为 29.0%，1969 ~ 1986 年为 17.8%，1987 ~ 1999 年为 4.2%，2000 ~ 2009年为 0.8%；该流量级相应沙量占汛期的比例，1960 ~ 1968 年为 36.7%，1969 ~ 1986年为 24.8%，1987 ~ 1999 年为 11.7%，2000 ~ 2009 年仅为 0.8%。

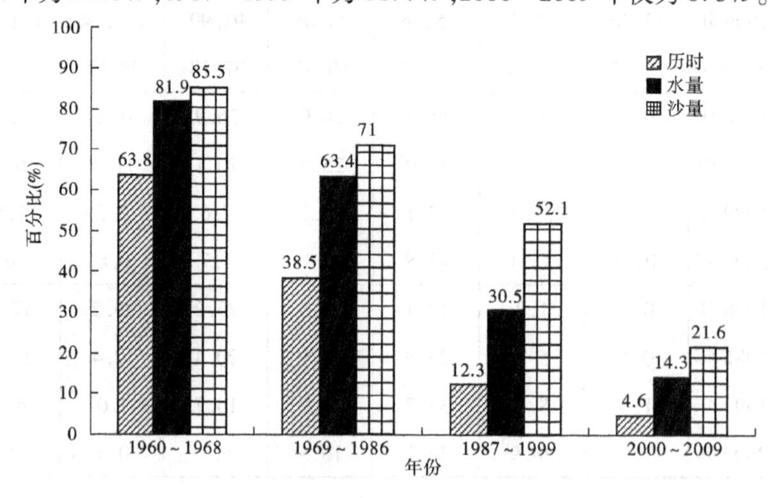

图 2-4　潼关站不同时期 2 000 m^3/s 以上流量级水沙特征值分析

日平均大流量连续出现的概率、持续时间及其总水量、总沙量占汛期比例自 1986 年以来也降低很多。如 1960 ~ 1968 年、1969 ~ 1986 年、1987 ~ 1999 年、2000 ~ 2009 年 4 个时期，日平均流量连续 3 d 以上大于 3 000 m^3/s 出现的概率分别为 2.4 次/年、1.6 次/年、0.5 次/年、0.3 次/年，4 个时期平均每场洪水持续时间分别为 16.7 d、12.2 d、4.7 d、4.7 d；相应占汛期水量和沙量的比例，1960 ~ 1968 年为 51.8% 和 52.6%，1969 ~ 1986 年为 33.4% 和 31.8%，1987 ~ 1999 年仅为 5.7% 和 6.1%，2000 ~ 2009 年为 4.6% 和 5.9%。

2.2.4　中常洪水明显减少，洪峰流量降低，但仍有发生大洪水的可能

20 世纪 80 年代后期以来，黄河中下游中常洪水出现概率明显降低。统计表明（见表 2-6），黄河中游潼关站年均洪水发生的场次，在 1987 年以前，3 000 m^3/s 以上和 6 000 m^3/s 以上分别是 5.5 场和 1.3 场，1987 ~ 1999 年分别减少至 2.8 场和 0.3 场，2000 年以来洪水发生场次更少，3 000 m^3/s 以上年均仅 0.4 场，且最大洪峰流量为 4 480 m^3/s（2005 年 10 月 5 日）；下游花园口站 1987 年以前年均发生 3 000 m^3/s 以上和 6 000 m^3/s 以上的洪水分别为 5.0 场和 1.4 场，1987 ~ 1999 年后分别减少至 2.6 场和 0.4 场，2000 年小浪底水库运用以来，进入下游 3 000 m^3/s 以上洪水年均仅 0.9 场，最大洪峰流量 4 600 m^3/s。同时，分析黄河干流主要水文站逐年最大洪峰流量可以发现，1987 年以后洪峰流量明显降低。潼关和花园口站 1987 ~ 1999 年最大洪峰流量仅 8 260 m^3/s 和 7 860 m^3/s（“96·8”洪水），见图 2-5。

表 2-6　中下游主要站不同时段洪水特征值统计

站名	时期	洪水发生场次（场/年）		最大洪峰	
		>3 000 m^3/s	>6 000 m^3/s	流量（m^3/s）	发生年份
潼关	1950 ~ 1986 年	5.5	1.3	13 400	1954
	1987 ~ 1999 年	2.8	0.3	8 260	1988
	2000 ~ 2009 年	0.4	0	4 480	2005
花园口	1950 ~ 1986 年	5.0	1.4	22 300	1958
	1987 ~ 1999 年	2.6	0.4	7 860	1996
	2000 ~ 2009 年	0.9	0	4 600	2008

另外，黄河洪水主要来源于黄河中游的强降雨过程，由于中游总体治理程度还比较低，现有水利水保工程对于一般洪水过程的影响比较明显，但对于由强降雨过程所引起的大暴雨洪水的影响程度则十分微弱，因此一旦遭遇中游的强降雨，仍有发生大洪水的可能。比如，龙门水文站在 1986 年后的 1988 年、1992 年、1994 年、1996 年都发生了 10 000 m^3/s 以上的大洪水，2003 年府谷站又出现了 13 000 m^3/s 的洪水。

2.2.5　中游泥沙粒径组成未发生趋势性变化

统计黄河上中游主要站不同时期悬移质泥沙颗粒组成及中数粒径变化见表 2-7。由表 2-7 可以看出，1987 年以后上游来沙粒径明显变细，头道拐站 1958 ~ 1968 年悬移质泥

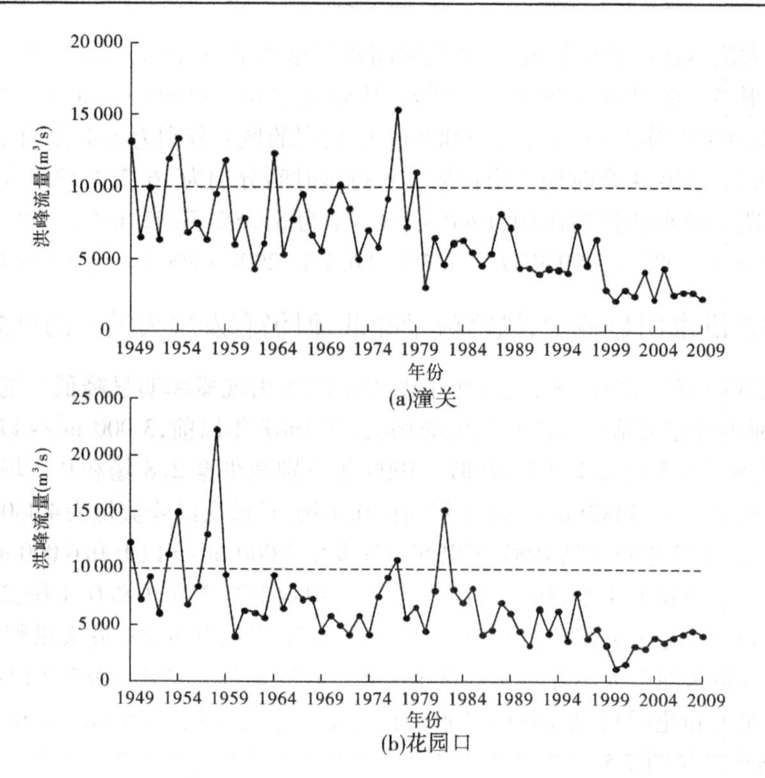

图 2-5 潼关、花园口水文站历年最大洪峰流量过程

沙中数粒径为 0.016 3 mm，1971～1986 年为 0.018 4 mm，1987～1999 年中数粒径减小为 0.013 8 mm，2000～2005 年减小更多，仅为 0.010 7 mm，较 1987 年前减少 0.007 mm 左右。从不同时期分组泥沙组成上看，2000 年以前分组泥沙比例变化不大，2000 年以来细沙比例增加，由 2000 年前的 59.23%～63.82% 增加至 71.10%，中、粗颗粒泥沙比例减小，分别由 17.22%～22.17%、14.70%～19.40% 减小至 15.31%、13.59%。

黄河中游来沙粒径及悬移质不同粒径泥沙组成各个时段没有发生趋势性的变化。1957～1968 年、1969～1986 年、1987～1999 年、2000～2005 年 4 个时段龙门站悬移质泥沙中数粒径分别为 0.031 2 mm、0.028 8 mm、0.028 3 mm、0.030 2 mm，细沙占全沙的比例分别为 43.09%、46.00%、46.41%、44.59%，粗沙占全沙的比例为 29.13%、27.70%、26.15%、29.22%，潼关站各时期悬移质泥沙中数粒径均在 0.023 mm 左右，分组泥沙比例也相差不大，细沙比例为 52.28%～53.22%，粗沙比例为 19.80%～20.30%。

渭河华县站各时期泥沙中数粒径分别为 0.017 4 mm、0.017 3 mm、0.019 5 mm、0.018 7 mm，细沙占全沙的比例分别为 64.60%、63.53%、59.15%、60.53%，粗沙占全沙的比例分别为 11.34%、10.83%、15.66%、15.20%，泥沙颗粒组成及中数粒径也未发生趋势性的变化。

从中游干支流主要站历年中数粒径变化过程看(见图 2-6)，除头道拐站泥沙中数粒径呈减小趋势外，其他各站中数粒径均无趋势性变化。

表 2-7　黄河中游主要站不同时期悬移质泥沙颗粒组成及中数粒径

站名	时段	年均沙量(亿 t)	分组泥沙百分数(%)				中数粒径 d_{50}(mm)
			细沙	中沙	粗沙	全沙	
头道拐	1958～1968 年	2.03	63.82	21.48	14.70	100	0.016 3
	1971～1986 年	1.18	59.23	22.17	18.60	100	0.018 4
	1987～1999 年	0.45	63.38	17.22	19.40	100	0.013 8
	2000～2005 年	0.28	71.10	15.31	13.59	100	0.010 7
	1958～2005 年	1.06	62.24	21.03	16.73	100	0.016 7
龙门	1957～1968 年	12.28	43.09	27.78	29.13	100	0.031 2
	1969～1986 年	7.03	46.00	26.30	27.70	100	0.028 8
	1987～1999 年	5.31	46.41	27.44	26.15	100	0.028 3
	2000～2005 年	2.22	44.59	26.19	29.22	100	0.030 2
	1957～2005 年	7.27	44.82	27.13	28.05	100	0.029 8
潼关	1961～1968 年	15.10	52.28	27.92	19.80	100	0.023 4
	1969～1986 年	10.88	53.22	26.48	20.30	100	0.022 8
	1987～1999 年	8.06	52.71	27.06	20.23	100	0.023 1
	2000～2005 年	4.38	53.12	26.79	20.09	100	0.023 0
	1961～2005 年	10.21	52.84	27.03	20.13	100	0.023 1
华县	1957～1968 年	4.75	64.60	24.06	11.34	100	0.017 4
	1969～1986 年	3.34	63.53	25.64	10.83	100	0.017 3
	1987～1999 年	2.78	59.15	25.19	15.66	100	0.019 5
	2000～2005 年	1.80	60.53	24.27	15.20	100	0.018 7
	1957～2005 年	3.35	62.74	24.90	12.36	100	0.017 9

注:细沙粒径 $d<0.025$ mm,中沙粒径 $d=0.025\sim0.05$ mm,粗沙粒径 $d>0.05$ mm。

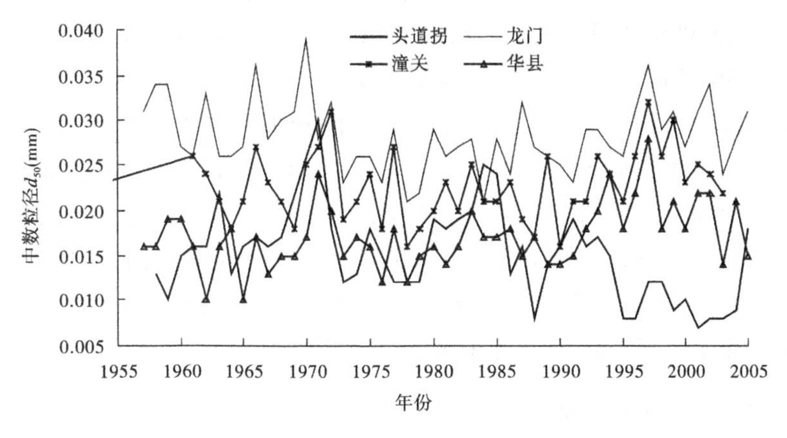

图 2-6　黄河中游主要站中数粒径变化过程

2.3 未来水沙变化趋势

2.3.1 未来水量变化预估

黄河流域水资源综合规划针对黄河流域20世纪80年代以来水资源开发利用和下垫面的变化情况，采用降水径流关系方法，结合水土保持建设、地下水开采对地表水影响、水利工程建设引起的水面蒸发附加损失等因素的成因分析方法，对天然径流量系列(1956~2000年)进行了一致性处理。经一致性处理后，黄河流域现状下垫面条件下多年平均天然径流量为534.79亿 m^3(以利津断面统计)。

黄河中游四站多年平均天然来水量487.48亿 m^3。其中，龙门以上天然来水量为379.12亿 m^3，占四站来水量的77.8%；渭河华县以上天然来水量为80.93亿 m^3，占16.6%；汾河河津以上天然来水量为18.47亿 m^3，占3.8%；北洛河洑头以上天然来水量为8.96亿 m^3，占1.8%。1956~2000年四站天然径流量过程见图2-7。

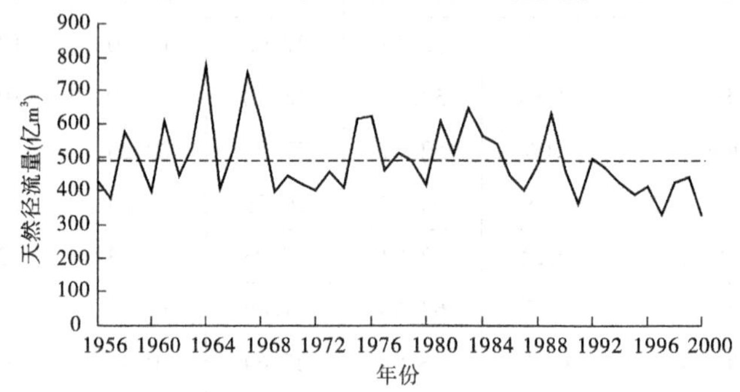

图2-7 中游四站天然径流量过程

根据黄河流域水土保持规划治理进度估算，至2020年、2030年和2050年水平，由于黄河上中游水利水保工程建设，利用黄河水资源数量将分别达到25亿 m^3、30亿 m^3 和40亿 m^3，分别较现状利用黄河水资源量10亿 m^3 增加15亿 m^3、20亿 m^3 和30亿 m^3。这样，考虑水利水保措施建设用水，至2020年、2030年和2050年水平，黄河多年平均天然径流量由534.79亿 m^3 进一步减少至519.79亿 m^3、514.79亿 m^3 和504.79亿 m^3。

相应地，考虑水利水保措施建设用水，2020年、2030年和2050年水平，中游四站多年平均天然径流量由487.48亿 m^3 进一步减少至472.48亿 m^3、467.48亿 m^3 和457.48亿 m^3，预估未来50年中游四站年平均天然径流量约为470亿 m^3，考虑南水北调西线工程生效前黄河水资源配置方案，中游四站以上地区平均地表水消耗量约为185亿 m^3(其中干流龙门以上消耗141亿 m^3，渭河华县以上消耗27亿 m^3，汾河河津以上消耗14亿 m^3)，因此可以预估未来50年四站平均实际来水量约285亿 m^3。

2.3.2 未来沙量变化预估

黄河天然来沙量是指黄河流域水利水保措施治理前的下垫面条件下的产沙量，未来天然来沙量的多少主要取决于流域降水情况,黄河流域降水周期性变化的规律未发生改变的认识得到多数人认同。因此,在此基础上预测黄河未来天然来沙量仍保持长系列均值 16 亿 t,尽管泥沙年际变化幅度大,但长时段年平均天然沙量不会有大的变化。

黄河未来来沙量的变化主要取决于未来水利水保措施减沙量。新一轮黄河流域综合规划修编水土保持规划提出的 2020 年水平、2030 年水平水利水保措施减沙目标分别为 5 亿~5.5 亿 t、6 亿~6.5 亿 t。因此,可以预估未来 50 年黄河年均来沙量将在 10 亿 t 左右。

2.3.3　设计水平水沙条件

水沙设计水平年按 2020 年考虑,水利水保措施减少入黄泥沙按 5.0 亿 t 考虑,用水量按 25 亿 m^3 考虑,水利水电工程考虑现状龙羊峡、刘家峡、三门峡、小浪底水库等工程。

小浪底水库运用方式研究的设计水沙条件涉及河口镇、河口镇至龙门区间(简称河龙区间)、渭河(华县)、北洛河(洑头)、汾河(河津)、四站至潼关、三门峡库区等站和区间。现状水平河口镇、龙门、河津、华县、洑头、黑石关、小董等站的月水量,根据天然径流资料考虑设计水平年的工农业用水及水库调节进行计算。现状水平河口镇、河津、华县、洑头、黑石关、小董等站的月沙量,采用反映现状水库工程作用和水土保持措施影响的实测资料(1970 年以后)建立的水沙关系,按设计水量计算沙量。河龙区间沙量根据实测资料考虑水利水保减沙作用求得。

设计水平 2020 年月径流量、输沙量是在现状水平基础上根据水土保持措施新增的减水、减沙量分别进行缩小,新增减水减沙量的地区分配按照中游多沙粗沙区新增水土保持治理面积的比例进行。根据黄河近期重点治理规划,近期水土保持治理的重点是多沙粗沙区,年均新增治理水土流失面积 0.4 万 km^2,10 年新增 4 万 km^2,其中河龙区间安排 3.02 万 km^2,占多沙粗沙区治理面积的 75.5%;北洛河安排 0.33 万 km^2,占 8.3%,渭河安排 0.65 万 km^2,占 16.2%。按照这样的治理进度及区域分配比例估计 2020 年水平径流量及输沙量。水土保持减水量主要发生在汛期,根据现状水土保持减水量的研究成果,汛期减水量约占年减水量的 80%,以此作为水平年减水量年内分配的依据。根据上述区域新增的减水、减沙量,求出多年平均 2020 年水平与现状水、沙量的比值,2020 年水平上述各站径流、输沙过程按此比例在现状基础上同比例缩小。河口镇以上、汾河、伊洛沁河水土保持减水减沙作用较弱,因此河口镇、河津、黑石关和武陟站水沙量值以现状水平代替 2020 年水平。

设计水平年各年龙、华、河、洑日流量过程,根据设计水平年各年各月水量与实测各年各月水量的比值,对各年各月实测日流量进行同倍比缩放求得。设计水平年各年龙、华、河、洑、黑、小日输沙率过程,根据设计水平年各年各月输沙率与实测各年各月输沙率的比值,对各年各月实测日输沙率进行同倍比缩放求得。

潼关的水沙过程,是经过龙门至潼关的黄河干流、渭河华县以下及北洛河洑头以下的河道输沙计算,合计求得的。四站至潼关河段输沙计算采用水文水动力学泥沙数学模型进行。小浪底水库入库水沙过程根据潼关水沙过程经过三门峡水库调节和泥沙冲淤计算求得。

根据上述计算原则及方法,对2020年水平1956~1999年龙门、华县、河津、洑头四站水沙量进行计算,结果见表2-8。

表2-8 2020年水平龙门、华县、河津、洑头四站水沙特征值
(1956~1999年系列)

水文站	径流量(亿 m^3)			输沙量(亿 t)			含沙量(kg/m^3)		
	汛期	非汛期	全年	汛期	非汛期	全年	汛期	非汛期	全年
河口镇	99.60	111.76	211.36	0.68	0.25	0.93	6.8	2.2	4.4
龙门	106.02	118.85	224.87	5.78	0.86	6.64	54.6	7.3	29.6
华县	34.63	20.99	55.62	3.01	0.27	3.28	87.0	13.0	59.1
河津	4.36	2.93	7.29	0.10	0.02	0.12	21.8	5.8	15.4
洑头	2.71	2.26	4.97	0.57	0.04	0.61	211.8	15.7	122.7
四站	147.72	145.03	292.75	9.47	1.19	10.66	64.1	8.2	36.4
黑石关	14.15	7.09	21.24	0.08	0.01	0.09	6.0	1.6	4.5
武陟	5.98	3.11	9.09	0.04	0	0.04	6.7	0.8	4.7

2020年水平龙门站年平均水量、沙量分别为224.87亿 m^3、6.64亿t,其中汛期水量为106.02亿 m^3,占全年总水量的47.1%;汛期沙量为5.78亿t,占全年总沙量的87.0%。汛期、全年平均含沙量分别为54.6 kg/m^3 和29.6 kg/m^3。

中游四站系列平均水量为292.75亿 m^3,其中汛期水量为147.72亿 m^3,占全年总水量的50.5%;年平均沙量为10.66亿t,汛期沙量为9.47亿t,占全年总沙量的88.9%。全年及汛期平均含沙量分别为36.4 kg/m^3 和64.1 kg/m^3。

下游伊洛河黑石关站年平均水量为21.24亿 m^3,年平均沙量为0.09亿t,年平均含沙量为4.5 kg/m^3。沁河武陟站年平均水量为9.09亿 m^3,年平均沙量为0.04亿t,年平均含沙量为4.7 kg/m^3。

2020年水平龙门及四站水沙量的年际间变化仍比较大。该系列四站最大年水量为510.65亿 m^3,最小年水量为159.11亿 m^3,二者比值为3.2。最大年沙量为23.86亿t,最小年沙量为3.43亿t,二者比值7.0。2020年水平四站历年径流量、输沙量过程见图2-8。

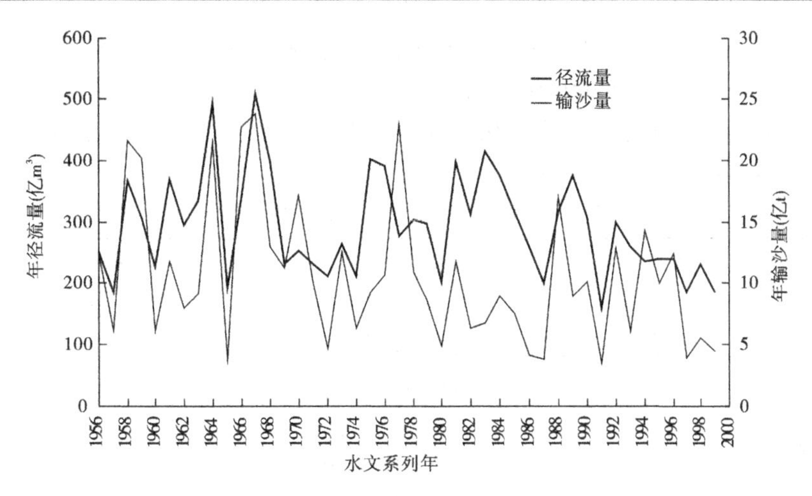

图 2-8　2020 年水平四站历年径流量、输沙量过程

2.4　水沙代表系列

2.4.1　系列长度

小浪底水库高滩深槽的塑造过程涵盖了小浪底水库的整个拦沙期，根据研究工作的需要，水沙代表系列长度按 50 年考虑。

2.4.2　选取原则

根据对黄河水沙特点、近年来水沙变化的认识，考虑小浪底水库高滩深槽塑造和支流库容利用研究的要求，确定的水沙代表系列选取的原则为：

(1)以预估未来 50 年黄河四站平均来水量 285 亿 m^3，来沙量 10 亿 t 左右为基础，在 1956 ~ 2000 年系列中选取水沙代表系列。

(2)选取的水沙代表系列应由尽量少的自然连续系列组合而成。

(3)选取的水沙系列应反映丰、平、枯水年的水沙情况，适当考虑一些大水、大沙年份和一些枯水、枯沙年份。

(4)选取的水沙系列前期(前 10 年)要有一定的变化幅度，分别考虑丰、平、枯水沙情况。

2.4.3　水沙代表系列选取结果

根据上述分析和选择的原则，在 2020 年水平 1956 ~ 2000 年设计水沙系列中初步选取了以下三个系列，依次为 1968 ~ 1979 年 + 1987 ~ 1999 年 + 1962 ~ 1986 年系列(以下简称 1968 系列)、1960 ~ 1999 年 + 1970 ~ 1979 年系列(以下简称 1960 系列)，1990 ~ 1999 年 + 1956 ~ 1995 年系列(以下简称 1990 系列)。各个系列四站水沙特征值见表 2-9。

1968 系列前 22 年与目前开展的黄河流域规划修编选取的系列一致。四站多年平均水量为 293.05 亿 m^3、沙量为 10.57 亿 t，与预估的水沙量值较接近。其中，前 10 年水量为 288.01 亿 m^3,沙量为 11.81 亿 t,为平水平沙时段;前 20 年水量为 281.79 亿 m^3,沙量 10.72 亿 t;后 30 年水量为 300.56 亿 m^3,沙量为 10.46 亿 t。从历年水沙过程看(见图 2-9),该系列四站最大年水量为 510.65 亿 m^3,最小年水量为 159.11 亿 m^3。最大年沙量为 23.86 亿 t,最小年沙量为 3.43 亿 t。

表 2-9　不同系列四站水沙特征值统计

系列	时段(年)	水量(亿 m^3)			沙量(亿 t)		
		汛期	非汛期	全年	汛期	非汛期	全年
1968 系列	1～10	144.47	143.54	288.01	10.80	1.01	11.81
	1～20	138.57	143.22	281.79	9.62	1.10	10.72
	1～30	134.05	145.13	279.18	9.31	1.22	10.53
	20～50	153.04	147.52	300.56	9.25	1.21	10.46
	30～50	167.07	146.79	313.86	9.52	1.08	10.60
	1～50	147.25	145.80	293.05	9.40	1.17	10.57
1960 系列	1～10	173.43	166.38	339.81	11.48	1.62	13.10
	1～20	158.86	153.46	312.32	10.97	1.26	12.23
	1～30	162.28	151.88	314.16	9.60	1.23	10.83
	20～50	138.58	140.43	279.01	8.17	1.07	9.24
	30～50	123.31	136.29	259.60	8.83	1.02	9.85
	1～50	146.69	145.64	292.33	9.29	1.15	10.44
1990 系列	1～10	102.33	132.03	234.36	7.19	1.15	8.34
	1～20	127.10	141.48	268.58	8.93	1.28	10.21
	1～30	136.71	144.28	280.99	9.94	1.23	11.17
	20～50	154.40	145.89	300.29	9.56	1.16	10.72
	30～50	153.63	143.89	297.52	8.36	1.18	9.54
	1～50	143.48	144.12	287.60	9.31	1.21	10.52

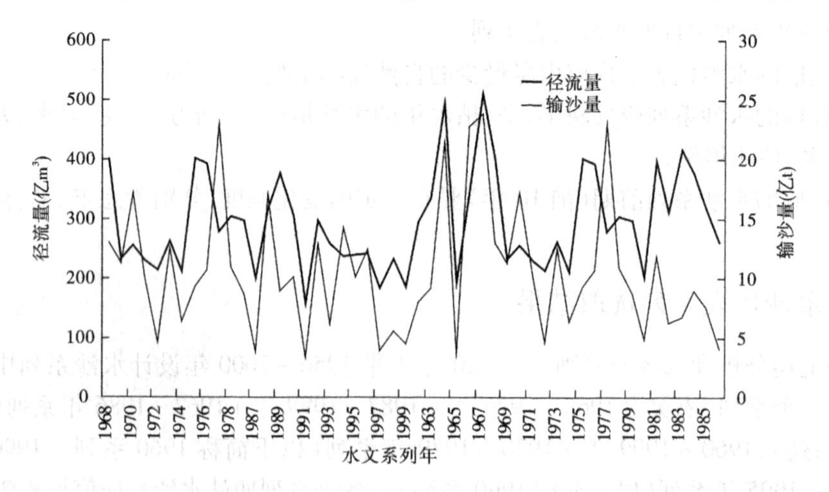

图 2-9　四站历年水沙过程(1968～1979 年 + 1987～1999 年 + 1962～1986 年系列)

1960 系列四站多年平均水量为 292.33 亿 m^3、沙量为 10.44 亿 t,与预估水沙量值也较为接近。系列前10年水量为339.81亿 m^3,沙量为13.10亿t,属于水沙偏丰时段;前20年水量为312.32亿 m^3,沙量12.23亿t;后30年水量为279.01亿 m^3,沙量为9.24亿t。从历年水沙量过程看(见图2-10),该系列四站最大年水量为510.65亿 m^3,最小年水量为159.11亿 m^3。最大年沙量为23.86亿t,最小年沙量为3.43亿t。

1990系列四站多年平均水、沙量分别为287.60亿 m^3、10.52亿t。其中,前10年水量为234.36亿 m^3,沙量为8.34亿t,为水沙偏枯时段;前20年水量为268.58亿 m^3,沙量为10.21亿t;后30年水量为300.29亿 m^3,沙量为10.72亿t。从系列历年水沙过程看(见图2-11),四站最大年水量为510.65亿 m^3,最小年水量为159.11亿 m^3。最大年沙量为23.86亿t,最小年沙量为3.43亿t。

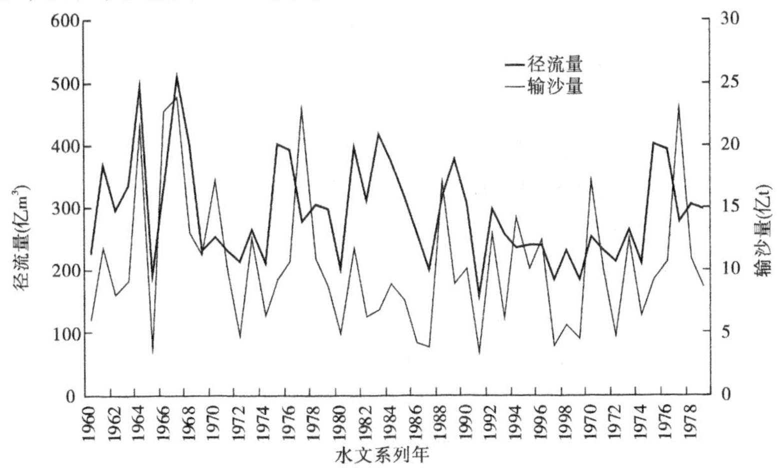

图2-10 四站历年水沙过程(1960~1999年+1970~1979年系列)

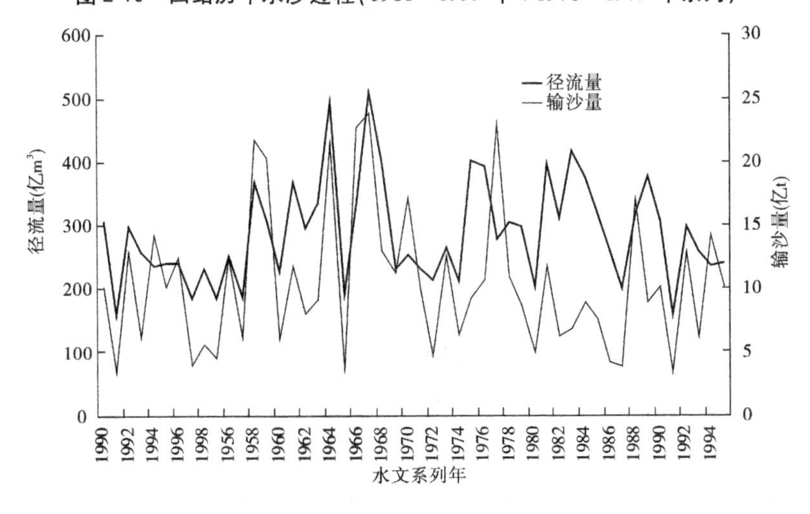

图2-11 四站历年水沙过程(1990~1999年+1956~1995年系列)

2.5 三门峡入库水沙条件

三门峡入库水沙条件是考虑了四站至潼关河段冲淤后的潼关断面水沙条件，四站至龙门至潼关河段（简称潼关河段）冲淤计算采用黄河勘测规划设计有限公司的水文水动力学泥沙数学模型进行。计算中考虑四站至潼关河段地表水引水量 20 亿 m^3 左右（水资源综合规划成果）。计算结果表明（见表 2-10），1968 系列，龙潼河段总体上表现为淤积，非汛期冲刷量小于汛期淤积量。计算 50 年龙门至潼关河段（简称龙潼河段）年均淤积 0.63 亿 t，其中前 10 年年均淤积 0.89 亿 t，前 20 年年均淤积 0.69 亿 t，后 30 年年均淤积较少，为 0.59 亿 t。经过龙潼河段的冲淤调整，50 年平均进入潼关断面的水量为 273.61 亿 m^3，沙量为 9.88 亿 t，其中前 10 年水量为 268.31 亿 m^3，沙量为 10.90 亿 t，为平水平沙时段，与四站水沙特点基本一致。

1960 系列，龙潼河段 50 年年均淤积 0.62 亿 t，其中前 10 年年均淤积 1.07 亿 t，前 20 年年均淤积 0.95 亿 t，后 30 年年均淤积较少，为 0.40 亿 t。潼关断面年平均水量为 272.97 亿 m^3，沙量为 9.78 亿 t，其中前 10 年水量为 320.38 亿 m^3，沙量为 11.86 亿 t。

1990 系列，龙潼河段 50 年淤积 0.67 亿 t，其中前 10 年淤积较少，为 0.47 亿 t，前 20 年淤积 0.77 亿 t，后 30 年淤积为 0.61 亿 t。经过龙潼河段的冲淤调整。潼关断面 50 年平均水量为 268.32 亿 m^3，沙量为 9.77 亿 t，其中前 10 年水量为 215.71 亿 m^3，沙量为 7.80 亿 t，为枯水枯沙系列。

表 2-10　不同水沙代表系列龙潼河段冲淤量及潼关断面水沙特征值

系列	时段（年）	龙潼河段冲淤（亿 t）			潼关断面					
					水量（亿 m^3）			沙量（亿 t）		
		汛期	非汛期	全年	汛期	非汛期	全年	汛期	非汛期	全年
1968 系列	1～10	1.45	-0.56	0.89	137.78	130.53	268.31	9.33	1.57	10.90
	1～20	1.22	-0.53	0.69	132.09	130.13	262.22	8.33	1.64	9.97
	1～30	1.21	-0.50	0.71	127.71	132.15	259.86	8.04	1.74	9.78
	20～50	1.17	-0.58	0.59	146.54	134.67	281.21	8.04	1.79	9.83
	30～50	1.17	-0.63	0.54	160.34	133.91	294.25	8.33	1.72	10.05
	1～50	1.19	-0.56	0.63	140.76	132.85	273.61	8.15	1.73	9.88
1960 系列	1～10	1.63	-0.56	1.07	166.77	153.61	320.38	9.69	2.17	11.86
	1～20	1.54	-0.59	0.95	152.24	140.57	292.81	9.34	1.85	11.19
	1～30	1.22	-0.61	0.61	155.65	138.98	294.63	8.35	1.85	10.20
	20～50	0.96	-0.56	0.40	132.21	127.53	259.74	7.20	1.65	8.85
	30～50	1.15	-0.51	0.64	117.08	123.39	240.47	7.61	1.55	9.16
	1～50	1.19	-0.57	0.62	140.22	132.75	272.97	8.05	1.73	9.78

续表 2-10

系列	时段(年)	龙潼河段冲淤(亿t)			潼关断面					
					水量(亿 m^3)			沙量(亿t)		
		汛期	非汛期	全年	汛期	非汛期	全年	汛期	非汛期	全年
1990系列	1~10	0.86	-0.39	0.47	96.46	119.25	215.71	6.23	1.57	7.80
	1~20	1.20	-0.43	0.77	120.81	128.80	249.61	7.62	1.74	9.36
	1~30	1.40	-0.48	0.92	130.33	131.55	261.88	8.40	1.73	10.13
	20~50	1.17	-0.56	0.61	147.88	132.91	280.79	8.32	1.73	10.05
	30~50	0.85	-0.55	0.30	147.13	130.85	277.98	7.50	1.75	9.25
	1~50	1.18	-0.51	0.67	137.05	131.27	268.32	8.04	1.73	9.77

2.6 小浪底入库水沙条件

小浪底入库水沙条件为经三门峡水库调节和库区冲淤调整后的出库水沙条件，取决于三门峡水库入库水沙条件和三门峡水库运用方式。

2.6.1 三门峡水库运用方式

按照《潼关高程控制及三门峡水库运用方式研究》成果，三门峡水库运用方式采用“汛敞”方案，即7~10月水库完全敞泄运用，11月至次年6月水库按控制日均坝前水位不超过315 m，最高日均水位不超过318 m，调节期最小下泄流量不小于200 m^3/s 调度运用。

2.6.2 三门峡水库出库水沙系列特征值

采用2007年10月实测地形和库容曲线作为初始边界条件，按“汛敞”运用方式进行调节计算，得出三门峡水库出库(即小浪底水库的入库)水沙过程，各系列特征值见表2-11。

1968系列为前10年平水平沙系列。前10年平均汛期水量、沙量分别为137.70亿 m^3 和10.78亿t，年水量、沙量分别为267.95亿 m^3 和10.98亿t(水文年，下同)。前10年年来水最丰的年份为第8年，汛期水量、沙量分别为218.06亿 m^3 和10.24亿t，年水量、沙量分别为382.78亿 m^3 和10.45亿t，而汛期来水最丰为第9年，汛期水量、沙量分别为241.37亿 m^3 和11.04亿t。前20年平均汛期水量、沙量分别为132.03亿 m^3 和9.83亿t，年水量、沙量分别为261.84亿 m^3 和10.06亿t。50年平均汛期水量、沙量分别为140.70亿 m^3 和9.67亿t，年水量、沙量分别为273.22亿 m^3 和9.93亿t。

1960系列为前10年水沙平偏丰系列。前10年平均汛期水量、沙量分别为166.75亿 m^3 和11.59亿t，年水量、沙量分别为320.03亿 m^3 和11.99亿t；前10年年来水和汛期来水最丰的年份均为第8年，汛期水量、沙量分别为334.69亿 m^3 和22.78亿t，年水量、沙量分别为490.68亿 m^3 和22.96亿t。前20年平均汛期水量、沙量分别为152.17亿 m^3

和 11.02 亿 t,年水量、沙量分别为 292.42 亿 m^3 和 11.31 亿 t。50 年平均汛期水量、沙量分别为 140.16 亿 m^3 和 9.58 亿 t,年水量、沙量分别为 272.58 亿 m^3 和 9.83 亿 t。

表 2-11 不同水沙系列三门峡水库出库水沙特征值统计

系列	时段(年)	水量(亿 m^3)			沙量(亿 t)		
		汛期	非汛期	全年	汛期	非汛期	全年
1968 系列	1 ~ 10	137.70	130.25	267.95	10.78	0.20	10.98
	11 ~ 20	126.37	129.37	255.74	8.88	0.27	9.15
	1 ~ 20	132.03	129.81	261.84	9.83	0.23	10.06
	1 ~ 30	127.66	131.80	259.46	9.52	0.27	9.79
	1 ~ 50	140.70	132.52	273.22	9.67	0.26	9.93
1960 系列	1 ~ 10	166.75	153.28	320.03	11.59	0.40	11.99
	11 ~ 20	137.58	127.22	264.80	10.46	0.19	10.65
	1 ~ 20	152.17	140.25	292.42	11.02	0.29	11.31
	1 ~ 30	155.59	138.69	294.28	9.95	0.29	10.24
	1 ~ 50	140.16	132.42	272.58	9.58	0.25	9.83
1990 系列	1 ~ 10	96.48	118.89	215.37	7.62	0.25	7.87
	11 ~ 20	145.13	138.09	283.22	10.55	0.35	10.90
	1 ~ 20	120.81	128.49	249.30	9.08	0.30	9.38
	1 ~ 30	130.31	131.23	261.54	9.92	0.28	10.20
	1 ~ 50	137.01	130.95	267.96	9.55	0.27	9.82

1990 系列为前 10 年水沙平偏枯系列。前 10 年汛期平均水量、沙量分别为 96.48 亿 m^3 和 7.62 亿 t,年平均水量、沙量分别为 215.37 亿 m^3 和 7.87 亿 t;前 10 年年来水最丰的年份为第 1 年,汛期水量、沙量分别为 121.94 亿 m^3 和 9.08 亿 t,年水量、沙量分别为 286.47 亿 m^3 和 10.00 亿 t,而汛期来水最丰为第 3 年,汛期水量、沙量分别为 136.05 亿 m^3 和 12.27 亿 t。前 20 年汛期平均水量、沙量分别为 120.81 亿 m^3 和 9.08 亿 t,年均水量、沙量分别为 249.3 亿 m^3 和 9.38 亿 t。50 年汛期平均水量、沙量分别为 137.01 亿 m^3 和 9.55 亿 t,年均水量、沙量分别为 267.96 亿 m^3 和 9.82 亿 t。

综合比较 3 个系列,50 年平均水量、沙量都比较接近,年水量为 267.96 亿 ~ 273.22 亿 m^3,沙量为 9.82 亿 ~ 9.93 亿 t,丰、平、枯主要体现在前 10 年。

2.7 本章小结

本章分析了黄河近期水沙变化特性,研究了黄河水沙变化趋势,提出了研究采用的小浪底水库入库水沙条件。成果已用于黄河流域综合规划修编。

预估未来 50 年黄河四站多年平均水量为 285 亿 m^3 左右，多年平均沙量为 10 亿 t 左右。在 2020 年水平 1956 ~ 2000 年水沙系列中选取前 10 年平水平沙的 1968 系列、水沙偏丰的 1960 系列、水沙偏枯的 1990 系列三个系列进行本书的研究。三个系列 50 年平均水沙量差别不大，四站水量分别为 293.05 亿 m^3、292.33 亿 m^3、287.60 亿 m^3，沙量分别为 10.57 亿 t、10.44 亿 t、10.52 亿 t，前 10 年平均水量分别为 288.01 亿 m^3、339.81 亿 m^3、234.36 亿 m^3，平均沙量分别为 11.81 亿 t、13.10 亿 t、8.34 亿 t。

考虑三门峡水库的调节作用，以及龙、华、河、洑至三门峡河段的工农业用水和冲淤调整，小浪底水库入库 50 年平均水量分别为 273.22 亿 m^3、272.58 亿 m^3、267.96 亿 m^3，沙量分别为 9.93 亿 t、9.83 亿 t、9.82 亿 t。1968 系列、1960 系列、1990 系列前 10 年平均水量分别为 267.95 亿 m^3、320.03 亿 m^3、215.37 亿 m^3，多年平均沙量分别为 10.98 亿 t、11.99 亿 t、7.87 亿 t。

第3章 水库排沙和降低水位冲刷的调控指标研究

3.1 水库的基本输沙流态

库区里的水流形态大致可以分为两种:一种是由于挡水建筑物起到壅高水位的作用,库区水面形成壅水曲线,沿流程水深逐渐增大,流速逐渐降低,这种水流流态称为壅水流态;另一种是由于挡水建筑物不起壅水作用,或者说基本上不起壅水作用,库区水面线接近天然情况,可以近似地按均匀流来对待,这种水流流态称为均匀流态。由于水流的流态不同,其输沙特征也是不一样的。

3.1.1 壅水输沙流态

在壅水输沙流态下,水库蓄水体、水深的大小及入库水沙条件不同表现为不同的输沙特征,据此又分为壅水明流输沙流态、异重流输沙流态和浑水水库输沙流态。

3.1.1.1 壅水明流输沙流态

这种流态的特征是,当浑水水流进入库区壅水段后,泥沙扩散到水流的全断面,过水断面的各处都有一定的流速,也有一定的含沙量;又因为是壅水流态,流速是沿程递减的,所以水流可以挟带的沙量也是沿程递减的,泥沙出现沿程分选,淤积物沿程上粗下细。

3.1.1.2 异重流输沙流态

异重流输沙流态的特点是,入库水流含沙较浓,且细沙含量比较大,当浑水进入壅水段后,浑水可能不与壅水段的清水掺混扩散,而是潜入到清水的下面,沿库底向下游继续运动。潜入清水的异重流浑水层,其流速沿水深由上而下先增大后减小,在浑水层中下的位置流速相对比较大,而含沙量则是越靠近底部越大。由于水库的边界条件、壅水距离以及入库水沙条件不同,有的异重流运行比较远,可以到达坝前排出库外,有的中途就停止。

3.1.1.3 浑水水库输沙流态

浑水水库输沙流态比较特殊,多数情况下为异重流到达坝前不能及时排出库外而引起滞蓄形成。由于异重流所含的泥沙颗粒比较细,若含沙量较高,则浑水水库中泥沙沉降方式与明流输沙中分散颗粒沉降过程明显不同,沉降特性比较独特,一般表现为沉降速度极为缓慢。

3.1.2 均匀明流输沙流态

在均匀明流输沙流态下,水流可以挟带一定数量的泥沙,当来沙的数量与水流可以挟带的泥沙数量不一致时,水库就会发生淤积或冲刷。即当来水泥沙含量大于水流可挟带的泥沙含量时，水库会发生沿程淤积，挟带的泥沙颗粒沿程分选；反之，当入库水流含沙量小于水流可挟带的泥沙数量时，水库则发生沿程冲刷。

综上所述，以上的各种输沙流态可以归纳总结如下：

- 水库的基本输沙流态
  - 壅水输沙流态
    - 壅水明流输沙流态
    - 异重流输沙流态
    - 浑水水库输沙流态
  - 均匀明流输沙流态

3.2 不同条件下水库排沙效果分析

3.2.1 水库不同运用阶段的排沙方式

3.2.1.1 水库运用初期

水库运用初期，蓄水体大，壅水程度高，水库主要的排沙方式为异重流和浑水水库排沙。因此，能否形成异重流，以及异重流潜入后能否持续运行至大坝是关键所在。这与入库水沙条件、水库蓄水体大小、回水距离远近等因素有关。若入库流量较大、含沙量高、泥沙颗粒较细、回水距离短则易形成异重流并运行至坝前；反之，若入库流量较小、含沙量低、泥沙颗粒较粗、水库蓄水体大、回水距离远则对异重流的形成及运行不利。

异重流排沙属于壅水排沙，从潜入点运行至大坝需要克服沿程阻力，会发生沿程的分选淤积，甚至有些时候因为潜入点距离大坝较远或后续动力不足而导致异重流运行至中途消失。因此，采用异重流或浑水水库排沙可以减缓库区淤积，延长水库拦沙年限，并发挥一定的拦粗排细作用，但不能从根本上解决水库的淤积问题，库区仍然持续淤积。

3.2.1.2 水库运用中、后期

水库运用至中、后期，随着库区的持续淤积，蓄水体相对于初期逐渐减小，壅水程度也随之降低。当库区达到一定的淤积水平时，开始具备降低水位冲刷的条件，此时，水库的输沙流态也逐渐转变为以壅水明流和均匀明流输沙为主，异重流、浑水水库输沙为辅。

在壅水明流输沙状态下，库区还有一定的蓄水量，其输沙效率相对于异重流略高一些，排沙比也较大，水库淤积相对较少，但总体上水库仍处于淤积状态。而在均匀明流输沙（或称敞泄排沙）状态下，水库蓄水量非常少，甚至空库，库区水流接近天然状态，多数情况下水库会发生明显的冲刷，是恢复库容的重要手段。在水库运用中、后期，需要有降低水位敞泄排沙的机遇，只有这样才能长期保持有效库容，更大地发挥水库的综合效益。

3.2.2 降低水位冲刷效果分析

降低水位冲刷效果受多种因素的影响，根据水流挟沙能力公式（$S^* = k\left(\frac{U^3}{gR\omega}\right)^m$）和曼宁公式（$U = \frac{1}{n}R^{2/3}J^{1/2}$），影响水流挟沙能力的主要因素是流速、水力半径和泥沙沉速，而

流速主要与水力半径、比降和糙率有关系，泥沙沉速则与泥沙粒径、含沙量有关。所以，水库的冲刷效果与库区前期冲淤状态、入库流量、入库含沙量、冲刷历时等因素相关。

评价冲刷效果的主要指标有三个，即冲刷总量、冲刷强度和冲刷效率。冲刷总量是指洪水期间库区的总冲刷量，表示洪水的整体冲刷效果；冲刷强度是指单位时间内的冲刷量，为冲刷总量与洪水历时之比，本次计算的单位时间为 1 d，也即日均冲刷量；冲刷效率指单方水的冲刷量，为冲刷总量与出库水量之比，体现冲刷过程中水资源利用率的高低。从冲刷恢复库容的角度出发，冲刷的总量最为重要，但自 20 世纪 90 年代以来，黄河流域进入一个较长的枯水期，同时伴随流域内社会经济发展，用水量逐年增加，水资源日趋短缺，因此冲刷强度和冲刷效率指标也变得越来越重要。

根据三门峡水库 1960～2006 年实测资料选择了 117 场典型的降低水位敞泄排沙洪水过程，总历时 1 090 d，单场洪水平均历时 9.3 d，累计冲刷泥沙 52.83 亿 t，冲刷强度为 0.049 亿 t/d，冲刷效率为 0.026 t/m^3。

所有场次中，冲刷历时小于 20 d 的洪水有 107 场，总历时 808 d，单场洪水平均历时 7.6 d，累计冲刷泥沙 45.45 亿 t，冲刷强度为 0.056 亿 t/d，冲刷效率为 0.030 t/m^3。

3.2.2.1 不同前期冲淤状态下洪水的冲刷效果分析

三门峡水库自 1974 年开始蓄清排浑运用以来，一般汛期库区多发生冲刷，而非汛期发生淤积，水库处于冲淤交替状态。不同的前期河床冲淤状态对水流的挟沙能力是有影响的。前期河床为冲刷状态时，河床表层淤积物粗化，泥沙颗粒较粗，泥沙起动困难，同时糙率变大，阻力增加，而导致水流挟沙能力的下降，进而影响到洪水的冲刷效率；前期河床为淤积状态时，河床表层新淤积的泥沙，平均粒径相对较小，且新淤积泥沙堆积形态松散，尚未密实，相对容易冲刷。另外，在前期淤积过程中，河床的糙率会逐渐变小，从而降低水流沿程阻力，有利于洪水的冲刷排沙。在本次洪水统计分析过程中，前期冲淤量为上一年 10 月库区蓄水开始至洪水发生前这一阶段的累计冲淤量。

按照前期库区不同的冲淤状态分别对 117 场洪水进行综合统计分析，总体冲刷情况见表 3-1。库区前期为淤积状态的洪水计 66 场，历时 473 d，只占总历时的 43.4%，冲刷泥沙累计 37.26 亿 t，占总冲刷量的 70.5%，冲刷强度和冲刷效率分别为 0.079 亿 t/d 和 0.040 t/m^3；而前期为冲刷状态的洪水计 51 场，占总场次的 43.6%，历时 617 d，占总历时的 56.6%，累计冲刷泥沙 15.57 亿 t，仅占总冲刷量的 29.5%，冲刷强度和冲刷效率分别为 0.025 亿 t/d 和 0.014 t/m^3。当水库前期为冲刷状态时，尽管坝前平均运用水位更低，累计冲刷历时更长，但累计冲刷量占总冲刷量的比例仅为 29.5%，冲刷强度和冲刷效率也比较低，与前期库区为淤积状态下的洪水时段相比，仅为其 1/3。

可见，前期库区的冲淤状态对洪水的冲刷效果影响非常明显，前期为淤积状态时对库区的冲刷排沙有利，冲刷量更大，冲刷效率更高，反之不利。

表 3-1　不同前期冲淤状态下洪水冲刷效果统计

前期冲淤状态	场数（场）	占总场数（%）	历时（d）	占总历时（%）	平均历时（d）	平均水位（m）	平均流量（m^3/s）		水量（亿 m^3）		输沙量（亿 t）		平均含沙量（kg/m^3）		冲刷量（亿 t）	占总冲刷量（%）	冲刷强度（亿 t/d）	冲刷效率（t/m^3）
							入库	出库	入库	出库	入库	出库	入库	出库				
淤积	66	56.4	473	43.4	7.2	301.14	1 944	2 014	910.91	931.11	57.19	94.45	62.79	101.44	37.26	70.5	0.079	0.040
冲刷	51	43.6	617	56.6	12.1	299.62	2 199	2 236	1 122.27	1 141.83	38.48	54.04	34.29	47.33	15.57	29.5	0.025	0.014
合计	117	100.0	1 090	100	9.3				2 033.18	2 072.94	95.67	148.49	47.06	71.64	52.83	100.00	0.049	0.026

注：表中平均水位、平均流量为各时段平均水位和平均流量的平均值。

3.2.2.2 不同流量级洪水的冲刷效果分析

根据洪水时段入库平均流量大小分成 8 个流量级，即 $Q<1\ 000\ m^3/s$、1 000 ~ 1 500 m^3/s、1 500 ~ 2 000 m^3/s、2 000 ~ 2 500 m^3/s、2 500 ~ 3 000 m^3/s、3 000 ~ 3 500 m^3/s、3 500 ~ 4 000 m^3/s 和 $Q\geqslant 4\ 000\ m^3/s$。由于库区前期冲淤状态对洪水的冲刷效果影响明显，所以在分析不同流量级洪水冲刷效果时，针对不同的库区前期冲淤状态，分别进行比较分析。

（1）前期水库为淤积状态时各流量级洪水的冲刷效果分析。

前期库区为淤积状态时各流量级洪水的冲刷情况统计见表 3-2。

从各流量级冲刷量累计值来看，$1\ 500\ m^3/s\leqslant Q<2\ 000\ m^3/s$ 量级最多，累计冲刷泥沙 11.902 亿 t，其次分别为 $2\ 000\ m^3/s\leqslant Q<2\ 500\ m^3/s$ 量级和 $2\ 500\ m^3/s\leqslant Q<3\ 000\ m^3/s$ 量级，分别累计冲刷泥沙 7.341 亿 t 和 6.499 亿 t。考虑到各量级的洪水场次不同，采用单场洪水平均冲刷量进行对比，除 $3\ 000\ m^3/s\leqslant Q<3\ 500\ m^3/s$ 量级由于平均运用水位较高（为 310.80 m）导致单场洪水冲刷量略小外，流量级越大，则单场洪水的平均冲刷量也越大。

从冲刷强度（日均冲刷量）来看，$2\ 000\ m^3/s\leqslant Q<2\ 500\ m^3/s$ 量级最大，为 0.105 亿 t/d，其次是 $2\ 500\ m^3/s\leqslant Q<3\ 000\ m^3/s$ 量级，为 0.093 亿 t/d；3 000 m^3/s 以上大流量级洪水的冲刷强度反而较小，为 0.047 亿 ~0.068 亿 t/d。主要原因：已有实测资料中，大流量级洪水一般持续历时相对较长，冲刷过程中受河床粗化和糙率增大的影响，冲刷迅速衰减，最终致使整个洪水过程的平均冲刷强度的减小；流量级小的洪水，持续历时相对较短，受冲刷衰减的影响程度相对要小得多，如 $1\ 500\ m^3/s\leqslant Q<2\ 000\ m^3/s$ 和 $1\ 000\ m^3/s\leqslant Q<1\ 500\ m^3/s$量级的洪水，平均历时只有 6.3 d 和 5.6 d，平均冲刷强度反而较大，分别达到 0.078 亿 t/d 和 0.073 亿 t/d，高于流量 3 000 m^3/s 以上的大流量级洪水。因此，在冲刷历时和其他条件相同的前提下，冲刷强度应该是随着流量级的增大而增大的。

从冲刷效率来看，洪水平均历时越短，其冲刷效率相对越高，由于流量级大的洪水历时长，其冲刷效率反而低。流量小于 2 500 m^3/s 的四个量级，洪水平均历时为 4.3 ~6.4 d，冲刷效率维持在一个较高的水平，为 0.053 ~0.064 t/m^3。

（2）前期水库为冲刷状态时各流量级洪水的冲刷效果分析。

前期库区为冲刷状态时各流量级洪水的冲刷情况统计见表 3-3，各流量级洪水的单场冲刷量、冲刷强度、冲刷效率均差别不大。其中，单场洪水的冲刷量、冲刷强度随流量级增大而增大，分别为 0.230 亿 ~0.448 亿 t 和 0.016 亿 ~0.043 亿 t /d；各流量级洪水的平均冲刷效率均比较低，变化范围为 0.010 ~0.027 t/m^3。

（3）不同流量级洪水的典型过程分析。

在表 3-4 中，1994 年 7 月 31 日至 8 月 4 日、1990 年 7 月 9 ~ 13 日和 2000 年 10 月 12 ~ 15 日这 3 场洪水的入库平均流量不同，分别为 645 m^3/s、1 566 m^3/s 和 1 883 m^3/s，而其他条件十分接近，即历时为 4 ~ 5 d，前期水库均为淤积状态，入库平均含沙量为 33.52 ~43.04 kg/m^3，坝前最低水位都降至 300 m 以下，属于敞泄状态，前期库区河床纵比降为 2.27‱ ~ 2.44‱。对比 3 场典型洪水，从冲刷效果来看，冲刷量和冲刷强度随平均流量的增大而递增，冲刷效率则仍与冲刷历时关系密切，历时短的洪水冲刷效率最高。按流量级从小到大排列，洪水时段单日最大冲刷量分别为 0.136 亿 t、0.194 亿 t 和 0.245 亿 t，可见，在其他条件相同的情况下，大流量级洪水的综合冲刷效果最好。

表 3-2　前期为淤积状态下不同流量级洪水的冲刷情况统计

流量级 (m^3/s)	场数 (场)	占总场数 (%)	历时 (d)	平均历时 (d)	平均水位 (m)	平均流量 (m^3/s)		水量 (亿 m^3)		输沙量 (亿 t)		平均含沙量 (kg/m^3)		冲刷总量 (亿 t)	单场冲刷量 (亿 t)	冲刷强度 (亿 t/d)	冲刷效率 (t/m^3)
						入库	出库	入库	出库	入库	出库	入库	出库				
≥4 000	1	1.5	27	27.0	307.54	4 479	4 610	104.49	107.54	2.37	3.99	22.66	37.12	1.624	1.624	0.060	0.015
3 500～4 000	2	3.0	41	20.5	304.38	3 704	3 689	128.93	130.47	3.48	5.41	26.98	41.45	1.930	0.965	0.047	0.015
3 000～3 500	2	3.0	18	9.0	310.80	3 184	3 346	49.35	51.73	1.56	2.79	31.70	53.95	1.227	0.613	0.068	0.024
2 500～3 000	8	12.1	70	8.8	302.05	2 825	2 829	171.49	171.21	13.38	19.88	78.04	116.12	6.499	0.812	0.093	0.038
2 000～2 500	11	16.7	70	6.4	301.52	2 239	2 298	133.73	134.42	15.34	22.68	114.67	168.69	7.341	0.667	0.105	0.055
1 500～2 000	24	36.4	152	6.3	299.98	1 738	1 772	221.96	226.05	14.83	26.73	66.82	118.26	11.902	0.496	0.078	0.053
1 000～1 500	14	21.2	78	5.6	300.68	1 315	1 344	91.46	93.62	5.92	11.63	64.69	124.22	5.712	0.408	0.073	0.061
<1 000	4	6.1	17	4.3	298.90	674	1 246	9.49	16.06	0.32	1.34	33.43	83.61	1.025	0.256	0.060	0.064
合计	66	100	473					910.90	931.10	57.20	94.45			37.25			

表 3-3　前期为冲刷状态下不同流量级洪水的冲刷情况统计

流量级 (m^3/s)	场数	占总场数 (%)	历时 (d)	平均历时 (d)	平均水位 (m)	平均流量 (m^3/s)		水量 (亿 m^3)		输沙量 (亿 t)		平均含沙量 (kg/m^3)		冲刷总量 (亿 t)	单场冲刷量 (亿 t)	冲刷强度 (亿 t/d)	冲刷效率 (t/m^3)
						入库	出库	入库	出库	入库	出库	入库	出库				
≥4 000	2	3.9	21	10.5	306.32	4 843	4 882	90.12	90.89	1.45	2.34	16.07	25.79	0.896	0.448	0.043	0.010
3 500 ~ 4 000	5	9.8	55	11.0	305.29	3 705	3 773	175.77	179.53	3.73	5.64	21.23	31.39	1.904	0.381	0.035	0.011
3 000 ~ 3 500	5	9.8	56	11.2	303.09	3 381	3 389	163.82	166.23	9.51	11.28	58.02	67.84	1.771	0.354	0.032	0.011
2 500 ~ 3 000	5	9.8	60	12.0	300.34	2 630	2 531	136.11	133.19	5.43	7.11	39.92	53.34	1.672	0.334	0.028	0.013
2 000 ~ 2 500	10	19.6	103	10.3	300.36	2 279	2 369	203.05	212.28	7.34	10.96	36.16	51.61	3.612	0.361	0.035	0.017
1 500 ~ 2 000	9	17.6	96	10.7	297.30	1 684	1 708	138.59	136.72	4.93	7.00	35.55	51.19	2.072	0.230	0.022	0.015
1 000 ~ 1 500	10	19.6	149	14.9	296.87	1 249	1 315	168.12	174.77	4.01	6.36	23.86	36.36	2.345	0.234	0.016	0.013
<1 000	5	9.9	77	15.4	295.23	690	716	46.70	48.23	2.08	3.37	44.52	69.95	1.295	0.259	0.017	0.027
合计	51	100	617					1 122.28	1 141.84	38.48	54.06			15.567			

表 3-4　不同流量级典型洪水过程冲刷情况统计

年份	时段 (月-日)	历时 (d)	库水位 (m)		平均库容 (亿 m^3)	潼关流量 (m^3/s)		潼关含沙量 (kg/m^3)		冲刷量 (亿 t)	冲刷强度 (亿 t/d)	冲刷效率 (t/m^3)	前期比降 (‱)	前期淤积量 (亿 t)
			平均	范围		平均	范围	平均	范围					
1994 年	T07-31 ~ 08-04	5	302.46	299.35 ~ 306.05	0.024	645	412 ~ 905	43.04	29.85 ~ 62.65	0.22	0.044	0.071	2.27	1.31
1990 年	07-09 ~ 13	5	298.42	294.93 ~ 301.06	0.087	1 566	1 140 ~ 2 620	40.98	25.90 ~ 61.45	0.47	0.093	0.060	2.44	1.17
2000 年	10-12 ~ 15	4	299.36	298.10 ~ 302.09	0	1 883	1 530 ~ 2 160	33.52	27.19 ~ 36.90	0.56	0.139	0.083	2.34	0.77

注：表中时段一项中“T”表示洪水时段考虑 1 d 的传播时间。

3.2.2.3 不同历时洪水的冲刷效果分析

由于天然河流具有冲淤平衡趋向性，所以洪水历时的长短对冲刷效果是有很大影响的。河道长时间的处于冲刷状态，纵向输沙平衡遭到破坏，河床会通过自身的逐步粗化，冲刷下切变得窄深，增加河床阻力和边壁阻力来消耗水流的能量，降低水流的输沙能力，最终逐步趋向新的平衡。因此，在洪水持续的冲刷过程中，其他条件不变的情况下，冲刷量会随着历时的增加而逐步累积增大，但冲刷强度和冲刷效率则会随着历时的增加反而减小。

同样，根据库区前期冲淤状态的不同分别对不同历时的洪水冲刷效果进行分析。冲刷历时按1～3 d、4～6 d、7～10 d和10 d以上分为4个级别。其中，1～3 d突出了短历时中小洪水的集中排沙情况，4～6 d则是体现有一定连续时间的中等洪水的冲刷情况，7～10 d以及10 d以上则是体现历时相对较长、入库平均流量较大的洪水冲刷情况。

（1）前期水库为淤积状态时不同历时洪水的冲刷效果分析。

在前期水库为淤积状态时不同历时洪水的冲刷效果见表3-5。从冲刷效果的三个判断指标来看，历时越长，单场洪水冲刷量越大，但冲刷强度和冲刷效率越低。图3-1为洪水平均历时与单场洪水冲刷量关系图。历时为4.8～8.5 d时，冲刷量随时间的增加增长较快，而当历时超过8.5 d后，冲刷量随天数的增加增长速度变缓。即是，当洪水平均冲刷时间过长，随着冲刷效率的降低，继续冲刷所恢复的库容有限。

图3-2为洪水平均历时与冲刷强度关系图。历时为2.7～4.8 d时，冲刷强度下降比较快，超过4.8 d后，冲刷强度的下降速度变慢，为一个持续稳定的下降过程。

图3-3为洪水平均历时与冲刷效率关系图。随着历时的增加，冲刷效率衰减的速度逐渐变缓。平均历时为2.7 d时，冲刷效率为0.097 t/m^3；平均历时为4.8 d时，冲刷效率为0.060 t/m^3；平均历时为8.5 d时，冲刷效率为0.040 t/m^3；随着历时的继续增加，冲刷效率为0.024 t/m^3。

（2）前期水库为冲刷状态时不同历时的洪水冲刷效果分析。

在前期水库为冲刷状态时，河床已经粗化，冲刷历时的长短对冲刷效果的影响相对有限，但仍表现出一定的规律性。不同历时洪水的冲刷效果见表3-6。其中，单场洪水冲刷量随着历时的增加而增大，为0.17亿～0.37亿t，差别不大；冲刷强度随历时的增加而递减，为0.020亿～0.058亿t/d；冲刷效率也随历时的增加而减小，为0.011～0.028 t/m^3。

（3）典型过程分析。

在前期水库为淤积状态时，入库平均流量、平均含沙量以及其他条件相近的情况下，不同历时的典型洪水冲淤情况统计见表3-7。

2006年9月21～23日、1990年7月9～13日和1995年7月23日至8月4日这3场洪水，历时分别为3 d、5 d和13 d，平均流量为1 540～1 670 m^3/s，平均含沙量为20.92～59.68 kg/m^3，前期水库均为淤积状态，其他各方面条件接近，仅冲刷历时不同。冲刷量分别为0.34亿t、0.47亿t和0.62亿t，冲刷强度和冲刷效率随历时的增加衰减明显。

表 3-5 前期水库为淤积状态下不同历时洪水的冲刷效果统计

历时分级(d)	场数	占总场数(%)	历时(d)	平均历时(d)	平均水位(m)	平均流量(m^3/s)		水量(亿 m^3)		输沙量(亿 t)		平均含沙量(kg/m^3)		冲刷量(亿 t)	单场冲刷量(亿 t)	冲刷强度(亿 t/d)	冲刷效率(t/m^3)
						入库	出库	入库	出库	入库	出库	入库	出库				
1~3	15	22.7	41	2.7	298.06	1 575	1 728	54.42	60.29	6.22	12.10	114.36	200.72	5.88	0.39	0.143	0.097
4~6	27	40.9	130	4.8	300.74	1 766	1 835	198.52	205.44	22.43	34.78	112.99	169.27	12.35	0.46	0.095	0.060
7~10	11	16.7	93	8.5	300.95	2 395	2 405	192.09	192.88	14.76	22.46	76.83	116.45	7.70	0.70	0.083	0.040
>10	13	19.7	209	16.1	305.33	2 358	2 384	465.88	472.49	13.78	25.11	29.58	53.15	11.33	0.87	0.054	0.024
合计	66	100.0	473					910.91	931.10	57.19	94.45			37.26			

注:表中平均水位和平均流量均为单场洪水平均值的再平均。

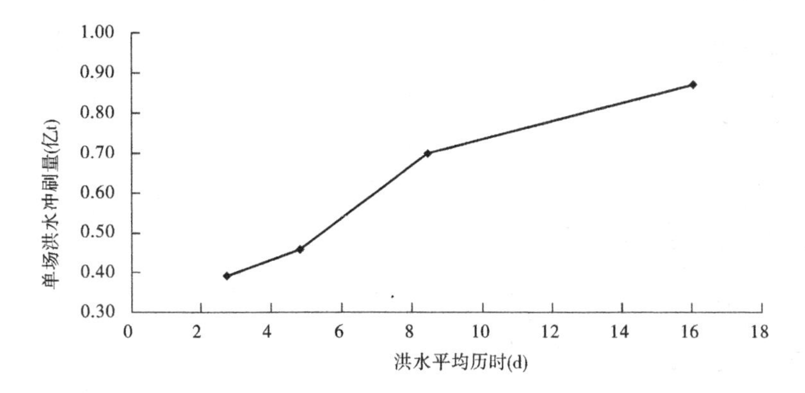

图 3-1　前期为淤积状态下洪水平均历时与单场洪水冲刷量关系

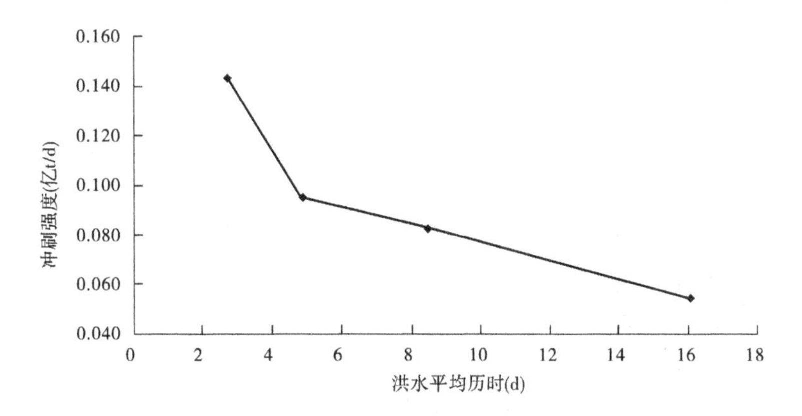

图 3-2　前期为淤积状态下洪水平均历时与冲刷强度关系

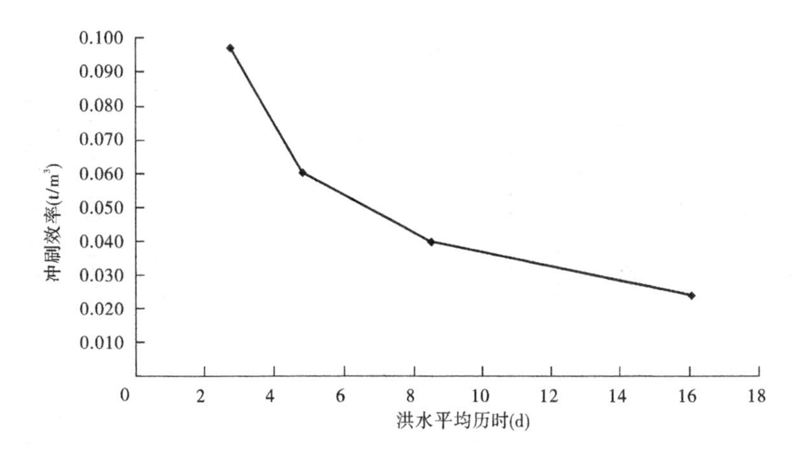

图 3-3　前期为淤积状态下洪水平均历时与冲刷效率关系

表 3-6　前期水库为冲刷状态下不同历时洪水的冲刷效果统计

历时分级(d)	场数	占总场数(%)	历时(d)	平均历时(d)	平均水位(m)	平均流量(m^3/s)		水量(亿 m^3)		输沙量(亿 t)		平均含沙量(kg/m^3)		冲刷量(亿 t)	单场冲刷量(亿 t)	冲刷强度(亿 t/d)	冲刷效率(t/m^3)
						入库	出库	入库	出库	入库	出库	入库	出库				
1~3	2	3.9	6	3.0	299.45	2 583	2 565	13.39	13.29	0.60	0.95	44.71	71.34	0.35	0.17	0.058	0.026
4~6	10	19.6	50	5.0	297.81	1 719	1 755	73.64	75.01	2.74	4.81	37.26	64.19	2.07	0.21	0.041	0.028
7~10	15	29.4	128	8.5	300.10	2 413	2 410	264.95	264.82	14.22	18.51	53.66	69.90	4.29	0.29	0.034	0.016
>10	24	47.1	433	18.0	300.08	2 234	2 300	770.29	788.71	20.92	29.77	27.16	37.74	8.85	0.37	0.020	0.011
合计	51	100.0	617					1 122.27	1 141.83	38.48	54.04			15.56			

注:表中平均水位和平均流量均为单场洪水平均值的再平均。

表 3-7　不同历时典型洪水冲刷情况统计

年份	时段(月-日)	天数(d)	库水位(m)		平均库容(亿 m^3)	潼关流量(m^3/s)		潼关含沙量(kg/m^3)		冲刷量(亿 t)	冲刷强度(亿 t/d)	冲刷效率(t/m^3)	前期淤积量(亿 t)
			平均	范围		平均	范围	平均	范围				
2006 年	09-21~23	3	300.65	294.49~304.77	0.222 8	1 670	1 440~1 960	20.92	9.51~37.60	0.34	0.114	0.072	0.22
1990 年	07-09~13	5	298.42	294.93~301.06	0.086 8	1 566	1 140~2 620	40.98	25.90~61.45	0.47	0.093	0.060	1.17
1995 年	07-23~08-04	13	299.30	298.25~301.39	0.005 2	1 540	1 050~3 100	59.68	28.85~94.86	0.62	0.048	0.036	1.60

注:表中平均水位和平均流量均为单场洪水平均值的再平均。

3.2.2.4 不同含沙量级洪水的冲刷效果分析

水流含沙量的不同会影响到浑水的容重、黏性以及泥沙颗粒的沉降速度等，最终影响洪水的冲刷能力和效果。浑水的容重和黏性随着含沙量增加而逐渐增大，从而降低泥沙颗粒的沉速，同时黏性的增加还会增强水流对河床的剪切作用力，有利于床沙的起动。所以，水流处于次饱和状态时，在其他条件相同的情况下，含沙量的增大对洪水冲刷是有利的；而当水流含沙量达到饱和或超饱和状态时，则可能会降低洪水的冲刷效率，甚至转入淤积。这也是大流量高含沙洪水冲刷能力强，而小流量高含沙洪水容易造成淤积的主要原因。

按洪水时段入库平均含沙量大小，将117场降低水位冲刷洪水时段分成 $S<20$ kg/m^3、20 kg/m^3 $\leqslant S<50$ kg/m^3、50 kg/m^3 $\leqslant S<100$ kg/m^3，100 kg/m^3 $\leqslant S<200$ kg/m^3 和 $S\geqslant200$ kg/m^3 等5个不同量级，并根据前期水库的不同冲淤状态对不同含沙量级的洪水分别统计，计算成果见表3-8和表3-9。

(1)前期水库为淤积状态时不同含沙量级洪水的冲刷效果分析。

前期水库为淤积状态时不同含沙量级洪水的冲刷情况统计见表3-8。前期为淤积状态下的洪水计66场，历时473 d，平均单场洪水历时7.2 d，累计冲刷泥沙37.27亿t。在这些洪水时段中，含沙量级较高的洪水，平均历时相对要短一些，如 $S\geqslant200$ kg/m^3 量级的洪水，共计6场，单场洪水平均历时仅为4.5 d。

从各含沙量级洪水累计冲刷量方面来看：100 kg/m^3 $\leqslant S<200$ kg/m^3 量级的洪水累计冲刷量最大，为12.06亿t，占总冲刷量的32.4%，该量级洪水时段计18场，累计历时为97 d，平均单场洪水历时5.4 d，单场洪水平均冲刷量为0.67亿t；其次为 $S<20$ kg/m^3 量级的洪水，累计冲刷泥沙8.06亿t，占总冲刷量的21.6%，该量级洪水计12场，累计历时140 d，单场洪水历时11.7 d，单场洪水平均冲刷量为0.67亿t。两个含沙量级的单场洪水冲刷量都一样，但各自历时却不同，含沙量级高的洪水所用历时更短，冲刷效率更高。

从冲刷强度和冲刷效率两个方面来看，$S<20$ kg/m^3 和 20 kg/m^3 $\leqslant S<50$ kg/m^3 的两个量级，其平均冲刷强度和冲刷效率都比较低，而随着含沙量级的继续增大，洪水的冲刷强度和冲刷效率也同样增大，特别是含沙量达到100 kg/m^3 以上量级的洪水，冲刷强度和冲刷效率增大的幅度非常明显。

从入、出库的平均含沙量对比来看，由低到高，5个不同含沙量级的洪水，平均出库含沙量增加值分别为28.21 kg/m^3、26.78 kg/m^3、34.63 kg/m^3、67.14 kg/m^3 和80.28 kg/m^3，即含沙量较高的洪水，冲刷效率高，水流含沙量沿程恢复值大。

(2)前期水库为冲刷状态时不同含沙量级洪水的冲刷效果分析。

前期水库为冲刷状态时不同含沙量级洪水的冲刷情况统计见表3-9。在洪水场次中，以低含沙量洪水居多，平均含沙量小于50 kg/m^3 的洪水计41场，占总场次的80.4%。单场洪水冲刷量、冲刷强度和冲刷效率方面，以 $S\geqslant200$ kg/m^3 量级最大，分别为0.60亿t，0.066亿t/d和0.023 t/m^3；其他各个含沙量级的洪水差别不大，分别为0.12亿~0.34亿t、0.019亿~0.028亿t/d和0.010~0.016 t/m^3。

即在前期库区为冲刷的状态下，各个含沙量级的洪水时段的综合冲刷效果明显不如前期为淤积状态的洪水时段。

(3)典型洪水过程分析。

不同含沙量级的典型洪水统计见表3-10。

表 3-8　前期水库为淤积状态下不同含沙量级洪水的冲刷情况统计

含沙量级 (kg/m³)	场数	占总场数 (%)	历时 (d)	平均历时 (d)	平均水位 (m)	平均流量 (m³/s)		水量 (亿 m³)		输沙量 (亿 t)		平均含沙量 (kg/m³)		冲刷量 (亿 t)	单场冲刷量 (亿 t)	冲刷强度 (亿 t/d)	冲刷效率 (t/m³)
						入库	出库	入库	出库	入库	出库	入库	出库				
<20	12	18.2	140	11.7	304.77	1 803	2 026	266.67	278.88	4.17	12.23	15.64	43.85	8.06	0.67	0.058	0.029
20~50	19	28.8	136	7.2	300.44	2 021	2 026	296.32	297.70	8.94	16.96	30.18	56.96	8.02	0.42	0.059	0.027
50~100	11	16.7	73	6.6	300.23	1 872	1 868	134.40	134.95	8.99	13.70	66.92	101.55	4.71	0.43	0.065	0.035
100~200	18	27.3	97	5.4	300.45	2 008	2 075	167.99	171.72	23.84	35.90	141.94	209.08	12.06	0.67	0.124	0.070
≥200	6	9.0	27	4.5	299.90	1 921	2 033	45.52	47.85	11.24	15.66	246.97	327.25	4.42	0.74	0.164	0.092
合计	66	100.0	473	7.2				910.90	931.10	57.18	94.45			37.27			

表 3-9　前期水库为冲刷状态下不同含沙量级洪水的冲刷情况统计

含沙量级 (kg/m³)	场数	占总场数 (%)	历时 (d)	平均历时 (d)	平均水位 (m)	平均流量 (m³/s)		水量 (亿 m³)		输沙量 (亿 t)		平均含沙量 (kg/m³)		冲刷量 (亿 t)	单场冲刷量 (亿 t)	冲刷强度 (亿 t/d)	冲刷效率 (t/m³)
						入库	出库	入库	出库	入库	出库	入库	出库				
<20	20	39.2	264	13.2	300.76	2 508	2 560	546.09	554.52	9.01	15.04	16.51	27.13	6.03	0.30	0.023	0.011
20~50	21	41.2	254	12.1	299.07	2 047	2 095	430.29	443.79	13.63	20.85	31.68	46.99	7.22	0.34	0.028	0.016
50~100	7	13.7	78	11.1	297.56	1 482	1 496	91.84	91.76	5.90	7.36	64.20	80.24	1.47	0.21	0.019	0.016
100~200	2	3.9	12	6.0	300.77	2 601	2 521	27.41	25.89	3.49	3.74	127.42	144.49	0.25	0.12	0.021	0.010
≥200	1	2.0	9	9.0	300.40	3 427	3 327	26.65	25.87	6.44	7.04	241.83	272.18	0.60	0.60	0.066	0.023
合计	51	100.0	617	12.1				1 122.28	1 141.83	38.47	54.03			15.57			

表 3-10　不同含沙量级的典型洪水情况统计

组次	年份	时段（月-日）	天数（d）	库水位（m）		平均库容（亿 m^3）	潼关流量（m^3/s）		潼关含沙量（kg/m^3）		冲刷量（亿 t）	冲刷强度（亿 t/d）	冲刷效率（t/m^3）	前期比降（‰）	前期淤积量（亿 t）
				平均	范围		平均	范围	平均	范围					
第一	2000 年	08-20 ~ 22	3	301.12	300.43 ~ 302.03	0.009 3	1 220	1 070 ~ 1 330	50.44	35.33 ~ 66.83	0.29	0.096	0.100	2.30	1.14
	1995 年	07-18 ~ 20	3	301.02	297.58 ~ 303.52	0.017 7	1 177	492 ~ 2 090	165.71	122.56 ~ 180.38	0.43	0.144	0.139	2.05	2.16
	1999 年	07-14 ~ 17	4	304.89	303.96 ~ 305.73	0.141 9	1 373	1 150 ~ 1 950	239.16	84.68 ~ 358.97	0.68	0.170	0.124	2.39	1.64
第二	2005 年	08-20 ~ 22	3	297.31	292.72 ~ 302.11	0.026 3	1 823	1 680 ~ 2 070	36.67	24.71 ~ 48.15	0.34	0.115	0.077	2.46	0.23
	2001 年	08-20 ~ 22	3	298.74	298.05 ~ 300.13	0.112 8	1 797	1 210 ~ 2 470	260.30	122.22 ~ 343.72	0.49	0.163	0.104	2.97	0.28

第一组次:2000 年 8 月 20 ~ 22 日、1995 年 7 月 18 ~ 20 日和 1999 年 7 月 14 ~ 17 日这 3 场洪水,入库平均流量、洪水历时都比较接近,只是入库平均含沙量差别较大,分别为 50.44 kg/m^3、165.71 kg/m^3 和 239.16 kg/m^3。前期库区均为淤积状态,前期淤积量分别为 1.14 亿 t、2.16 亿 t 和 1.64 亿 t,实测纵剖面见图 3-4。洪水的冲刷量和冲刷强度均随入库含沙量增大而增大;冲刷效率方面,由于 1999 年 7 月 14 ~ 17 日的洪水时段坝前平均运用水位相对于其他两场洪水略高,影响了冲刷效率,若运用水位相近,冲刷效率也应随入库含沙量的增大而增大。

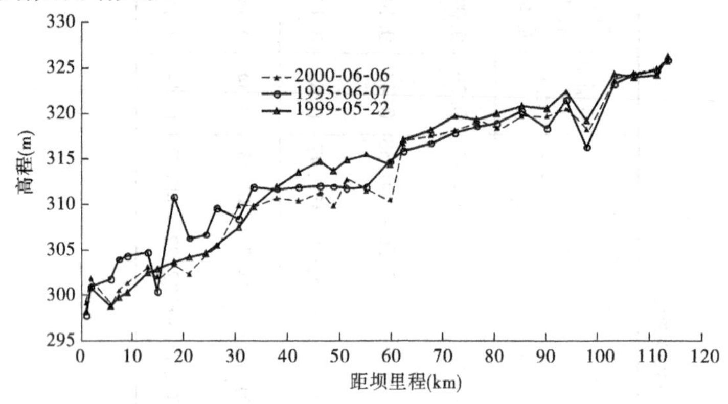

图 3-4　三门峡水库实测纵剖面套绘(第一组次)

第二组次:2005 年 8 月 20 ~ 22 日与 2001 年 8 月 20 ~ 22 日两场洪水,入库平均流量分别为 1 823 m^3/s 和 1 797 m^3/s,平均含沙量分别为 36.67 kg/m^3 和 260.30 kg/m^3。前期库区淤积量分别为 0.23 亿 t 和 0.28 亿 t,前期库区淤积形态见图 3-5,入库含沙量较低的洪水前期淤积形态相对有利。在洪水运行过程期间,入库含沙量低的洪水其坝前运用水位相对更低,最低日均水位降至 292.72 m,平均为 297.31 m,对冲刷更为有利。而从冲刷量、冲刷强度和冲刷效率来看,入库含沙量较高的洪水的综合冲刷效果反而更好。

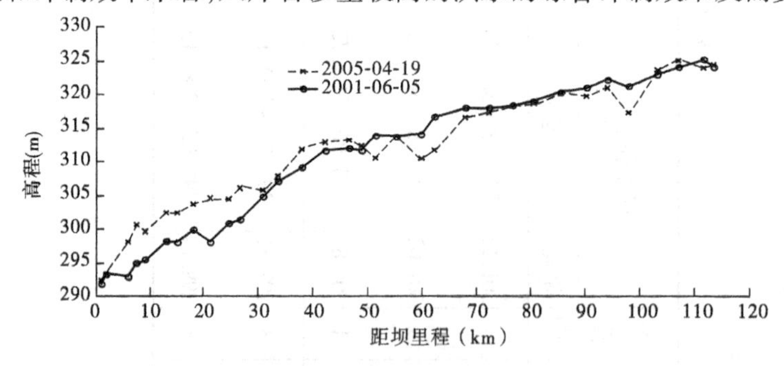

图 3-5　三门峡水库实测纵剖面套绘(第二组次)

3.2.2.5　降低水位排沙和冲刷效果综合分析

(1)前期库区的冲淤状态对洪水的冲刷效果影响非常明显,前期为淤积状态时对库区的冲刷排沙有利,冲刷量更大,冲刷效率更高;反之不利。根据统计,前期为冲刷状态的洪水平均冲刷效果仅为前期为淤积状态的洪水的 1/3。从长期保持水库可利用库容的角度出发,小浪底水库应该采用冲淤交替的方法,在来大水时降低水位泄空冲刷排沙,来不利水沙时蓄水兴利，避免持续长时间的冲刷，这样可以提高冲刷排沙的效果和水资源的利用效率，最终提高水库的综合效益。

(2)在库区前期处于淤积状态，其他条件相同的前提下，流量级大的洪水($Q \geqslant 3\ 000$ m^3/s)综合冲刷效果较好。天然条件下，流量级大的洪水历时较长，冲刷量较大，但受持续历时较长的影响，其平均冲刷强度和冲刷效率并不高，且今后发生的机遇较少；流量级较小的洪水($Q<2\ 000\ m^3/s$)，持续历时短，发生机遇多，冲刷效率虽然高，但冲刷的总量较少，恢复库容的能力有限；流量为 $2\ 000\ m^3/s \leqslant Q<2\ 500\ m^3/s$ 和 $2\ 500\ m^3/s \leqslant Q<3\ 000$ m^3/s 量级的洪水，各项冲刷指标相对较为均衡，综合冲刷效果较好，也有一定的发生机遇，适合用于冲刷库区，恢复库容。在库区前期处于冲刷状态时，各流量级洪水的冲刷效果均不佳，且差别也不大，所以小浪底水库拦沙后期和正常运用期，应选择在前期水库为淤积状态，入库流量较大的时候，提前降低水位泄空蓄水，冲刷恢复库容，但考虑到今后大流量洪水发生的机遇偏少，应充分利用 $2\ 500\ m^3/s \leqslant Q<3\ 000\ m^3/s$ 量级的中等洪水进行敞泄冲刷排沙。

(3)冲刷历时的长短对冲刷效果的影响表现为：①随冲刷历时的增加，冲刷量逐渐增大，冲刷强度和冲刷效率则逐渐减小，前期水库处于淤积状态时，不同历时洪水的冲刷效果差别要大一些，而前期水库处于冲刷状态时，不同历时洪水的冲刷效果差别相对要小一些。②前期水库为淤积状态时，平均历时4.8~8.5 d时(冲刷历时为4~10 d)，冲刷量随历时的增加增速较快，而平均历时超过8.5 d后(冲刷历时10 d以上量级)，冲刷量随时间的增加增速大幅减慢，冲刷强度和冲刷效率随历时的增加衰减明显。所以，小浪底水库在进行降低水位泄空冲刷时，持续历时6 d左右比较适宜，特别在一般的来水来沙年份应尽量避免长历时的持续冲刷，采用冲淤交替，短时多次冲刷为好；若遇来水较丰、流量较大的年份，则可以根据入库水沙情况适当延长冲刷排沙历时。

(4)在入库浑水流量属于次饱和状态时，其他条件相同的前提下，平均含沙量高的洪水，其冲刷效果要明显好于平均含沙量较低的洪水，即浑水的冲刷能力强于清水。对于小浪底水库拦沙后期，汛期由于三门峡水库采用敞泄的运用方式，当中游来较大流量的洪水时，进入小浪底水库的洪水过程的含沙量往往会比较高，仅从冲刷恢复库容的角度出发，利用这些含沙量较高的洪水甚至高含沙洪水进行降低水位泄空冲刷，可以达到恢复库容的目的；但是，入库洪水本身含沙量就高，且通过沿程的冲刷，其出库含沙量会更高，需要考虑下游河道的要求和承受能力，若下游可以承受则利用此类洪水进行降低水位泄空冲刷，否则应采取适度拦截的措施，降低出库含沙量，部分泥沙暂存水库里，等下次来有利水沙条件时再冲刷排沙出库。

(5)根据对三门峡水库典型的降低水位冲刷洪水时段的分析，要获得较高的冲刷效率，冲刷时机应选择在前期库区为淤积状态且入库流量较大时，尽量迅速降低坝前水位至坝前淤积面以下进行敞泄排沙，且冲刷历时不宜过长。而水库冲刷发展要遍及全库区往往需要一定的历时要求，这是一个矛盾。作为进入黄河下游的控制性工程，小浪底水库在恢复库容的时候不可能长时间的泄空冲刷，可以考虑当入库为较大流量，而水库由于运用限制不能泄空时，可适当降低水位，利用沿程冲刷，“上冲下淤”，尽量把淤积靠上的泥沙带至坝前段，待下次来有利水沙条件时，采用短时泄空冲刷，将近坝段泥沙冲刷出库，在一个相对较长的时间内分步骤完成全库区的冲刷以恢复库容。

3.3 水库冲刷的临界条件

当水库蓄水体较大时,库区处于壅水状态,水库是淤积的,但随着坝前水位逐渐降低,库区也会逐渐由淤积转入冲刷。在水库前期有一定淤积量的情况下,随着坝前水位的逐渐降低,初始库区上段逐渐脱离回水,水流转入天然的明流输沙状态,水库上段开始发生沿程冲刷,而坝前段还有一定的蓄水,造成上段冲刷的泥沙在坝前段部分淤积;既而当坝前水位继续降低时,库区上段脱离回水区域增大,沿程冲刷增强,坝前段壅水排沙的能力也逐渐增加,虽仍表现为"上冲下淤",但全库区慢慢由淤积转入冲刷,此时水库处于一种临界状态。可见,水库处于冲刷临界状态时库区是有一定蓄水量的,而非完全泄空,此时水库输沙流态复杂,库区"上冲下淤","冲"和"淤"相当。

研究表明,水库由淤积转入冲刷主要与入库流量大小和水库蓄水程度相关。当入库流量较大时,水库由淤积转入冲刷时的蓄水体也较大,而当入库流量较小时,水库转入冲刷时的蓄水体相对也比较小。还有一个重要的条件是,水库水位是在逐渐下降的,所以临界状态下的出库流量往往比入库流量略大。通过对已建水库实测资料的整理分析,可以用水库蓄水量(V)与出库流量(Q)的比值作为冲淤临界的判别标准,在水库蓄水拦沙期,V/Q值小于1.8×10^4时水库由淤积转入冲刷,而水库进入正常运用期后,则冲淤临界的V/Q值则为2.5×10^4。当然,这个V/Q值是一个平均值,不同入库水沙条件、前期淤积量和淤积形态条件下,水库冲淤临界状态是不同的,V/Q值也是有差别的。如三门峡水库2004年7月5~9日入库过程,见表3-11。库水位逐渐由317.51 m降至286.60 m,其中7月7日水库由淤积转入冲刷,入库流量920 m^3/s,入库含沙量16.41 kg/m^3,坝前水位304.73 m,蓄水量0.556 4亿m^3,V/Q值为1.94×10^4。根据大量的实测资料证明,采用V/Q值进行水库由淤积转入冲刷的临界判别是可行的。

表3-11 2004年三门峡水库调水调沙入出库水沙过程

日期(年-月-日)	潼关			三门峡			水位(m)	冲淤量(亿t)	蓄水量(亿m^3)	V/Q
	流量(m^3/s)	输沙率(t/s)	含沙量(kg/m^3)	流量(m^3/s)	输沙率(t/s)	含沙量(kg/m^3)				
2004-07-05	263	1.83	6.96	944	0	0	317.51	+0.001 6	3.815 8	4.04×10^5
2004-07-06	493	10.2	20.69	1 870	0	0	315.00	+0.008 8	2.47	1.32×10^5
2004-07-07	920	15.1	16.41	2 870	161	56.10	304.73	-0.126 1	0.556 4	1.94×10^4
2004-07-08	1 010	10.4	10.30	972	231	237.65	288.24	-0.190 6	0.000 1	1.03
2004-07-09	824	7.27	8.82	777	79.9	102.83	286.60	-0.062 8	0	0

注:1.表中蓄水量计算采用库容曲线为2004年6月10日测次。

2.冲淤量列项中"-"代表冲刷,"+"代表淤积。

3.4　水库排沙和降低水位冲刷的调控指标

水库不同运用时期,水库排沙或降低水位冲刷对于水库运用要求是不同的,应该区别对待。

水库拦沙初期,蓄水体较大,死库容尚未淤满,水库还不具备大量排沙的条件,暂时也没有恢复库容的迫切要求,水库主要以异重流和浑水水库排沙为主,以减缓水库的淤积速度,此时水库运用水位不宜过低,这样不仅可以做到拦粗排细,还有利于发挥水库的供水、灌溉、发电等综合效益。

水库进入拦沙后期或正常运用期,累计淤积量较大,坝前淤积面达到了一定的高度,水库死库容接近或已经淤满,此时已具备大量排沙和降低水位冲刷的条件。一方面,为了延长水库的拦沙库容使用年限;另一方面,为了保持水库调水调沙的库容,也迫切需要恢复一定的库容,应该根据水文预报,伺机进行降低水位排沙和冲刷。随着流域经济的发展,黄河水资源的供需矛盾越来越突出,水库降低水位冲刷恢复库容的机遇少,为了延长水库拦沙库容使用年限和保持调水调沙所需库容,则要求水库在来大水之时提前泄空蓄水,形成溯源加沿程的强烈冲刷,若后续大水能持续一定的历时,则冲刷发展可以达全库区,这样不仅可以保持调水调沙所需要的槽库容,也有利于高滩深槽形态的塑造。水库在实际运用过程中,应尽量在来有利水沙时,泄空冲刷多排沙,以抵消来不利水沙时造成的库区淤积,从而保持库区较长时段内的冲淤平衡,这对于延长水库的拦沙库容使用年限非常关键。

综合分析各流量级排沙效果表明,流量 2 000 ~ 2 500 m^3/s 和 2 500 ~ 3 000 m^3/s 量级的洪水,排沙和综合冲刷效果较好,也有一定的发生机遇,适合用于水库排沙和冲刷库区,恢复库容。

3.5　本章小结

水库不同运用阶段应该采取不同的排沙方式,运用初期,蓄水体大,壅水程度高,水库主要的排沙方式为异重流和浑水水库排沙;运用至中、后期,随着库区的持续淤积,水库壅水明流排沙和均匀流排沙机遇逐渐增多。

水库降低水位冲刷效果主要与库区前期冲淤状态、入库流量、入库含沙量、冲刷历时等因素相关。水库前期为淤积状态时,降低水位冲刷效果好,而前期库区为冲刷状态时,则冲刷效果差,后者的平均冲刷强度和冲刷效率仅为前者的 1/3 左右。平均流量为 2 000 ~ 3 000 m^3/s 量级的洪水,综合冲刷效果较好,且入库过程中有一定的发生机遇,适合用于降低水位冲刷排沙;冲刷历时保持 6 d 左右比较适宜。综合考虑这些影响因素,小浪底水库运用中、后期(拦沙后期和正常运用期),应根据水文预报,当入库水沙条件有利时,提前泄空蓄水,形成溯源加沿程的强烈冲刷,塑造高滩深槽,恢复库容;当入库水沙条件不利时,进行蓄水兴利。采用冲淤交替的方式有利于水库高滩深槽形态的塑造和长期有效库容的保持,在正常运用期保持水库长期冲淤平衡。

第 4 章　小浪底水库淤积形态分析

4.1　小浪底水库运用以来干支流淤积量及库容变化

自 1997 年 10 月大坝截流至 2011 年 10 月，小浪底水库累计淤积泥沙 26.26 亿 m^3（断面法），其中干流淤积 21.72 亿 m^3，占总淤积量的 82.7%，支流淤积 4.54 亿 m^3，占总淤积量的 17.3%。当前库区淤积量已占水库设计拦沙库容的 36% 左右。小浪底水库历年库容变化及冲淤情况见表 4-1。

表 4-1　小浪底水库历年库容变化及冲淤情况统计

年份	干流库容（亿 m^3）	总库容（亿 m^3）	年际淤积量（亿 m^3）	累计淤积量（亿 m^3）
1997 年汛前	74.91	127.54		
1998 年汛前	74.82	127.49	0.05	0.05
1999 年汛前	74.79	127.46	0.03	0.08
2000 年汛前	74.31	126.95	0.51	0.59
2001 年汛前	70.70	123.13	3.82	4.41
2002 年汛前	68.20	120.26	2.87	7.28
2003 年汛前	66.23	118.01	2.25	9.53
2004 年汛前	61.60	113.21	4.80	14.33
2005 年汛前	61.74	112.66	0.55	14.88
2006 年汛前	59.00	109.31	3.35	18.23
2007 年汛前	56.39	105.59	3.72	21.95
2008 年汛前	55.33	104.31	1.28	23.23
2009 年汛前	54.88	103.54	0.77	24.00
2010 年汛前	53.68	101.96	1.58	25.58
2011 年汛前	53.40	101.03	0.93	26.51
2011 年汛后	53.19	101.28	-0.25	26.26

截至 2011 年 10 月，小浪底水库 275 m 以下库容为 101.28 亿 m^3，其中干流库容为 53.19 亿 m^3，左岸支流库容为 23.36 亿 m^3，右岸支流库容为 24.73 亿 m^3。

4.2　小浪底水库运用以来干支流淤积形态变化

4.2.1　干流淤积形态变化

4.2.1.1　纵向淤积形态变化

库区河床纵剖面的变化与水库水位的变化幅度、异重流产生及运行情况、来水来沙条件等因素有密切关系。小浪底水库库区淤积纵剖面形态用深泓点高程表示，历年汛前、汛后淤积形态见图4-1、图4-2，由图可以看出，小浪底库区干流主要为三角洲淤积形态，2011年汛后三角洲顶点推进到距坝约19 km。随着时间的增长，坝前淤积面逐年抬高，三角洲前坡段比降逐渐增大，顶坡段比降变化范围为1.1‰～4.7‰，各时期库区三角洲淤积特征见表4-2。图4-3为三角洲淤积顶点位置变化图。

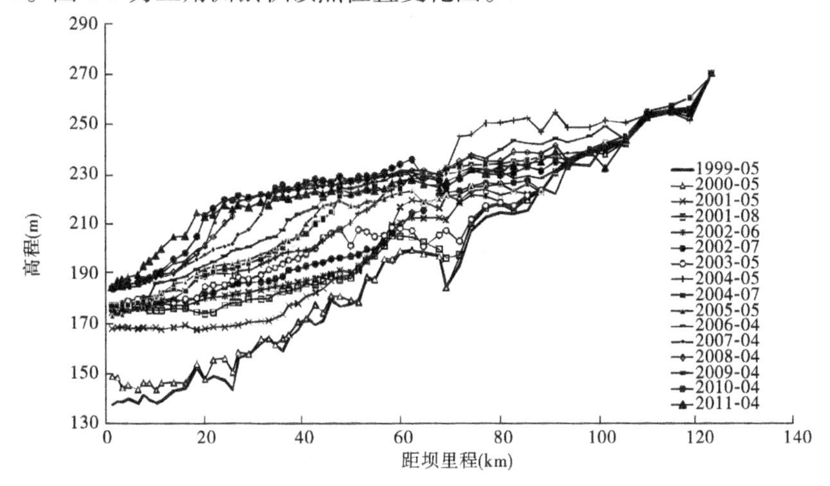

图4-1　小浪底水库历年汛前库区淤积纵剖面形态

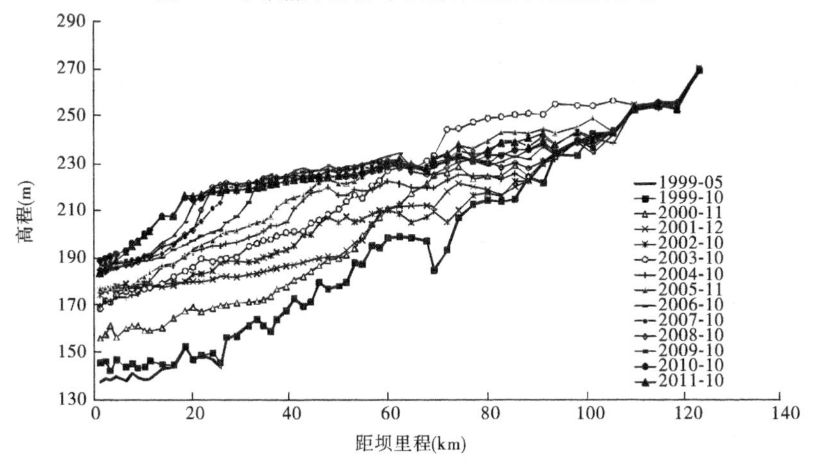

图4-2　小浪底水库历年汛后库区淤积纵剖面形态

表 4-2　各时期库区三角洲淤积特征

日期（年-月）	坝前淤积高程（m）	三角洲顶点距坝里程（km）	三角洲顶点高程（m）	前坡段比降（‰）	顶坡段比降（‰）
2001-05	168.04	60.13	216.60	8.26	2.29
2001-12	176.15	58.51	208.87	5.72	3.12
2002-06	174.51	58.51	208.87	6.01	3.12
2002-10	174.36	48.00	207.33	7.06	1.12
2003-05	176.45	48.00	207.79	6.71	1.46
2003-10	168.60	72.06	244.40	10.71	2.62
2004-05	175.90	72.06	244.86	9.75	1.63
2004-10	169.77	44.53	217.71	11.09	1.98
2005-05	173.27	44.53	217.39	10.21	2.05
2005-11	177.19	48.00	223.56	9.93	4.73
2006-04	176.99	48.00	224.68	10.22	4.53
2006-10	183.51	33.48	221.87	11.93	2.71
2007-04	183.32	33.48	221.94	12.01	2.63
2007-10	185.13	27.19	220.07	13.51	2.60
2008-04	184.62	27.19	219.00	13.29	2.45
2008-10	184.91	24.43	220.25	15.29	1.22
2009-04	183.04	24.43	219.16	15.63	1.42
2009-10	186.85	22.10	216.93	14.47	2.24
2010-04	184.37	24.43	219.61	15.25	1.80
2010-10	188.93	18.75	215.61	15.31	2.55
2011-04	184.67	18.75	214.34	17.02	2.97
2011-10	183.52	16.39	215.16	20.99	2.96

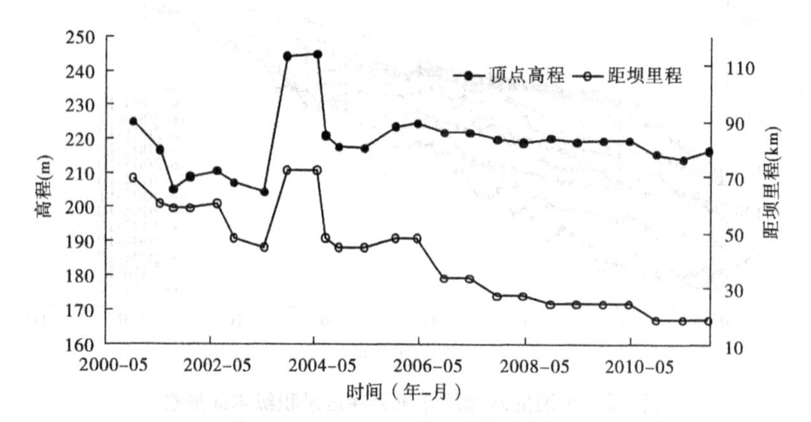

图 4-3　三角洲淤积顶点位置变化

1999年5月至2000年5月，库区干流纵向淤积形态变化不大，在距坝50 km以内，河底略有抬升；2000年5～11月，泥沙主要在距坝88 km以下库段淤积；2000年11月～2001年8月，距坝48 km以下河段发生淤积，距坝48～88 km河段发生冲刷，最大冲刷深度29 m，淤积向坝前推进，三角洲淤积顶点距坝里程由69.39 km推进到坝前58.51 km，高程由225.20 m降低到205.05 m。

2001年8月至2002年6月，泥沙主要淤积在距坝58～80 km库段，三角洲淤积顶点上移到距坝58.51 km处，高程随之增加到208.87 m；2002年6月至2003年5月，三角洲顶点位置下移至距坝48 km处，顶点高程降低为207.79 m；2003年10月，三角洲顶点上移至距坝72.06 km，顶点高程244.40 m。

2004年5月至2005年5月，泥沙主要淤积在距坝6～55 km库段，距坝55～110 km河段发生冲刷，三角洲淤积顶点由距坝72.06 km推移至坝前44.53 km，顶点高程由244.86 m降低为217.39 m；2005年5月至2006年4月，三角洲顶点又向上游移动到距坝48 km处，顶点高程升高到224.68 m；2006年4月至2007年4月，三角洲顶点向坝前推进了14 km，顶点高程下降了2.7 m。

2007年4月至2008年4月，淤积继续向坝前推进，距坝14～33 km河段淤积严重，三角洲顶坡段基本没有抬高，三角洲顶点由距坝33.48 km推移至坝前27.19 km，顶点高程由221.94 m降低为219.00 m；2008年4月至2009年4月，三角洲顶点向坝前推进了2.8 km，顶点高程基本不变；到2010年4月，三角洲顶点上移至距坝24.43 km，顶点高程219.61 m。2010年10月，三角洲顶点距坝约18.75 km，顶点高程215.61 m。到2011年10月，三角洲顶点距坝约16.39 km，顶点高程215.16 m。

图4-4为小浪底水库运用水位变化图。由图4-4可以看出，小浪底水库运用水位呈现抬高、降低，再抬高、再降低的运用过程。蓄水阶段为每年汛末至次年4～5月以前，库水位缓慢上升，为即将到来的用水高峰蓄积水资源。到了4～5月，为保证黄河下游工农业生产、城市生活及生态用水的需求，水库补水下泄，水位开始降低；为满足汛期防洪运用要求，有条件的情况下进行黄河调水调沙，汛期到来之前水库水位降至汛限水位以下。2000年11月至2001年8月，日平均库水位222.05 m，最高水位234.68 m，最低水位191.50 m；2001年9月至2002年6月，水位抬升，日平均库水位231.63 m，最高水位240.79 m，最低水位214.46 m；2002年7月至2003年5月，水位下降，日平均库水位220.39 m，最高水位236.49 m，最低水位208.32 m；2003年10月，日平均库水位达到最大值262.07 m；2004年5月至2005年4月，日平均库水位244.64 m，最高水位259.48 m，最低水位219.06 m；2005年5月至2006年4月，日平均库水位249.88 m，最高水位263.26 m，最低水位219.47 m。2000年1月至2010年12月，小浪底水库最高日均水位为265.4 m(2003年10月15日)。

结合图4-3与图4-4可以看出，水库的淤积形态与水库的运用水位关系密切。运用水位降低，淤积三角洲顶点向坝前推进，顶点高程随之降低；运用水位升高，淤积三角洲顶点向上游移动，顶点高程随之升高。

4.2.1.2　横向淤积形态变化

距坝50 km以内库段，横断面淤积以平行抬升为主，如HH6、HH13、HH25断面等，如

图 4-5 ~ 图 4-7 所示。

距坝 50 ~ 110 km 库段，该库段处于变动回水区，库区冲淤变化较复杂，库底高程有升有降，如 HH38、HH45 断面，如图 4-8、图 4-9 所示。

距坝 110 km 以上库段，河道形态窄深，坡度较大，基本不受水库回水影响，冲淤基本平衡，断面形态变化不大，如 HH53 断面，见图 4-10。

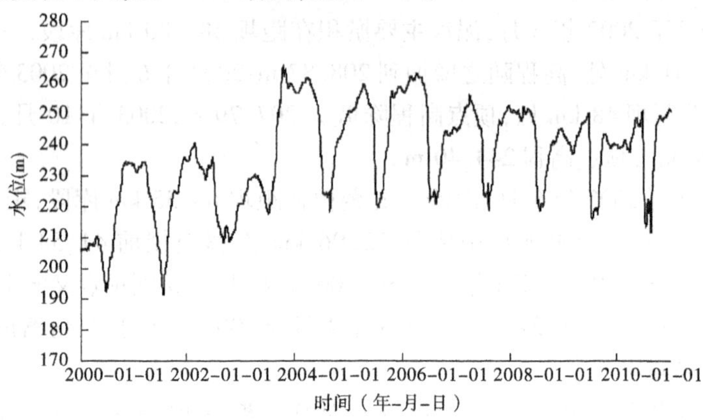

图 4-4　小浪底水库运用水位变化

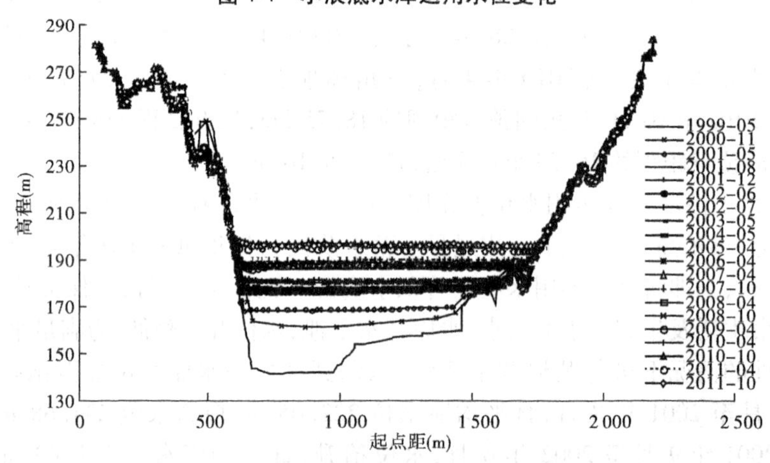

图 4-5　HH6 断面(距坝 7.74 km)历年冲淤变化

4.2.2　支流淤积形态变化

小浪底库区支流、毛沟较多，较大支流有 12 条，支流库容较大，占水库总库容的 1/3。因此，支流库容利用问题非常重要。

4.2.2.1　纵向淤积形态变化

小浪底库区支流来沙很少，主要为干流倒灌淤积。干流异重流和浑水明流倒灌支流，挟带大量泥沙进入支流，首先在河口段淤积较粗泥沙，并向支流内倒灌淤积。图 4-11 ~ 图 4-16 为大峪河、畛水河、石井河、西阳河、沇西河和亳清河 6 条支流历年实测淤积纵剖面图。6 条支流所在库区位置不同，其对应于干流处的水流泥沙运动条件也不同，基本包含了库区壅水段到回水变动区范围内各种水流泥沙的运动条件。从图 4-11 ~ 图 4-16 可以看出，从距坝最

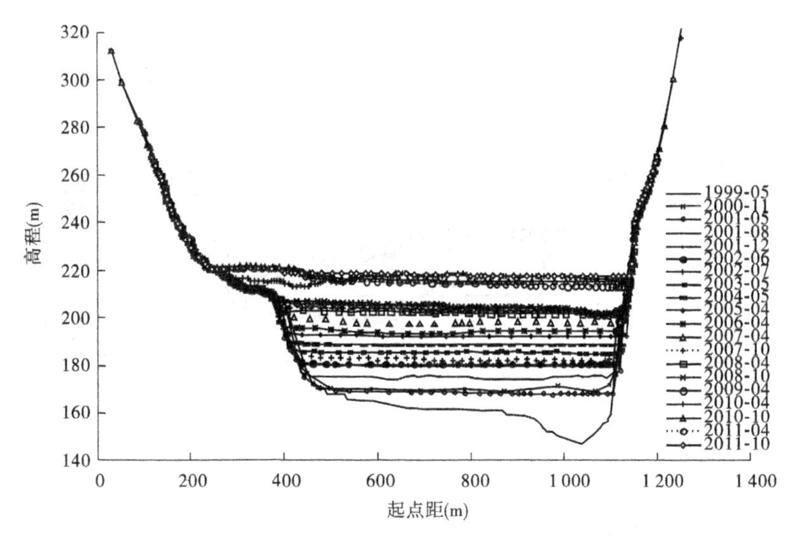

图 4-6　HH13 断面(距坝 20.39 km)历年冲淤变化

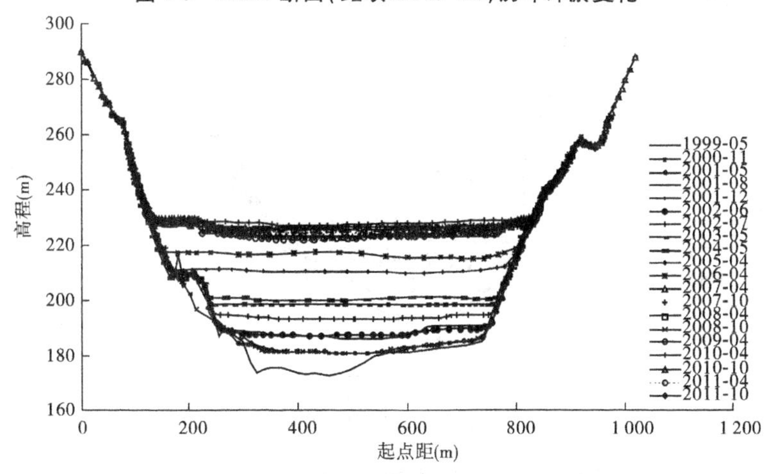

图 4-7　HH25 断面(距坝 41.10 km)历年冲淤变化

近的大峪河到距坝最远的亳清河,有些时段形成了一定高度的支流拦门沙坎,如 2003 年 5 月至 2005 年 4 月,畛水河口段为倒锥体淤积形态,形成最大高度约 5 m 的拦门沙坎,但随着时间的推移,拦门沙坎内逐渐又被泥沙淤平,并未形成较为严重的拦门沙坎。

从图 4-11 ~ 图 4-16 还可以看到,大峪河、畛水河、石井河距坝较近,干流以异重流输沙为主,支流未形成稳定、明显的拦门沙坎;而西阳河、沇西河距坝相对较远,处于三角洲顶点上游,干流以浑水明流输沙为主,支流已初步呈现拦门沙坎雏形;亳清河距坝最远,虽然位于干流浑水明流运动区,但由于其回水长度较短,也未形成拦门沙坎。

需要指出的是,小浪底库区支流众多,库区各支流前水流泥沙运动特性也相当复杂,需要进行更为深入的分析研究。

4.2.2.2　横向淤积形态变化

图 4-17、图 4-18 为畛水河 1#、4#断面淤积形态变化图,图 4-19 为亳清河 1#断面淤积形态变化图。可以看出,支流横断面淤积基本为平行抬升。

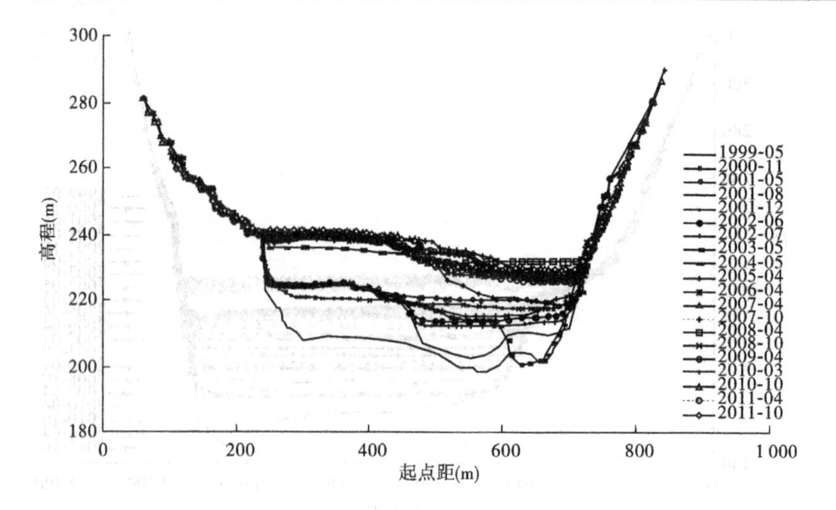

图 4-8　HH38 断面(距坝 64.83 km)历年冲淤变化

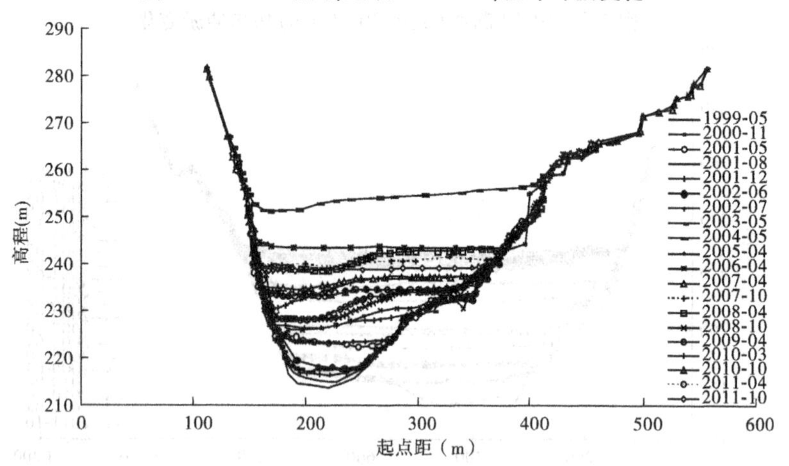

图 4-9　HH45 断面(距坝 82.95 km)历年冲淤变化

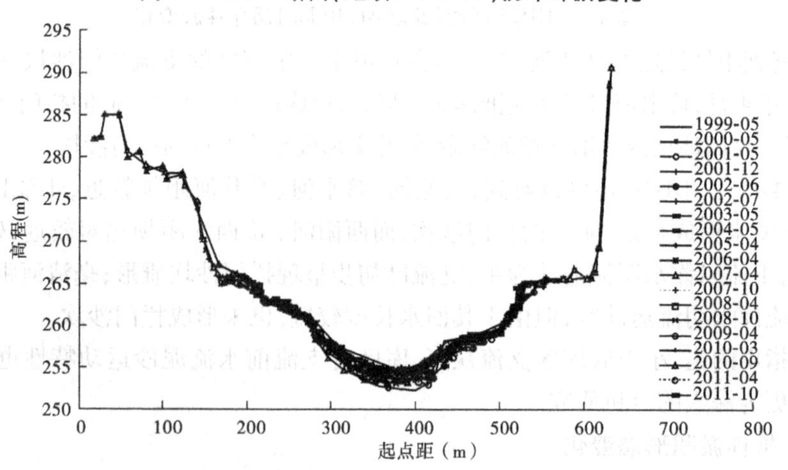

图 4-10　HH53 断面(距坝 110.27 km)历年冲淤变化

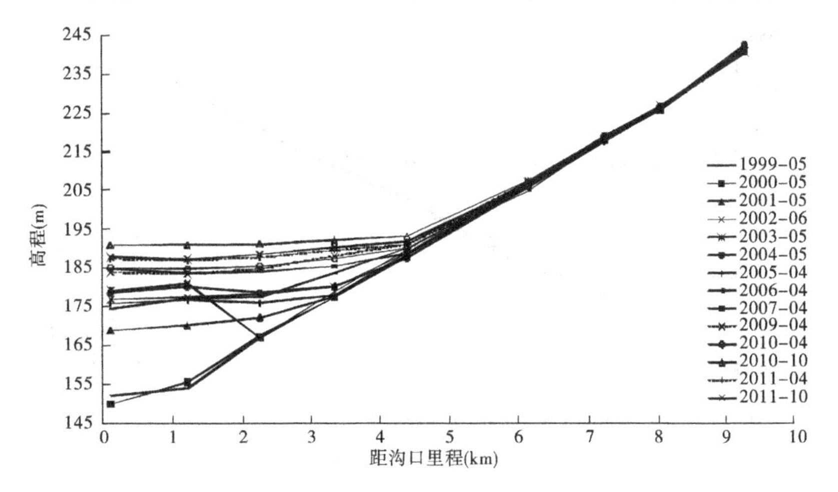

图4-11 大峪河(距坝4.23 km)淤积纵剖面形态

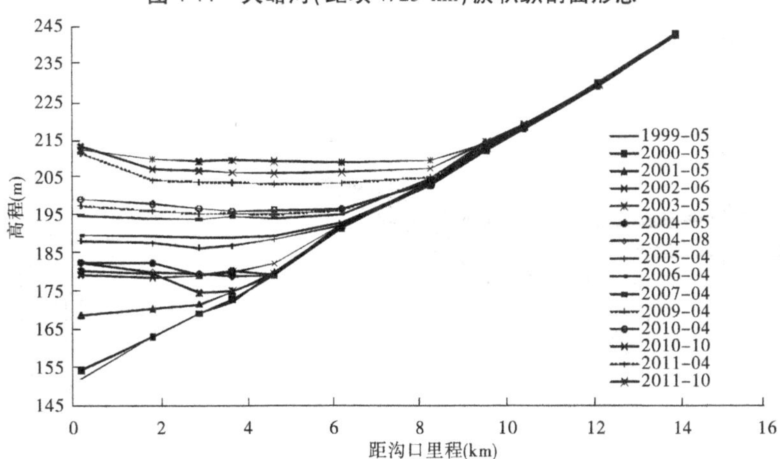

图4-12 畛水河(距坝17.03 km)淤积纵剖面形态

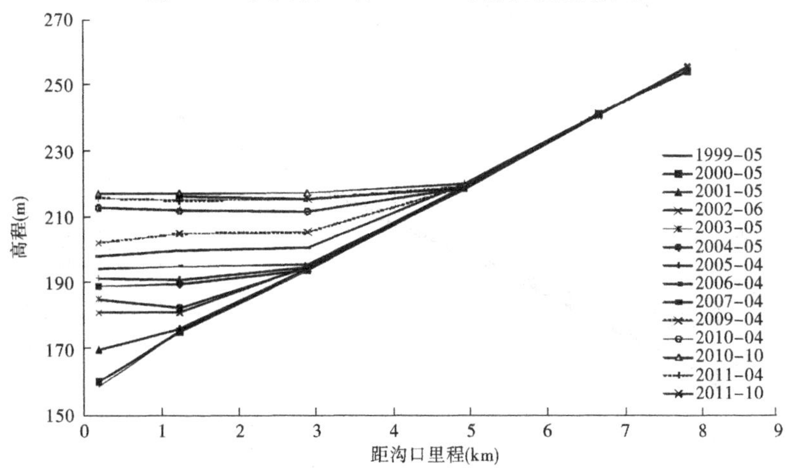

图4-13 石井河(距坝21.68 km)淤积纵剖面形态

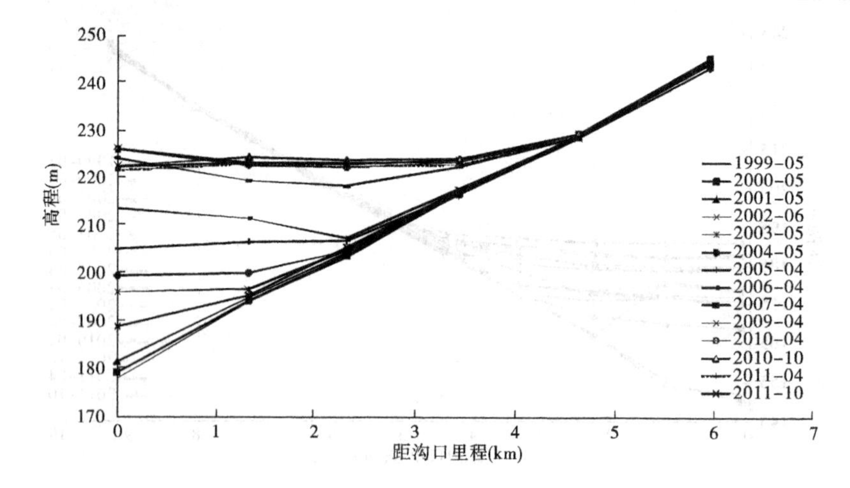

图 4-14　西阳河(距坝 39.38 km)淤积纵剖面形态

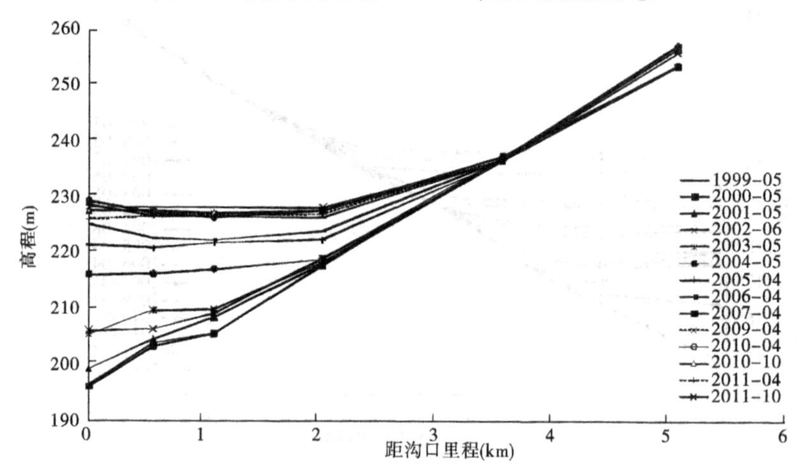

图 4-15　沇西河(距坝 54.57 km)淤积纵剖面形态

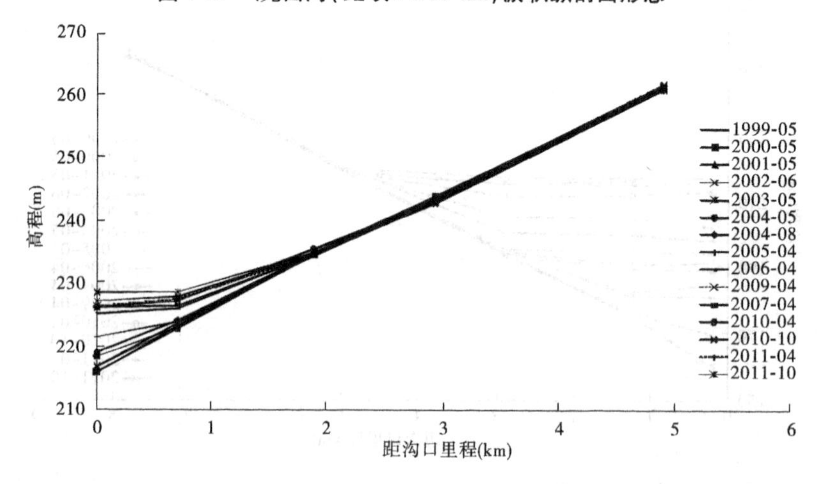

图 4-16　亳清河(距坝 56.95 km)淤积纵剖面形态

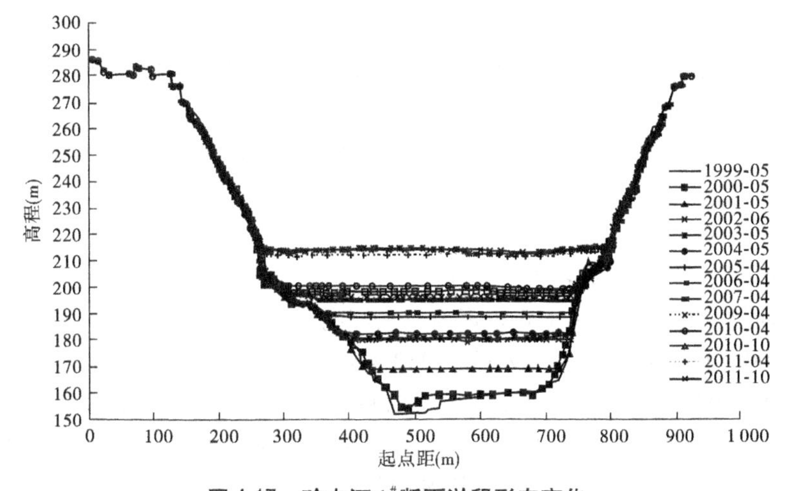

图 4-17　畛水河 1#断面淤积形态变化

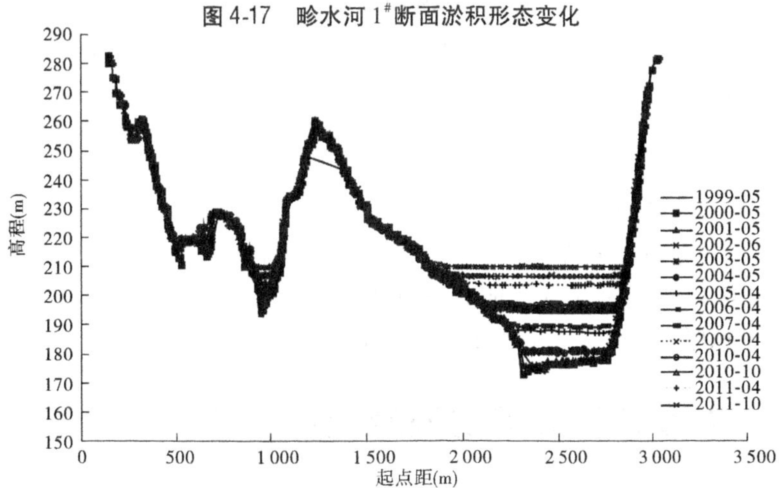

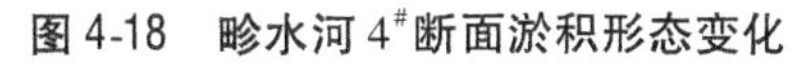
图 4-18　畛水河 4#断面淤积形态变化

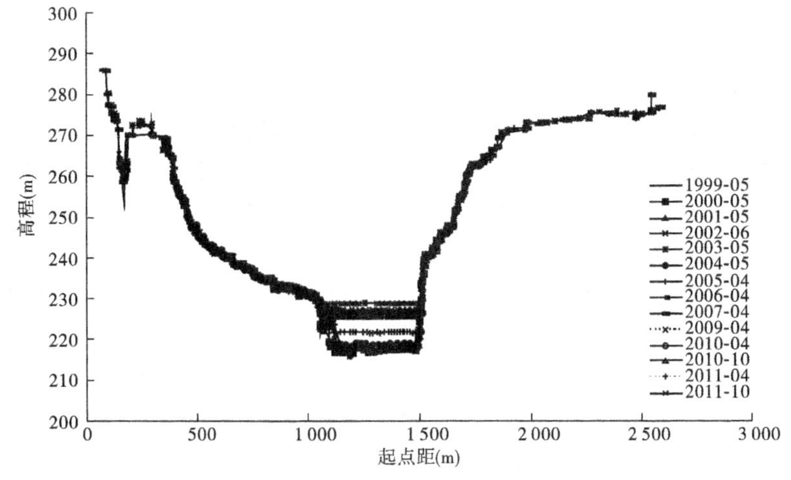

图 4-19　亳清河 1#断面淤积形态变化

4.3 水库运用方式对干支流淤积形态的影响分析

小浪底水库运用分初期“拦沙、调水调沙”运用和后期“蓄清排浑、调水调沙”运用两个时期。初期运用采取逐步抬高主汛期(7~9月)水位拦粗排细和调水调沙。调节期(10月至次年6月)采取高水位蓄水拦沙和调节径流运用。

小浪底水库运用初期,随着蓄水时间的增长和运用水位的抬高,三角洲逐渐向坝前推进,在水库运用初期,淤积形态主要表现为三角洲的推进及洲面的抬高。

2002~2006年,水库平均运用水位由213.46 m升高到246.48 m,其中2003年10月平均水位为262.07 m,最高水位达265.4 m(2003年10月15日),为2000年以来最高水位,导致淤积三角洲顶点上移至距坝72.06 km,顶点高程达244.4 m,泥沙主要淤积在距坝50~110 km范围内,这是水库2003年淤积部位靠上的主要原因之一。

2004年第三次调水调沙试验,有效地改善了库尾河段的淤积形态,降低了库尾的淤积高程。2004年5~7月,在距坝70~110 km河底发生了明显的冲刷,平均冲刷深度近20 m,三角洲的顶点也下移24 km,高程降低23.69 m。库区最大支流畛水河也发生了冲刷,最大冲刷深度2.4 m。

第三次调水调沙试验结束后,由于受到“04 · 8”洪水的影响,三门峡水库敞泄运用,小浪底库尾淤积三角洲明流段又发生了冲刷,从2004年7月到2004年10月,小浪底库区在距坝48~98 km的河段发生了明显冲刷,最大冲深约14 m。距坝48 km以下河段发生淤积,最大淤积厚度5.9 m,库区淤积形态得到调整。

4.4 入库水沙条件对干支流淤积形态的影响分析

2000年7月至2010年6月,小浪底水库年平均入库水量为198.55亿m^3,其中汛期水量86.43亿m^3,占年水量的43.5%;年平均入库沙量3.391亿t,其中汛期沙量3.064亿t,占年沙量的90.4%;年平均含沙量17.08 kg/m^3,汛期平均含沙量35.45 kg/m^3。小浪底水库入库水沙特征值见表4-3。

从历年水沙量过程看,水库运用以来除2003年和2005年受秋汛洪水的影响入库水量相对较丰外,其余年份水沙量均较枯。2003年小浪底入库水量、沙量为260.05亿m^3、7.76亿t,大于1986年以来三门峡站多年平均值,导致2003年5月至2004年5月,水库淤积严重,最大淤积厚度42 m。

2004年5月至2005年5月,入库水沙量减少,加上洪水作用,小浪底水库在距坝55~110 km的河段发生了明显的冲刷,最大冲刷深度28 m;2005年小浪底入库水量238.22亿m^3,沙量3.86亿t,2005年5月至2006年4月,在距坝105 km内基本全程淤积,最大淤积厚度20 m;2006年汛期水沙量相对上一年减少,2006年4月至2007年4月,距坝58 km内发生淤积,最大淤积厚度18 m,库区上游段发生冲刷,最大冲刷深度9.7 m。

表 4-3　小浪底水库入库水沙特征值统计

水文年	水量(亿 m^3)			沙量(亿 t)			含沙量(kg/m^3)		
	汛期	非汛期	全年	汛期	非汛期	全年	汛期	非汛期	全年
2000	67.18	80.93	148.11	3.168	0	3.168	47.15	0	21.39
2001	53.84	108.08	161.92	2.941	0.981	3.922	54.63	9.08	24.22
2002	50.43	69.87	120.30	3.494	0.005	3.499	69.29	0.07	29.09
2003	146.86	113.19	260.05	7.755	0	7.755	52.81	0.00	29.82
2004	66.66	103.10	169.76	2.724	0.456	3.180	40.86	4.42	18.73
2005	104.73	133.49	238.22	3.611	0.249	3.860	34.48	1.87	16.20
2006	87.51	105.71	193.22	2.076	0.609	2.685	23.72	5.76	13.90
2007	122.06	138.10	260.16	2.513	0.593	3.106	20.59	4.29	11.94
2008	80.02	135.44	215.46	0.744	0.364	1.108	9.30	2.69	5.14
2009	85.02	133.26	218.28	1.615	0.007	1.622	19.00	0.05	7.43
10 年平均	86.43	112.12	198.55	3.064	0.326	3.391	35.45	2.91	17.08

4.5　支流沟口淤积特性

在支流沟口,水流挟沙力锐减,泥沙开始落淤,沟口泥沙淤积较厚,沟口向上淤积沿程减少。由支流淤积纵剖面形态图可以看出,沟口淤积面随着干流淤积面同步抬高,各支流均未形成明显的拦门沙坎。

1999 ~2000 年汛前,库区淤积量很小,只有 5 200 万 m^3,其中支流淤积 500 万 m^3,淤积形态变化不大,库区最大支流畛水河沟口淤积抬升约 2 m。2000 年 5 月 ~2001 年 5 月,库区淤积量急剧增大,年淤积总量达 3.82 亿 m^3,且 95% 的淤积发生在干流,支流淤积量仅 0.21 亿 m^3,畛水河沟口淤积抬升 14.6 m。2001 年 5 月至 2002 年 6 月,支流淤积量有所增大,为 0.47 亿 m^3,占总淤积量的 16%,畛水河沟口淤积抬升 10.6 m;2002 年 6 月至 2003 年 5 月,库区支流淤积量为 0.18 亿 m^3,占总淤积量的 8.4%,畛水河沟口淤积抬升 1 m。

2003 年 5 月至 2004 年 5 月,由于水库汛期运用水位较高,加上上游三门峡水库敞泄运用,大量泥沙进入小浪底库区并且主要淤积在干流,干流淤积量为 4.62 亿 m^3,占库区总淤积量的 96%,支流淤积量仅 0.17 亿 m^3,畛水河沟口淤积抬升 2.2 m。2004 年 5 月至 2005 年 4 月,由于“04 · 8”洪水的作用,干流发生了较为明显的冲刷,冲刷量 0.14 亿 m^3,支流则略有淤积,共淤积 0.69 亿 m^3,畛水河沟口淤积抬升 5.7 m。2005 年 4 月至 2006 年 4 月,支流淤积 0.62 亿 m^3,占总淤积量的 18%,畛水河沟口淤积抬升 1.5 m;2006 年 4 月至 2007 年 4 月,支流淤积 1.11 亿 m^3,占总淤积量的 30%,畛水河沟口淤积抬升 5.2 m。

图 4-20 为小浪底库区最大支流畛水河的沟口淤积面高程变化图。由图 4-20 可以看

出，随着干流淤积面的抬高，支流沟口淤积面同步发展，支流沟口淤积高程取决于沟口处干流的淤积面高程，由于畛水河所处位置干流淤积较快，导致畛水河淤积较快，到2011年10月，畛水河沟口已经淤积抬升了约60 m。

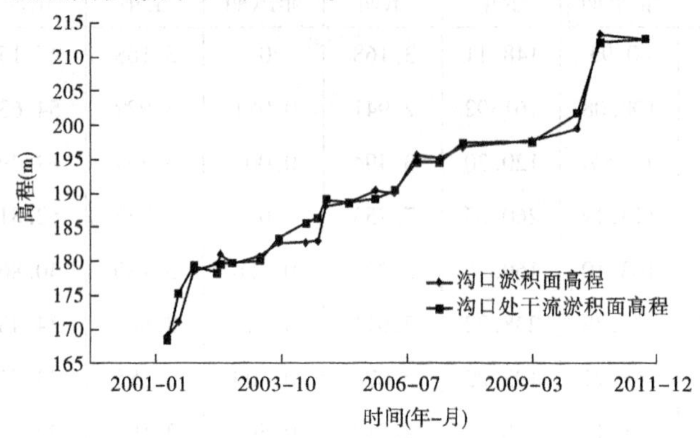

图 4-20 畛水河沟口淤积面高程变化

4.6 本章小结

实测资料分析表明，小浪底水库运用以来，干流淤积为三角洲淤积形态，水库的淤积形态与水库的运用水位关系密切。运用水位降低，淤积三角洲顶点向坝前推进，顶点高程随之降低；运用水位升高，淤积三角洲顶点向上游移动，顶点高程随之升高。总体而言，随着水库的淤积发展，三角洲逐渐向坝前推移，截至2011年10月，三角洲顶点推进至距坝16.39 km，顶点高程约215.2 m。

库区支流淤积形态，有些时段形成了一定高度的支流拦门沙坎，但随着时间的推移，拦门沙坎内逐渐又被泥沙淤平，并未形成较为严重的拦门沙坎。大峪河、畛水河、石井河距坝较近，干流以异重流输沙为主，支流未形成拦门沙坎；而西阳河、沇西河距坝相对较远，处于干流淤积三角洲顶点上游，干流以浑水明流输沙为主，支流已初步呈现拦门沙坎雏形；亳清河距坝最远，虽然位于干流浑水明流运动区，但由于其回水长度较短，也未形成拦门沙坎。

第5章　冲刷模式和数学模拟技术研究

5.1　冲刷模式

水库库区发生冲刷的主要类型有溯源冲刷、沿程冲刷和溯源冲刷加沿程冲刷三种类型。

5.1.1　溯源冲刷

在溯源冲刷过程,包括纵向的自下而上的刷深过程和横向的扩槽过程。水库在一定的淤积水平下,突然降低库水位,使得在坝前或者库区某处形成大的水面比降,水流流速加大,输沙能力增加,形成急剧冲刷,过水断面加大,比降变缓。同时,在其上游比降变大,冲刷重点上移。如此冲刷重点逐渐向上游发展,同时冲刷强度逐渐减弱,如果有足够的历时和稳定的来水,最后将发展为冲刷平衡,这就是水库的溯源冲刷过程。所以,溯源冲刷有以下几个要点:一定的淤积水平、水位可以降低、稳定的来水流量和历时。溯源冲刷发展包括纵向发展和横向发展:纵向发展表现为沿水库纵向由下向上淤积面逐渐下切,横向发展表现为冲刷后的断面逐渐扩宽。

在水库降水冲刷过程中,纵向的变形主要是溯源冲刷形成的。水库蓄水形成的淤积物,使库区河床抬高。库水位突然降低之后,形成很大的水面比降,水流流速大,挟沙力大,出现高强度冲刷。冲刷的结果是床面降低,比降变缓,冲刷强度降低,冲刷重心上提,表现为冲刷区域逐渐向上延伸。

从原型观测和模型试验观测中可以发现,对于不同的水库,纵向变形大概分两种过程,即斜切式和倒退式,如图5-1所示。

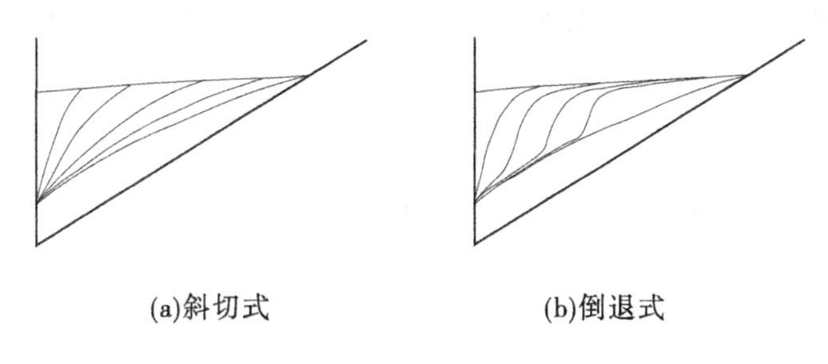

(a)斜切式　　(b)倒退式

图5-1　溯源冲刷纵向发展示意

斜切式一般出现在淤积物以松散颗粒为主的水库,不冲流速与不淤流速比较接近。在冲刷过程中,从冲刷起点向下游含沙量逐渐增大,可以从不饱和加大到超饱和,从而限制了下段的继续冲刷,虽然比降大,流速大,挟沙力大,但不会很快冲刷到平衡比降。对于同样的比降,上段冲刷快,下段冲刷慢,表现在纵剖面上呈扇形逐渐冲刷下切,直至达到全部范围的冲刷平衡。

倒退式一般出现在淤积物以黏性颗粒为主的水库,不冲流速远大于不淤流速。在冲刷过程中,虽然同样是从冲刷起点向下游含沙量逐渐增大,但由于挟沙力很大,难以达到超饱和状态,所以下段仍然以冲刷为主,随着上游的冲刷发展,下段首先达到或接近冲刷平衡,并且这一范围逐渐向上游延伸,直至全库区达到冲刷平衡。表现在纵剖面上,冲刷过程中纵比降上下河段不相同,有河床突变段和相对平稳段。

在实际水库的溯源冲刷中,由于淤积物、地形、来水来沙等条件的复杂性,冲刷发展的过程要更复杂,有两种形式的结合,也出现过两处河床突变,同时向上游发展的情况。

溯源冲刷中横向变形主要有水流直接冲刷、滩槽差增大形成大块坍塌和水流摆动扩槽三种形式。水流直接冲刷是指过水断面中出现冲刷时,水流冲刷河床底部的同时,对两边也会产生冲刷,两边的冲刷强度一般小于底部的冲刷强度。滩槽差增大形成大块坍塌是指冲刷一定时期后,滩槽差逐渐加大,主槽附近滩地失去稳定,两边的滩地大面积坍塌到主槽,然后随水流逐渐被冲走。水流摆动扩槽是指溯源冲刷到后期,比降平缓,加之主槽冲刷粗化,水流出现摆动,顶冲一边的滩地,形成冲刷和坍塌,这也是冲刷扩槽的一个重要的形式。

横向变形一般滞后于纵向变形,其原因主要有:溯源冲刷初期,冲刷形成的水流含沙量很大,富余挟沙力小,甚至为超饱和,所以扩槽冲刷比较慢;初期滩槽差不大,主槽附近滩地相对稳定,大面积坍塌较少;初期冲刷范围内比降大,河势容易稳定,主槽摆动小,水流摆动扩槽现象不明显。从先后次序上来说,水流直接冲刷最早出现,但冲刷强度较小;滩槽差增大形成大块坍塌在时间上稍后,但冲刷强度大,是冲刷发展中期阶段扩槽的最主要形式;水流摆动扩槽为最后,接近坝前段容易出现摆动,越到上游摆动越小。

在溯源冲刷过程中,最初阶段主槽断面很小,是漫滩水流的形式,与河道的漫滩水流冲刷相似,冲刷过程中主槽断面逐渐被扩大,包括垂向上刷深和横向上展宽。根据水流最小能耗原理和最大输沙效率原理,冲刷的发展向着水流全部归槽的方向演变,其主槽冲刷宽度基本上符合平衡河道河相关系确定的河宽。这一阶段的主槽横向展宽属于水流直接冲刷过程,当冲刷发展为水流全部归槽之后,水流的直接冲刷基本上不能使主槽展宽,而是继续向下切深。所以,水流直接冲刷最终形成的主槽宽度可以借用平衡河道河相关系式来计算,可以简单用下式表示:

$$B = \xi \frac{Q^{0.5}}{J}$$

随着主槽的进一步刷深,河槽的展宽形式改变,以大块坍塌为主。由于冲刷前淤积物为含水饱和,主槽刷深水位下降之后,滩地淤积物含水水位高于主槽水位,淤积体中浸润线如图5-2所示,形成压力差,使得靠近主槽附近的淤积体失稳,出现断裂,于是大块向主槽坍塌。

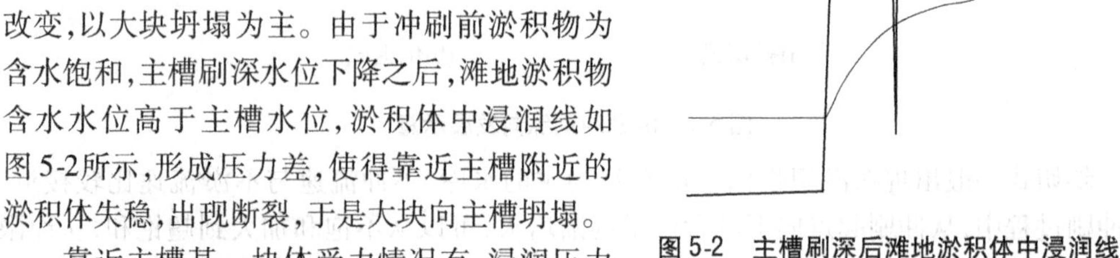

图 5-2　主槽刷深后滩地淤积体中浸润线

靠近主槽某一块体受力情况有:浸润压力 F、浸润深 ΔZ、土层间黏结力 f、块体重力 G、滩槽差 Z,达到失稳时:

$$\frac{1}{2}xG + \frac{1}{2}Zf - \frac{1}{3}\Delta ZF = 0 \tag{5-1}$$

由此可以计算失稳情况及坍塌宽度。由于准确确定黏结力比较困难,所以只能得到一个近似的结果。

溯源冲刷的后期,比降变缓,河床粗化,水流逐渐出现摆动现象,使得主槽进一步扩宽,但情况更为复杂。

综上所述,溯源冲刷纵向变形可以通过泥沙运动方程来描述和求解,精度也比较高。而横向变形要复杂得多,水流直接冲刷可以通过河相关系式近似确定。滩槽差增大形成大块坍塌的问题,可以通过淤积物的土力学性质,结合冲刷机制,进行经验或半经验处理。水流摆动扩槽随机性较强,不易描述,但是小浪底水库河道窄,水流摆动扩槽不是主要的形式,起到的作用较小,可以暂时不考虑。

5.1.2　沿程冲刷

沿程冲刷与溯源冲刷的主要区别在于沿程冲刷是一种自上而下的冲刷过程,主要以刷深河槽为主。发生沿程冲刷是由于水库坝前水位降低,水库上段逐渐脱离回水区域,入库水流流态转为明流输沙流态,水面线逐渐趋于天然状态,水流挟沙力也相应趋于不饱和,需要沿程冲刷恢复。随着上游河段冲刷河床粗化,挟沙力恢复减弱,则富余的挟沙力促使水流冲刷逐渐向下游河段发展,冲刷发展的范围大小与河床的前期边界条件、入库水沙条件以及坝前水位关系紧密。若水库前期河床比降大,入库流量大,坝前水位相对较低,则沿程冲刷发展的范围就大。

5.1.3　溯源冲刷与沿程冲刷复合模式

在水库降水冲刷过程中,很多时候都是溯源冲刷和沿程冲刷相结合,即当水库入库为大流量时,水库同时泄水,坝前水位快速降低,则在近坝段形成溯源冲刷,同时水库上段脱离回水区域,在入库大流量的作用下发生沿程冲刷,随着溯源冲刷和沿程冲刷的发展最后重叠,冲刷范围发展全库区。

三门峡水库2003年5月29日、10月20日两测次库区纵剖面套绘图见图5-3。2003年两个测次之间,库区总冲刷量为2.559亿t,主要冲刷的洪水过程有8月1日至8月3日、8月26日至9月1日和10月1～11日3场,相应的入库平均流量分别为1 210 m^3/s、2 399 m^3/s和3 059 m^3/s,淤积量分别为0.467亿t、0.838亿t和0.881亿t,特别是后面两场洪水,坝前平均水位降低至300 m以下,发生溯源冲刷和沿程冲刷,冲刷范围发展至全库区。

5.1.4　综合分析

水库运用方式,特别是坝前水位的变化,与水库冲刷形态关系密切。前期有一定的淤积量,淤积面相对较高的情况下,迅速降低水位易发生溯源冲刷,冲刷效果好,若入库流量较大,配合沿程冲刷则冲刷发展至全库区是可以做到的。此时,水库冲刷形态主要表现为下段冲深和扩槽,上段则主要为刷深,同时上段比降逐渐变缓,下

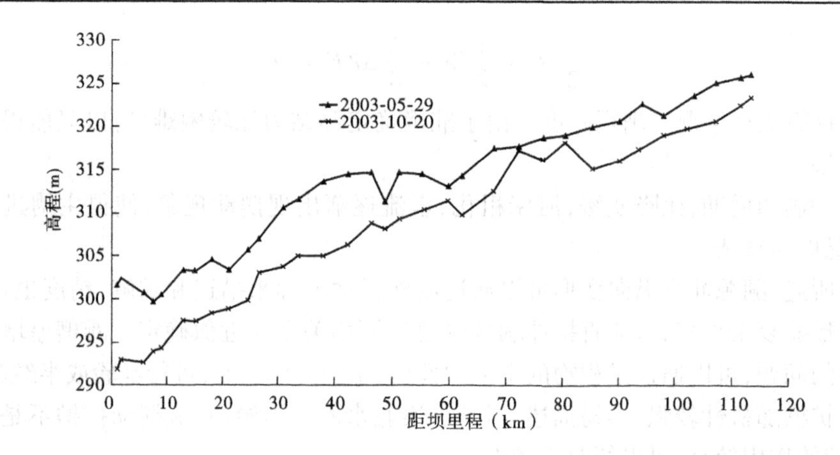

图 5-3　三门峡水库 2003 年 5 月 29 日、10 月 20 日两测次库区纵剖面套绘

段比降变陡，若冲刷大流量历时足够长，则水库上、下段比降逐渐趋于统一。由于黄河水资源越来越宝贵，小浪底水库拦沙后期要冲刷水库恢复库容可以利用的大流量机遇少，因此应该选择溯源加沿程这种冲刷方式，在来大流量时迅速降低水位，提前泄空蓄水，待大流量到来时冲刷排沙。从水库的运用角度看，这种冲刷模式的冲刷效率最高，且利于高滩深槽的形成。

5.2　水文学模拟技术

水文学模型的排沙计算根据库区输沙流态的不同分为壅水排沙计算和敞泄排沙计算两种类型。

5.2.1　水库输沙流态的判别方法

水库水文学模型的输沙流态采用 V/Q 值进行判别，V 为总蓄水量，Q 为出库流量。水库处于不同运用时期，水库输沙流态判别 V/Q 值是不一样的。具体分为蓄水拦沙期和正常运用期，一般在计算过程中，高滩深槽形成期按正常运用期的指标进行判别。

蓄水拦沙期：$V/Q \leqslant 1.8 \times 10^4$，水库处于敞泄；$V/Q > 1.8 \times 10^4$，表示壅水。正常运用期：$V/Q \leqslant 2.5 \times 10^4$，水库处于敞泄；$V/Q > 2.5 \times 10^4$，表示壅水。

5.2.2　壅水排沙计算

水库壅水排沙公式为

$$\eta = A\lg(V/Q) + B \tag{5-2}$$

当 $Q_{出} \geqslant Q_{入}$ 时，η 为输沙率排沙比；当 $Q_{出} < Q_{入}$ 时，η 为含沙量排沙比。A、B 两个参数具体采用值见表 5-1。

表5-1　水文学模型蓄水排沙计算参数 A、B 取值

水库运用阶段	V/Q 值	汛期		非汛期	
		A	B	A	B
蓄水拦沙期	$1.8\times10^4\sim15.2\times10^4$	-0.823 2	4.508 7	-0.823 2	4.508 7
	$15.2\times10^4\sim3\ 000\times10^4$	-0.076 9	0.638 3	-0.823 2	4.508 7
正常运用期	$2.5\times10^4\sim19\times10^4$	-0.824 6	4.626 5	-0.823 2	4.508 7
	$19\times10^4\sim3\ 000\times10^4$	-0.080 2	0.703 4	-0.823 2	4.508 7

5.2.3　敞泄排沙计算

当由 V/Q 值判断水库处于敞泄输沙状态时，采用敞泄排沙公式进行计算，求出出库输沙率，计算公式为

$$QS_{出} = 1.15a\rho_{入}^{0.79}(Q_{出}J)^{1.24}/\omega_0^{0.45} \tag{5-3}$$

式中，$QS_{出}$ 为出库输沙率；a 为敞泄排沙系数；$\rho_{入}$ 为入库含沙量，$Q_{出}$ 为出库流量；J 为水面比降；ω_0 为泥沙颗粒群体沉速。

5.2.4　敞泄冲刷出库含沙量限制

根据敞泄公式，$QS_{出}$ 与 $\rho_{入}^{0.79}$ 成正比，所以入库含沙量越高，出库输沙率也越高。根据以往验算成果，当入库含沙量较高时，计算出库含沙量可达到600 kg/m^3、700 kg/m^3，甚至800 kg/m^3 以上，这与实际不相符，所以需要对出库含沙量进行适当限制。

三门峡水库1974～2005年发生敞泄冲刷时模型计算与实测资料对比成果见图5-4。当入库含沙量小于100 kg/m^3 时，计算出库输沙率与实测输沙率相差不大，基本接近。而当入库含沙量大于等于100 kg/m^3 时，则计算值明显偏大。从总量来看，计算值累计冲刷57.73亿t，而实测累计冲刷40.72亿t。可见计算值是偏大的。

修正的措施为当入库含沙量大于等于100 kg/m^3 时，给出库含沙量增量设置上限。分别对计算出库含沙量增量设100 kg/m^3、125 kg/m^3、150 kg/m^3 和200 kg/m^3 上限，与实测情况对比见图5-5～图5-8。就三门峡水库而言，当入库含沙量大于等于100 kg/m^3，水库进行敞泄冲刷计算时，设置出库含沙量增量为125 kg/m^3 上限，计算结果与实测值比较接近。但是，考虑到小浪底水库排沙条件要相对优于三门峡水库，所以适当放宽出库含沙量增量的限制，采用150 kg/m^3 作为上限值对计算结果进行修正。

5.2.5　水库敞泄冲刷"沙变水"处理

根据实测资料以及物理模型试验成果分析，水库发生淤积时，一部分泥沙沉积，即相当于把浑水变成了沙，以往在计算水库库容和蓄水量时已经把这部分扣除，而在水库发生敞泄冲刷时，冲刷起来的床沙与水流掺混，增大了浑水的体积，造成出库流量较入库增大

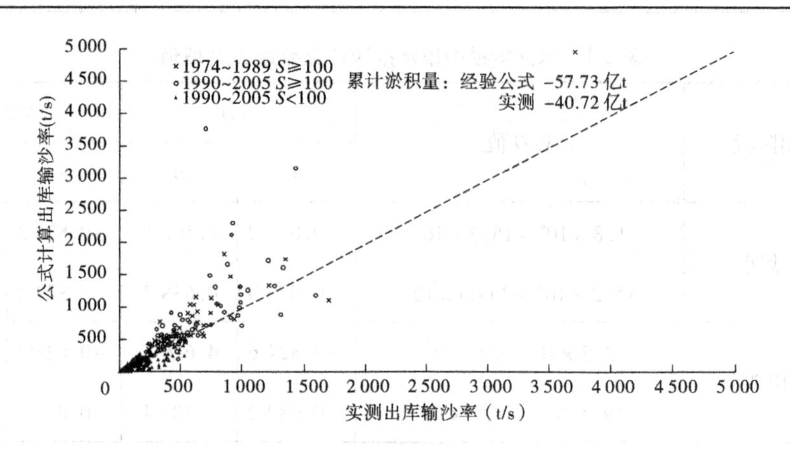

图 5-4　三门峡水库敞泄冲刷计算值与实测值对比

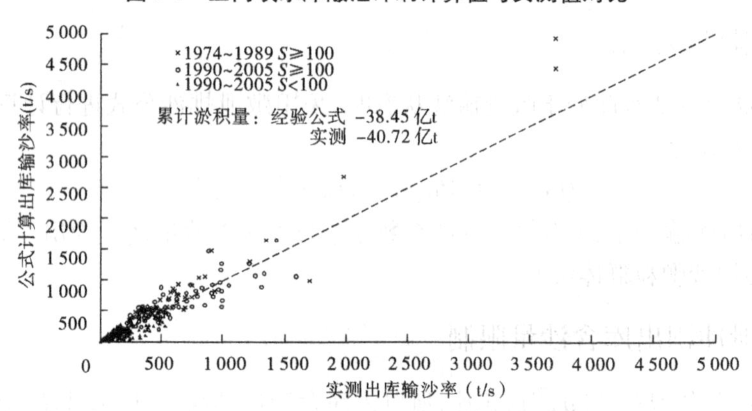

图 5-5　三门峡水库敞泄冲刷出库输沙率计算值

（出库含沙量增量限值 100 kg/m^3）与实测值对比

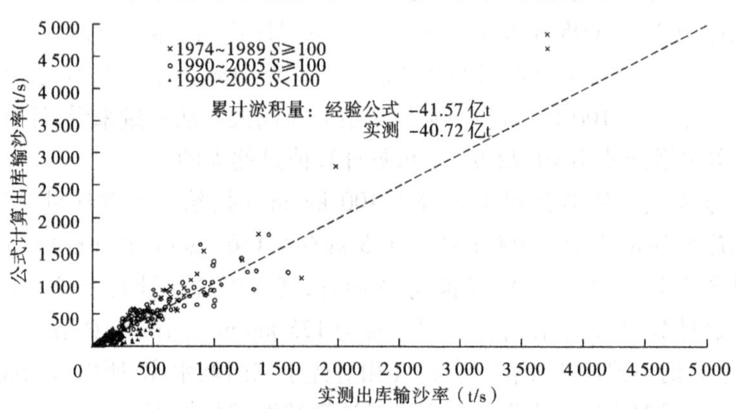

图 5-6　三门峡水库敞泄冲刷出库输沙率计算值

（出库含沙量增量限值 125 kg/m^3）与实测值对比

的现象，而在以往的水文学模型计算过程中没有考虑。由于“沙变水”现象的存在，特别在高含沙洪水敞泄冲刷时期表现明显，此时水库发生强烈冲刷，水流沿程增加明显，且对

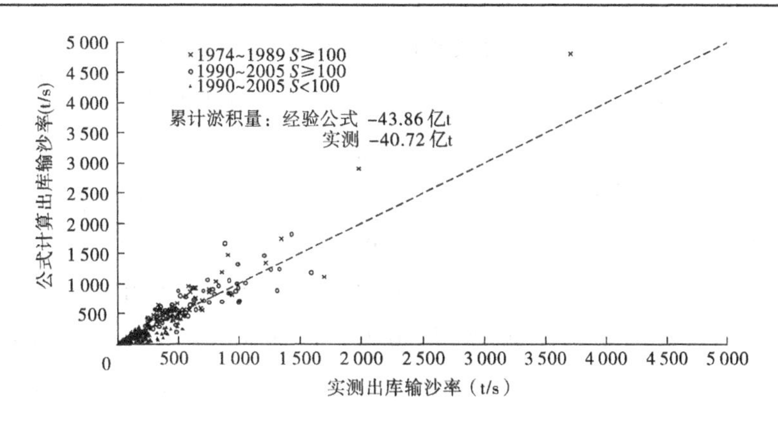

图 5-7　三门峡水库敞泄冲刷出库输沙率计算值（出库含沙量增量限值 150 kg/m³）与实测值对比

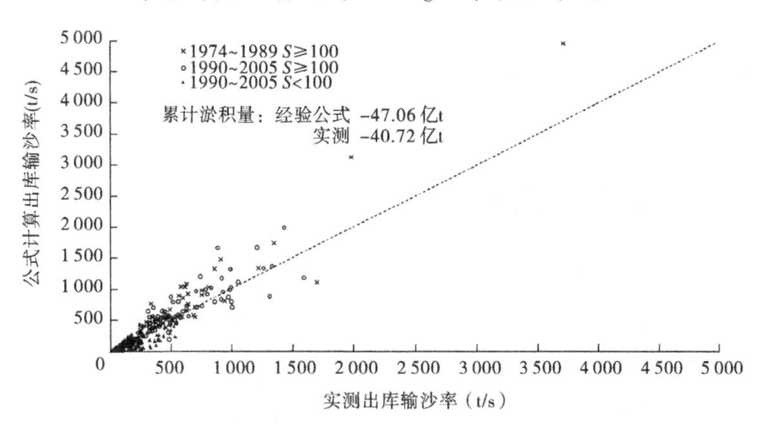

图 5-8　三门峡水库敞泄冲刷出库输沙率计算值（出库含沙量增量限值 200 kg/m³）与实测值对比

库区冲刷有增强的作用，若按水流沿程不变进行计算，则计算的冲刷量偏保守，同时会影响到水库总体水、沙量的平衡。因此，本次计算增加了敞泄冲刷过程中"沙变水"的处理。处理的方法是：先假设出库流量没有增加，以此为基础试算水库的冲淤量，根据这个冲淤量对出库流量进行修正，并根据修正后的出库流量重新计算水库的冲淤量，并以第二次计算的冲淤量作为水库该时段的最终冲淤量值。这是一种近似的处理方法，经过处理，使得计算成果更符合实际情况。

5.2.6　模型验证情况

利采用小浪底水库 2000 年 1 月至 2006 年 12 月实测出入库水沙资料，对水文学模型进行了验证计算，见表 5-2。模型验证计算结果总体上与实测结果较为接近。

表 5-2　水文学模型出库沙量和排沙比验证计算

年份	实测入库		实测出库		验证计算出库		实测排沙比(%)	计算排沙比(%)
	水量(亿 m^3)	沙量(亿 t)	水量(亿 m^3)	沙量(亿 t)	水量(亿 m^3)	沙量(亿 t)		
2000	67.18	3.17	38.42	0.04	38.42	0.39	1.36	12.25
2001	53.84	2.94	42.03	0.23	42.03	0.21	7.81	7.29
2002	50.43	3.49	86.87	0.73	86.87	1.25	20.81	35.86
2003	146.86	7.75	88.01	1.11	88.01	0.61	14.27	7.92
2004	66.66	2.72	69.57	1.42	69.57	0.89	52.22	32.67
2005	104.73	3.62	67.05	0.43	67.05	0.52	12.00	14.35
2006	87.51	2.08	71.55	0.33	71.55	0.42	15.97	20.38
合计	577.21	25.77	463.49	4.29	463.49	4.29	16.66	16.69

5.3　水动力学模拟技术

数学模型作为研究河床变形问题的一个重要手段,正处在迅速发展和日益完善的过程中。早在 20 世纪 50 年代初期,苏联罗辛斯基和库兹明已广泛使用一维数学模型对大型水库的淤积和坝下游冲刷进行长时期和长距离的河床变形计算。由于当时计算条件的限制,在基本方程和计算方法上不得不作较多的简化,我国在 20 世纪 50 年代后期也早已运用一维数学模型进行水库淤积及河流裁弯取直的河床变形计算。北美和西欧的情况也大体类似,在一维数学模型方面,美国哈里森(Harison,A. S.)在 1952 年所阐述的水库库首淤积计算方法和列维、罗辛斯基等的做法,在原理上完全一致。

但是,现代河流泥沙数学模型则是在近年内伴随电子计算机发展起来的,首先是因为电子计算机信息储存量大,运算速度快,使得有可能将计算河段和时间划分得比较细,从而大幅度提高计算精度;其次,它使得有可能根据实测资料对模型进行反复调试,正确地选择计算模式及参数,以保证计算成果能与实际相符;再次,它使得有可能采用较复杂但精度高的计算模式,扩大了数学模型的适用范围;最后,它可以在短时期内算出众多方案,便于比较分析,从中选择最优方案。

水库泥沙数学模型是研究和解决水库泥沙问题的重要手段,是与流域规划、工程建设和管理运用等生产实践紧密结合的。随着泥沙基本理论研究的不断深入与广泛的工程应用,以及现代的计算方法与计算机技术的高速发展,泥沙数学模型得到了长足的发展,从一维、二维和三维及其嵌套泥沙数学模型,在计算模式、数值计算方法、计算结果的后处理、参数选择、高含沙水流问题处理等方面均取得了重要进展。

本数学模型为一维非耦合恒定流模型,将库区按断面划分成若干小河段,再将断面划分为子断面,计算各子断面的平均水力、泥沙因素,以及上、下断面之间的平均冲淤厚度的沿程变化及因时变化情况。

5.3.1　基本方程

一维恒定流悬移质泥沙数学模型的基本方程包括水流连续方程、水流运动方程、泥沙连续方程(或称悬移质扩散方程)及河床变形方程,方程中不考虑侧向入汇。

(1)水流连续方程:

$$\frac{\mathrm{d}Q}{\mathrm{d}x} = 0 \tag{5-4}$$

(2)水流运动方程:

$$\frac{\mathrm{d}}{\mathrm{d}x}\left(\frac{Q^2}{A}\right) + gA\left(\frac{\mathrm{d}Z}{\mathrm{d}x} + J\right) = 0 \tag{5-5}$$

(3)泥沙连续方程(分粒径组):

$$\frac{\partial}{\partial x}(QS_k) + \gamma\frac{\partial A_{dk}}{\partial t} = 0 \tag{5-6}$$

(4)河床变形方程:

$$\gamma\frac{\partial Z_b}{\partial t} = \alpha\omega(S - S^*) \tag{5-7}$$

式中,Q 为流量,m^3/s;x 为流程,m;g 为重力加速度,m^2/s;A 为过水断面面积,m^2;Z 为水位,m;J 为能坡;k 为粒径组;S 为含沙量,kg/m^3;A_d 为冲淤面积,m^2;t 为时间,s;γ 为淤积物干容重, t/m^3;Z_b 为冲淤厚度,m;α 为恢复饱和系数;ω 为泥沙沉速,m/s;S^* 为水流挟沙力,kg/m^3。

5.3.2　水流挟沙力公式

水流挟沙力是表征一定来水来沙条件下河床处于冲淤平衡状态时的水流挟带泥沙能力的综合性指标。它是研究数学模型不可缺少的一个概念。关于水流挟沙力的研究,长期以来,国内外工程界和学术界的许多专家、学者或从理论出发,或根据不同的河渠测验资料和实验室资料,提出了不少半理论的、半经验的或者经验性的水流挟沙力公式。目前,国内外绝大部分挟沙力公式只适用于低含沙水流,其中,张瑞瑾的通用公式具有广泛的使用价值。对于高含沙水流,由于泥沙含量高和细颗粒的存在,改变了水流的流变、流动和输沙特性,使得其挟沙问题较一般挟沙水流更加复杂。在众多挟沙力公式中,张红武公式的处理过程尚有一定的经验性,但其计算范围的包容性相对较好,计算高含沙水流更为符合实际。为此,模型采用张红武水流挟沙力公式:

$$S^* = 2.5\left[\frac{0.002\,2 + S_v}{\kappa}\ln\left(\frac{h}{6D_{50}}\right)\right]^{0.62}\left(\frac{\gamma_m}{\gamma_s - \gamma_m}\frac{v^3}{gh\omega}\right)^{0.62} \tag{5-8}$$

式中,D_{50}为床沙中数粒径,mm;γ_s 为沙粒容重,取 2 650 kg/m^3;γ_m 为浑水容重,kg/m^3;h 为水深,m;v 为流速,m/s;κ 为卡门常数,$\kappa = 0.4 - 1.68\sqrt{S_v}(0.365 - S_v)$;$S_v$ 为体积比计算的进口断面平均含沙量。

5.3.3　分组挟沙力计算

采用下式计算分组沙挟沙力：

$$S_k^* = \left\{ \frac{P_k \frac{S}{S+S^*} + P_{uk}\left(1 - \frac{S}{S+S^*}\right)}{\sum_{k=1}^{nfs}\left[P_k \frac{S}{S+S^*} + P_{uk}\left(1 - \frac{S}{S+S^*}\right)\right]} \right\} S^* \tag{5-9}$$

式中，S 为上游断面平均含沙量，kg/m^3；P_k 为上游断面来沙级配；P_{uk}为表层床沙级配；nfs为总粒径组数。

5.3.4　沉速的计算

单颗粒泥沙的自由沉降速度公式：

$$\omega_{0k} = \begin{cases} \dfrac{\gamma_s - \gamma_0}{18\mu_0} d_k^2 & (d_k < 0.1\ \text{mm}) \\ (\lg S_a + 3.79)^2 + (\lg\varphi - 5.777)^2 = 39 & (0.1\ \text{mm} \leqslant d_k < 1.5\ \text{mm}) \end{cases} \tag{5-10}$$

式中，φ 为粒径判数，$\varphi = \dfrac{g^{\frac{1}{3}}\left(\dfrac{\gamma_s - \gamma_0}{\gamma_0}\right)^{\frac{1}{3}} d_k}{v_0^{\frac{2}{3}}}$；$S_a$ 为沉速判数，$S_a = \dfrac{\omega_{0k}}{g^{\frac{1}{3}}\left(\dfrac{\gamma_s - \gamma_0}{\gamma_0}\right)^{\frac{1}{3}} v_0^{\frac{1}{3}}}$。

含沙量对沉速有一定的影响，需对单颗粒泥沙的自由沉降速度作修正。张红武的挟沙力公式的沉速计算方法如下：

$$\omega_{sk} = \omega_{0k}\left[\left(1 - \frac{S_v}{2.25\sqrt{d_{50}}}\right)^{3.5}(1 - 1.25 S_v)\right] \tag{5-11}$$

式中，d_{50}为悬沙中数粒径，mm。

混合沙的平均沉速则由下式求得：

$$\omega_s = \sum_{k=1}^{nfs} p_k \omega_{sk} \tag{5-12}$$

5.3.5　恢复饱和系数

在不同的粒径组采用不同的 α 值，在求解 S 时，取：

$$\alpha_k = 0.001/\omega_k^{0.5} \tag{5-13}$$

试算后判断是冲刷还是淤积，然后用下式重新计算恢复饱和系数。

$$\alpha_k = \begin{cases} \alpha_*/\omega_k^{0.3} & S > S^* \\ \alpha_*/\omega_k^{0.7} & S < S^* \end{cases} \tag{5-14}$$

式中，ω_k 为沉速，m/s；α_* 为根据实测资料率定的参数，一般进口断面小些，越往坝前越大。

5.3.6　糙率的计算

水库冲淤变化过程中，糙率的变化是非常复杂的，作以下处理：

$$n_{t,i,j} = n_{t-1,i,j} - \alpha \frac{\Delta A_{i,j}}{A_0} \tag{5-15}$$

式中，$\Delta A_{i,j}$为某时刻各子断面之冲淤面积；t 为时间；常数 α、A_0 和起始糙率根据实测库区水面线、断面形态、河床组成等综合确定，在计算过程中，要限定糙率计算值不超出一定的范围。

5.3.7　子断面含沙量与断面平均含沙量的关系

根据泥沙连续方程，建立子断面含沙量与断面平均含沙量的经验关系式：

$$\frac{S_{k,i,j}}{S_{k,i}} = \frac{Q_i S^{\beta}_{*k,i}}{\sum\limits_j Q_{i,j} S^{\beta}_{*k,i,j}} \left(\frac{S_{*k,i,j}}{S_{*k,i}} \right)^{\beta} \tag{5-16}$$

式中，i、j、k 分别代表断面、子断面和粒径组。

综合参数β的大小与河槽断面形态、流速分布等因素有关。β值增大，主槽含沙量增大；β值减小，主槽含沙量减小。在水库运用的不同时期、库区的不同河段β值应有所不同，根据小浪底水库有关测验资料，β一般情况下取0.6。

5.3.8　床沙级配的计算

床沙级配的计算采用韦直林的计算方法。关于河床组成，分子断面来进行计算。对于每一个子断面，淤积物概化为表、中、底3层，各层的厚度和平均级配分别记为h_u、h_m、h_b（单位为m）和P_{uk}、P_{mk}、P_{bk}。表层为泥沙的交换层，中间层为过渡层，底层为泥沙冲刷极限层。

假定在每一计算时段内，各层间的界面都固定不变，泥沙交换限制在表层进行，中层和底层暂时不受影响。在时段末，根据床面的冲刷或淤积，往下或往上移动表层和中层，保持这两层的厚度不变，而令底层厚度随冲淤厚度的大小而变化。

具体的计算方法如下：

设在某一时段的初始时刻，表层级配为$P_{uk}^{(0)}$，该时段内的冲淤厚度和第k组泥沙的冲淤厚度分别为ΔZ_b和ΔZ_{bk}，则时段末表层的级配变为

$$P'_{uk} = \frac{h_u P_{uk}^{(0)} + \Delta Z_{bk}}{h_u + \Delta Z_b} \tag{5-17}$$

然后重新定义各层的位置和组成。各层的级配组成根据淤积或冲刷两种情况按如下方法计算。

5.3.8.1　淤积情况

（1）表层：

$$P_{uk} = P'_{uk} \tag{5-18}$$

（2）中层：若$\Delta Z_b > h_m$，则新的中层位于原表层底面以上，显然有：

$$P_{mk} = P'_{uk} \tag{5-19}$$

否则,有

$$P_{mk} = \frac{\Delta Z_b P'_{uk} + (h_m - \Delta Z_b) P_{mk}^{(0)}}{h_m} \tag{5-20}$$

(3)底层。新底层的厚度为

$$h_b = h_b^{(0)} + \Delta Z_b \tag{5-21}$$

如果 $\Delta Z_b > h_m$,则

$$P_{bk} = \frac{(\Delta Z_b - h_m) P'_{uk} + h_m P_{mk}^{(0)} + h_b^{(0)} P_{bk}^{(0)}}{h_b} \tag{5-22}$$

否则

$$P_{bk} = \frac{\Delta Z_b P_{mk}^{(0)} + h_b^{(0)} P_{bk}^{(0)}}{h_b} \tag{5-23}$$

5.3.8.2　**冲刷情况**

(1)表层:

$$P_{uk} = \frac{(h_u + \Delta Z_b) P'_{uk} - \Delta Z_b P_{mk}^{(0)}}{h_u} \tag{5-24}$$

(2)中层:

$$P_{mk} = \frac{(h_m + \Delta Z_b) P_{mk}^{(0)} - \Delta Z_b P_{bk}^{(0)}}{h_m} \tag{5-25}$$

(3)底层:

$$\begin{aligned} h_b &= h_b^{(0)} + \Delta Z_b \\ P_{bk} &= P_{bk}^{(0)} \end{aligned} \tag{5-26}$$

以上各式中,右上角标(0)表示该变量修改前的值;为了书写方便,断面及子断面编号均被省略。

5.3.9　支流库容的处理

小浪底水库支流众多,共有 40 多条,当前数学模型中考虑了库容较大的如下 12 条一级支流:石门沟、大峪河、煤窑沟、白马河、畛水河、石井河、东洋河、西阳河、芮村河、沇西河、亳清河、板涧河。由于模型中考虑的支流不全,数学模型中水库的总库容与实际总库容偏小。根据水文局提供的资料,2000 年 5 月 17 日水库干支流库容曲线见表 5-3,由表可知,数学模型考虑的干支流库容缺少的总量为 12.32 亿 m^3。

为了让数学模型计算库容与实际库容闭合,采用塑造一条支流来填补缺失库容的方法,塑造这条支流的原则为:塑造的这条支流的库容曲线应该与缺少的各级库容的库容曲线基本相当,塑造的支流所在位置为支流沟口断面河底高程与干流断面河底高程基本相等的位置。

根据以上原则,以畛水河实测断面为原型塑造支流,支流沟口所在位置距坝 52 km,塑造支流的库容曲线与缺少的库容曲线对比见表 5-4 和图 5-9,其纵剖面图见图 5-10。

在水库调节计算时,扣除了支流淤积后不可利用的库容。

表5-3　小浪底水库库容曲线(2000年5月17日)

(单位:亿 m^3/s)

高程(m)	总库容	干流	畛水河	大峪河	沇西河	石井河	东洋河	西阳河	石门沟	煤窑沟	芮村河	亳清河	白马河	板涧河	缺少库容
145	0	0	0	0	0	0	0	0	0	0	0	0	0	0	0
150	0.10	0.10	0	0	0	0	0	0	0	0	0	0	0	0	0
155	0.37	0.37	0	0	0	0	0	0	0	0	0	0	0	0	0
160	0.84	0.82	0	0.02	0	0	0	0	0	0	0	0	0	0	0
165	1.58	1.51	0.01	0.05	0	0	0	0	0.01	0	0	0	0	0	0
170	2.59	2.42	0.05	0.09	0	0.01	0	0	0.02	0	0	0	0	0	0
175	3.81	3.48	0.12	0.14	0	0.03	0	0	0.03	0.01	0	0	0	0	0
180	5.27	4.70	0.22	0.21	0	0.05	0	0	0.05	0.02	0	0	0.01	0	0.01
185	6.99	6.10	0.36	0.29	0	0.10	0.01	0	0.07	0.03	0	0	0.01	0	0.02
190	9.02	7.68	0.54	0.39	0	0.16	0.02	0.01	0.10	0.04	0.01	0	0.02	0	0.05
195	11.40	9.47	0.77	0.51	0	0.24	0.04	0.02	0.14	0.06	0.02	0	0.04	0	0.09
200	14.17	11.47	1.06	0.67	0	0.33	0.06	0.05	0.18	0.08	0.05	0	0.06	0	0.16
205	17.38	13.77	1.41	0.84	0.01	0.45	0.08	0.08	0.22	0.11	0.07	0	0.08	0	0.26
210	21.22	16.46	1.80	1.02	0.06	0.58	0.12	0.13	0.28	0.15	0.10	0	0.11	0	0.41
215	25.58	19.43	2.26	1.23	0.14	0.72	0.18	0.18	0.34	0.20	0.15	0	0.14	0	0.61
220	30.44	22.66	2.78	1.47	0.24	0.88	0.25	0.23	0.41	0.26	0.20	0	0.18	0.01	0.87
225	35.89	26.12	3.39	1.72	0.38	1.08	0.33	0.31	0.49	0.33	0.27	0.01	0.23	0.03	1.20
230	41.79	29.77	4.05	1.99	0.58	1.28	0.43	0.40	0.58	0.40	0.34	0.03	0.27	0.04	1.63
235	48.36	33.69	4.78	2.29	0.80	1.50	0.56	0.52	0.67	0.49	0.43	0.06	0.32	0.07	2.18
240	55.66	37.88	5.61	2.65	1.05	1.74	0.73	0.66	0.77	0.57	0.54	0.12	0.37	0.11	2.86
245	63.64	42.32	6.53	3.04	1.35	2.00	0.92	0.81	0.87	0.67	0.66	0.19	0.43	0.15	3.70
250	72.41	47.03	7.55	3.46	1.68	2.30	1.14	0.98	0.98	0.78	0.79	0.29	0.51	0.20	4.72
255	81.82	51.91	8.65	3.88	2.06	2.61	1.39	1.19	1.10	0.91	0.93	0.44	0.59	0.26	5.90
260	91.93	57.09	9.82	4.33	2.46	2.95	1.67	1.41	1.22	1.05	1.07	0.62	0.68	0.33	7.23
265	102.83	62.55	11.08	4.79	2.93	3.30	1.97	1.65	1.36	1.20	1.23	0.83	0.78	0.42	8.74
270	114.52	68.31	12.41	5.27	3.47	3.67	2.30	1.91	1.51	1.37	1.38	1.08	0.88	0.52	10.44
275	126.94	74.31	13.79	5.77	4.07	4.05	2.66	2.19	1.68	1.55	1.55	1.38	1.00	0.62	12.32

表 5-4　塑造支流库容曲线与缺少的支流库容曲线对比

高程(m)	缺少的库容(亿 m^3)	塑造支流的库容(亿 m^3)
180	0.01	0
185	0.02	0
190	0.05	0.01
195	0.09	0.02
200	0.16	0.09
205	0.26	0.21
210	0.41	0.42
215	0.61	0.67
220	0.87	0.95
225	1.20	1.26
230	1.63	1.57
235	2.18	2.18
240	2.86	2.90
245	3.70	3.77
250	4.72	4.77
255	5.90	5.84
260	7.23	7.36
265	8.74	8.91
270	10.44	10.62
275	12.32	12.37

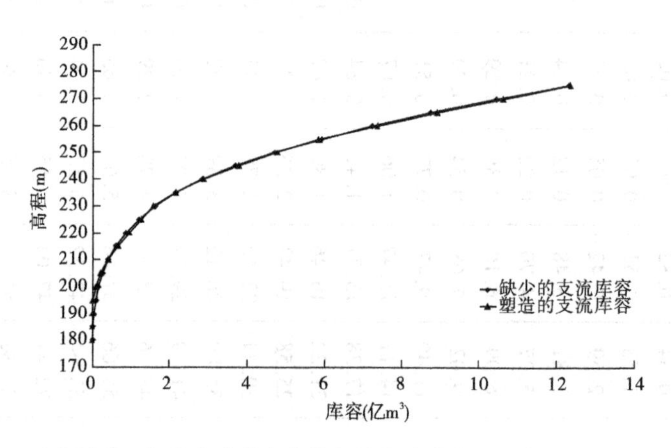

图 5-9　塑造支流库容曲线与缺少的支流库容曲线对比

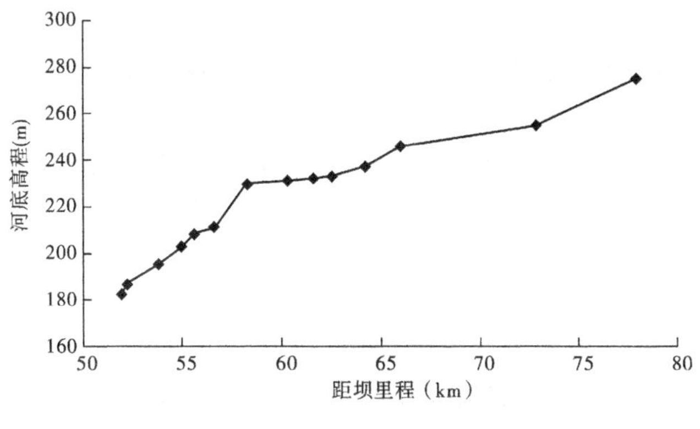

图5-10 塑造支流纵剖面

5.3.10 支流淤积形态的计算方法

采用《黄河小浪底水利枢纽规划设计丛书——工程规划》中支流倒锥体淤积计算的方法，倒锥体淤积高差是指倒锥体以下支流内淤积面低于支流河口拦门沙坎淤积面的高差，支流河口淤积面与干流淤积滩面相平，高差计算公式为

$$\Delta H_{倒} = 2.51 H_{口门淤}^{0.28} \tag{5-27}$$

式中，$\Delta H_{倒}$为支流内淤积面与支流河口拦沙坎淤积面高差，m；$H_{口门淤}$为支流河口淤积厚度，m。

主要为浑水明流倒灌淤积形成的倒锥体淤积高差的计算采用如下公式：

$$\Delta H_{倒} = 1.25 H_{口门淤}^{0.28} \tag{5-28}$$

当支流上沟口水深大于0.5 m，含沙量大于0.5 kg/m³ 时，进行支流淤积计算。

5.3.11 异重流计算

异重流计算采用如下方法。

5.3.11.1 潜入条件

利用三门峡水库的资料，分析验证了异重流一般潜入条件为

$$h = \max(h_0, h_n) \tag{5-29}$$

式中，$h_0 = \left(\dfrac{Q^2}{0.6\eta_g g B^2}\right)^{\frac{1}{3}}$；$h_n = \left(\dfrac{fQ^2}{8J_0\eta_g g B^2}\right)^{\frac{1}{3}}$。

式中，Q、B、J_0、η_g、f 分别为异重流流量、宽度、河底比降、重力修正系数和阻力系数。异重流阻力系数一般在0.025～0.03变化，模型中$f=0.025$。

5.3.11.2 异重流的计算

一般，计算异重流的水力参数采用均匀流方程，存在的问题是，当河道宽窄相间、变化较大时，计算的水面线起伏较大；而且当河底出现负坡时，就不能继续计算。故需采用非均匀流运动方程来计算异重流厚度，具体计算方法如下。

潜入后第一个断面水深：

$$h'_1 = \frac{1}{2}\left(\sqrt{1 + 8Fr_0^2} - 1\right) h_0 \tag{5-30}$$

式中,下标 0 代表潜入点。

潜入后其余断面均按非均匀异重流运动方程计算,该方程形式与一般明流相同,只是以 η_g 对重力加速度进行了修正。

异重流淤积计算与明流计算相同,分组挟沙力计算暂不考虑河床补给的影响。

异重流运行到坝前,将产生一定的爬高,若坝前淤积面加爬高尚不超过最低出口高程,则出库水流含沙量为 0。

5.3.12 断面修正方法

按照全断面的冲淤面积进行修正断面,淤积时水平淤积抬高,冲刷时只冲主槽。

5.3.13 能坡计算

关于能坡 J 的计算,根据曼宁公式 $U = R^{1/6}J^{1/2}/n$,式中 U、R、n 分别为断面平均流速、水力半径和糙率。对于宽浅河道,通常用平均水深 H 来替代 R,曼宁公式可以变形为

$$J = \left(\frac{n}{AR^{\frac{2}{3}}}Q\right)^2 \approx \left(\frac{n}{AH^{\frac{2}{3}}}Q\right)^2 = \frac{Q^2}{K^2} \tag{5-31}$$

式中,K 为流量模数。

考虑到断面形态不规则,将式(5-31)应用于各个子断面,有 $J_j = Q_j^2/K_j^2$,其中 $K_j = A_jH_j^{\frac{2}{3}}/n_j$。进一步假定各子断面能坡近似等于断面平均能坡,则 $Q = \sum\limits_j Q_j = \sum K_jJ_j^{\frac{1}{2}} = J^{\frac{1}{2}}\sum\limits_j K_j$,因而有

$$K = \sum_j K_j \tag{5-32}$$

$$Q_j = \frac{K_j}{K}Q \tag{5-33}$$

以上各式中下角标 j 为子断面编号。

5.3.14 基本方程的离散

一维数学模型的计算方法可分为两大类:一类是将水流和泥沙方程式直接联立求解;另一类是先解水流方程式求出有关水力要素后,再解泥沙方程式,推求河床冲淤变化,如此交替进行。前者称为耦合解,适用于河床变形比较急剧的情况;后者称为非耦合解,适用于河床变形比较和缓的情况。另外,根据边界上的水流、泥沙条件,上述两大类还可分为非恒定流解和恒定流解两个亚类。非耦合解一般均直接使用有限差分法,而耦合解则既可直接使用有限差分法,也可先采用特征线法,将偏微分方程组化成特征线方程和特征方程,再进一步求解,其中特征方程仍用有限差分法求解。

一般河道水流数学模型,为简化计算,多采用非耦合的恒定流解,并直接使用有限差分法。在进行水流计算时采用隐式差分格式,而在计算河床冲淤时则采用显式差分格式。

模型采用如下差分格式进行离散:

$$\begin{cases} f(x,t) = \dfrac{f_{i+1}^{n} + f_{i}^{n}}{2} \\ \dfrac{\partial f}{\partial x} = \dfrac{f_{i+1}^{n} + f_{i}^{n}}{\Delta x} \\ \dfrac{\partial f}{\partial t} = \dfrac{(f_{i+1}^{n+1} - f_{i+1}^{n}) + (f_{i}^{n+1} - f_{i}^{n})}{2\Delta t} \end{cases} \tag{5-34}$$

由方程式(5-4),考虑流量沿程变化得

$$Q_i = Q_{out} + \frac{Q_{in} - Q_{out}}{D_{is}} D_{isi} \tag{5-35}$$

式中,D_{is}为距坝里程。

由方程式(5-5),得

$$Z_i = Z_{i-1} + \Delta X_i \overline{J}_i + \frac{\left(\dfrac{Q^2}{A}\right)_{i-1} - \left(\dfrac{Q^2}{A}\right)_i}{g\overline{A}_i} \tag{5-36}$$

由方程式(5-6),得

$$S_{k,i} = \frac{Q_{i+1}S_{k,i+1} - \dfrac{\gamma(\Delta A_{dk,i+1} + \Delta A_{dk,i})}{2\Delta t}\Delta X_i}{Q_i} \tag{5-37}$$

将方程式(5-7),即河床变形方程直接应用于各粒径组和各子断面,得

$$\Delta Z_{bk,i,j} = \frac{\alpha\omega_k(S_{k,i,j} - S_{*k,i,j})\Delta t}{\gamma} \tag{5-38}$$

以上各式中,$\overline{J}_i = \dfrac{J_i + J_{i-1}}{2}$,$\overline{A}_i = \dfrac{A_i + A_{i-1}}{2}$;断面编号自上而下依次减小,其余符号含义同前。

5.3.15　模型计算的主要步骤

(1)基本资料的输入。主要包括入库流量、输沙率及级配、河床断面资料等。

(2)水力要素计算。由式(5-32)~式(5-35)联解,可以求得各断面及子断面的面积、河宽、水深、水力半径及流速等。

(3)泥沙计算。

①计算各子断面分组沙挟沙力 $S_{*k,i,j}$。

②求各粒径组断面平均含沙量 $S_{k,i}$。

将式(5-16)、式(5-38)代入式(5-37)得

$$S_{k,i} = \frac{F_{i+1} + D_1C_1}{Q_i\left(1 + \dfrac{D_1C_2}{C_3}\right)} \tag{5-39}$$

式中,$F_{i+1} = Q_{i+1}S_{k,i+1} - \dfrac{\gamma'\Delta x_i}{2\Delta t}\Delta A_{dk,i+1}$,$D_1 = 0.5\Delta X_i\alpha\omega_k$,$C_1 = \sum_j b_{i,j}S_{*k,i,j}$,$C_2 = \sum_j b_{i,j}S^{\beta}_{*k,i,j}$,$C_3 = \sum_j Q_{i,j}S^{\beta}_{*k,i,j}$。

③由式(5-16)求子断面分组沙含沙量 $S_{*k,i,j}$。

(4)河床变形计算。计算各断面及子断面的冲淤面积,根据断面分配模式,修正节点高程。

(5)调整床沙级配。

(6)输出计算结果。

5.3.16 模型验证情况

利用该模型,采用1999年水库初始地形和1999年11月至2006年10月黄河小浪底水库实测入出库水沙过程,对小浪底水库进行泥沙冲淤计算。验证情况如下。

5.3.16.1 水库总冲淤量

1999年11月至2006年10月,小浪底水库实测冲淤量为23.27亿t,数学模型计算冲淤量为24.45亿t,模型计算成果比实测冲淤量多1.18亿t,误差为5%。历年淤积量成果见表5-5。

表5-5 水库实测冲淤量与模型计算冲淤量对比

运用年	实测冲淤量(亿t)				模型计算冲淤量(亿t)			
	11月至次年6月	7至10月	11月至次年10月	累计	11月至次年6月	7至10月	11月至次年10月	累计
1999~2000	0.24	3.13	3.37	3.37	0.24	3.07	3.31	3.31
2000~2001	0	2.71	2.71	6.08	0	2.88	2.88	6.19
2001~2002	0.97	2.77	3.74	9.82	0.93	2.50	3.43	9.62
2002~2003	-0.04	6.65	6.61	16.43	0	7.63	7.63	17.25
2003~2004	0	1.30	1.30	17.73	0	1.61	1.61	18.86
2004~2005	0.44	3.18	3.62	21.35	0.30	3.42	3.72	22.58
2005~2006	0.18	1.74	1.92	23.27	0.00	1.87	1.87	24.45

5.3.16.2 干支流库容曲线

利用数学模型计算2000~2006年实测水沙过程,将2006年10月得到的库容曲线与实测库容曲线进行比较,见图5-11。由图5-11可知,数学模型计算的干、支流库容和总库容与实测库容基本相当。

5.3.16.3 库区淤积形态

数学模型计算的库区纵剖面与实测对比见图5-12~图5-22。由图可知,模型基本能够模拟库区冲淤变化。

(1)干流淤积形态(见图5-12~图5-17)。

(2)支流淤积形态(见图5-18~图5-22)。

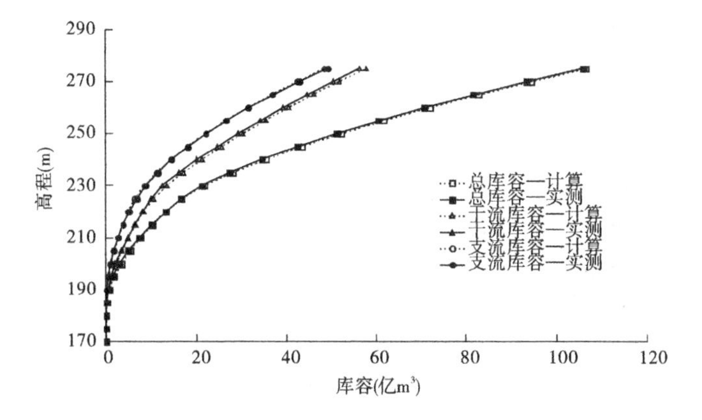

图 5-11　2006 年 10 月数学模型计算和实测库容曲线对比

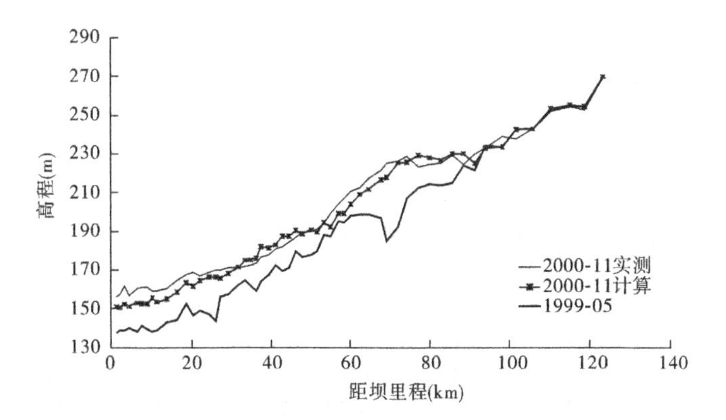

图 5-12　2000 年 11 月深泓点纵剖面

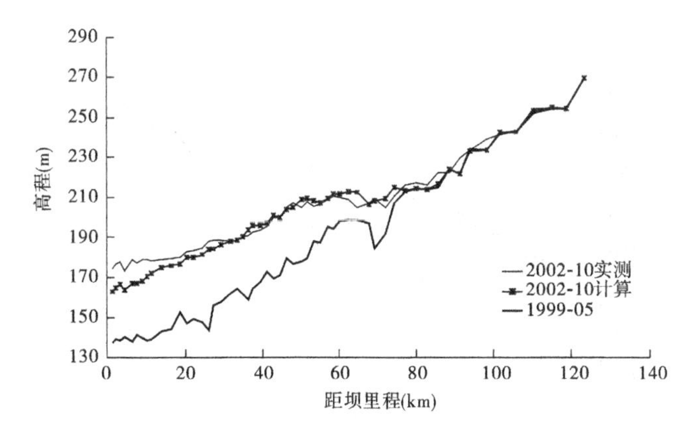

图 5-13　2002 年 10 月深泓点纵剖面

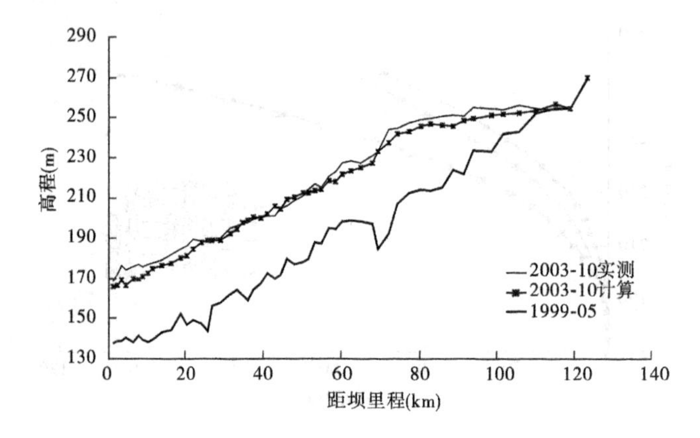

图 5-14　2003 年 10 月深泓点纵剖面

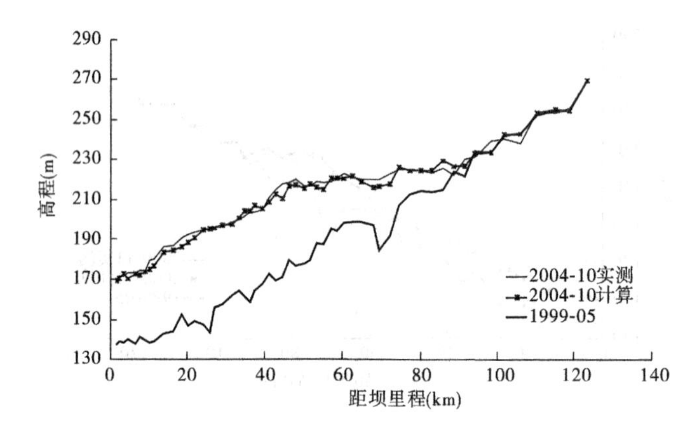

图 5-15　2004 年 10 月深泓点纵剖面

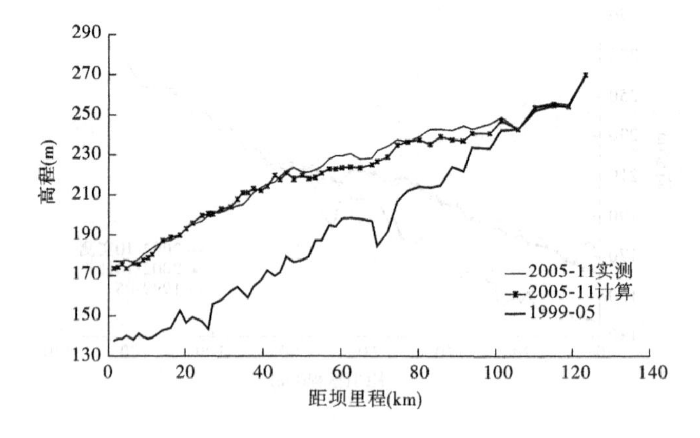

图 5-16　2005 年 11 月深泓点纵剖面

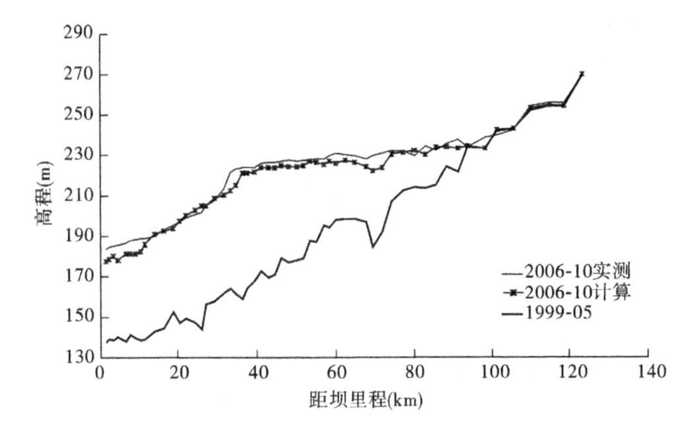

图5-17　2006年10月深泓点纵剖面

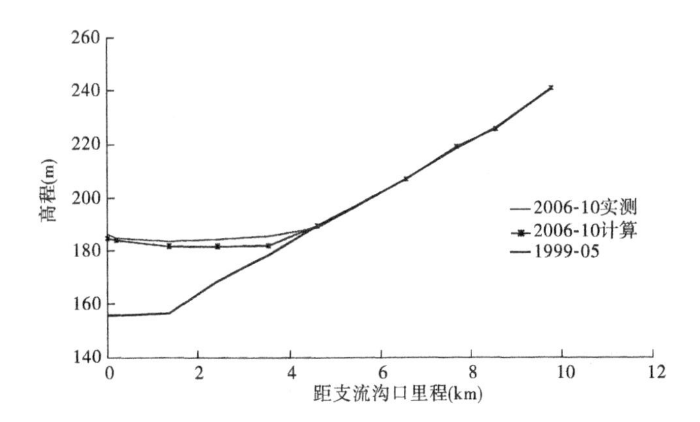

图5-18　大峪河深泓点纵剖面

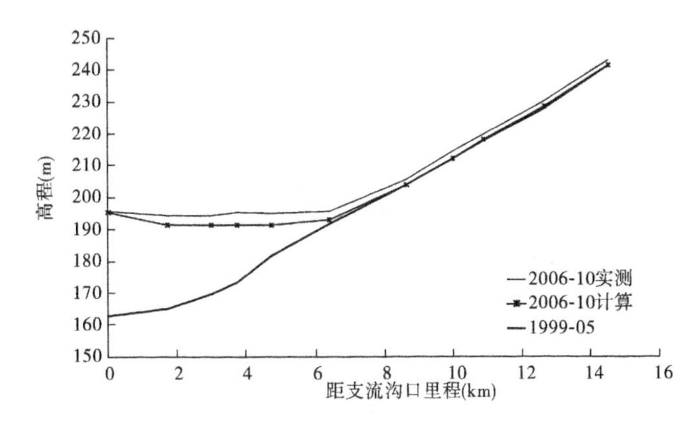

图5-19　畛水河深泓点纵剖面

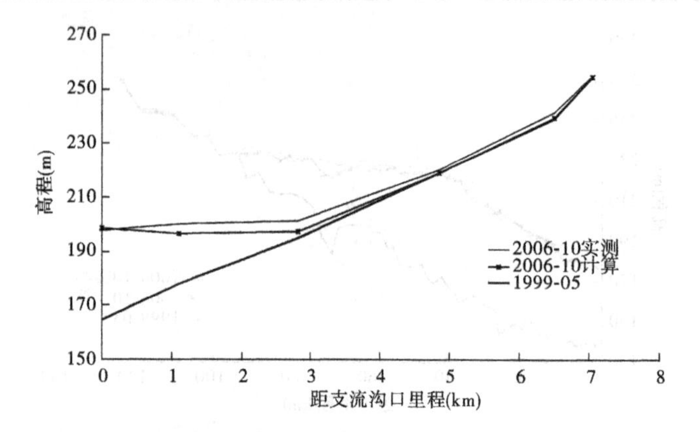

图 5-20　石井河深泓点纵剖面

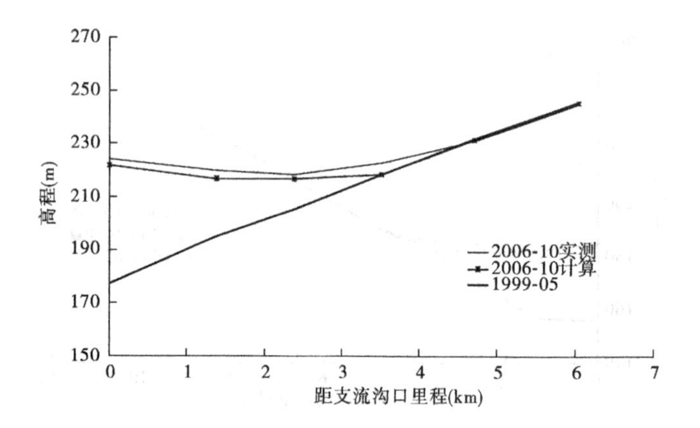

图 5-21　西阳河深泓点纵剖面

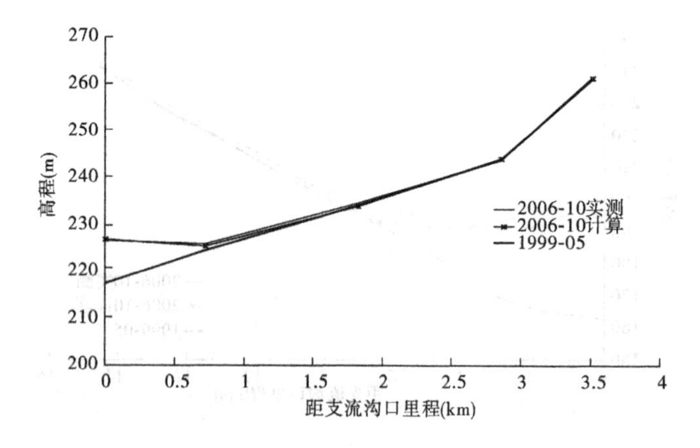

图 5-22　亳清河深泓点纵剖面

5.4　本章小结

水库运用方式,特别是坝前水位的变化,与水库冲刷形态关系密切。在前期有一定的淤积量、淤积面相对较高的情况下,降低水位易发生溯源冲刷,冲刷效果好,若入库流量较大,配合沿程冲刷则冲刷可发展至全库区。由于黄河水资源供需矛盾越来越突出,小浪底水库拦沙后期要冲刷水库恢复库容可以利用的大流量机遇少,选择溯源加沿程这种冲刷方式,在来大流量时迅速降低水位,提前泄空蓄水,待大流量到来时集中排沙,冲刷效率最高,且利于高滩深槽的形成。

根据有关水库实测资料和模型基本理论,研究了水库冲淤计算方法和模拟技术,开发并提出了小浪底水库水文学和水动力学两套数学模型。

第 6 章　水库冲刷水位及冲刷时机研究

6.1　库水位下降速率和最低冲刷水位

在小浪底水库设计成果的基础上，小浪底水库运用以来的安全运行资料分析表明，小浪底水库坝前水位不宜骤升骤降，水位变幅应有限制，当库水位为 275 ~ 250 m 时，连续 24 h 下降最大幅度不应大于 4 m；当库水位在 250 m 以下时，连续 24 h 下降最大幅度不应大于 3 m；当库水位连续下降时，7 d 内最大下降幅度不应大于 15 m。库水位在 260 m 以上连续 24 h 的上升幅度不应大于 5 m。

小浪底水库起始运行水位为 210 m，正常运用期正常死水位为 230 m，非常死水位为 220 m。分析小浪底水库减淤要求的拦沙库容和调水调沙库容、防洪要求的防洪库容和综合利用要求的调节库容，以及枢纽的设计思想，综合考虑，小浪底水库拦沙期最低运用水位 210 m，正常运用期最低运用水位 230 m。

6.2　降水冲刷时机研究

降水冲刷时机是指水库可以泄空冲刷的起始时间，用水库淤积量达到一定数值来表示。也就是说，当水库淤积量达到这个数值以后，主汛期来连续大水即可降水泄空冲刷。从 1997 年截流至 2007 年 10 月，小浪底水库已淤积泥沙 23.95 亿 m^3，拦沙初期基本完成，因此采用 2007 年 10 月实测库区地形作为研究的初始地形，此时水库总库容为 103.59 亿 m^3，210 m 高程以下库容为 6 亿 m^3。拟定降水冲刷时机为 32 亿 m^3、42 亿 m^3、58 亿 m^3、78.6 亿 m^3 的 4 个方案进行比较论证。

32 亿 m^3：对于锥体淤积形态，约相当于坝前淤积面 215 m 相应斜体淤积量，215 m 以下平库容为 25.8 亿 m^3；42 亿 m^3：对于锥体淤积形态，约相当于坝前淤积面 225 m 相应斜体淤积量，225 m 以下平库容为 36.09 亿 m^3；58 亿 m^3：对于锥体淤积形态，约相当于坝前淤积面 235 m 相应斜体淤积量，235 m 以下平库容为 48.6 亿 m^3；78.6 亿 m^3：对于锥体淤积形态，约相当于坝前淤积面 245 m 相应斜体淤积量，245 m 以下平库容为 63.84 亿 m^3。

水库降水冲刷时机的方案比较，采用了调控上限流量为 3 700 m^3/s 和 2 600 m^3/s 分别对库区淤积量达 32 亿 m^3、42 亿 m^3、58 亿 m^3 和 78.6 亿 m^3 4 个不同冲刷时机进行比较。下面分别论述调控上限流量为 3 700 m^3/s 和 2 600 m^3/s 的比较情况。

6.2.1　调控上限流量为3 700 m^3/s的不同降水冲刷时机对比分析

6.2.1.1　前10年计算成果分析

1)水库运用情况对比分析

A.水库调水情况对比分析

统计水库运用前10年调水情况,水动力学模型计算结果见表6-1,经验模型计算结果见表6-2。

(1)出库流量小于600 m^3/s天数。

主汛期出库流量小于600 m^3/s,表征着对发电或者供水有一定的影响。不同降水冲刷时机32亿m^3、42亿m^3、58亿m^3和78.6亿m^3的各方案出库流量小于600 m^3/s的年均天数分别为6~6.5 d(“~”前后为两个数学模型计算值的幅度,下同)、5.7~6 d、6.1 d和6.1 d,4个方案相差不大。

(2)花园口流量大于等于2 600 m^3/s的情况分析。

不同降水冲刷时机,花园口流量大于等于2 600 m^3/s的天数略有差别,降水冲刷时机早,大流量天数略多。降水冲刷时机为32亿m^3、42亿m^3、58亿m^3和78.6亿m^3的各方案该流量级年均挟带沙量为4.72亿~5.03亿t、4.54亿~4.9亿t、4.21亿~4.82亿t和2.08亿~3.16亿t。

由此可见,两个数学模型计算性质相同,降水冲刷时机越早,大于2 600 m^3/s流量级挟带的沙量越多,32亿m^3、42亿m^3和58亿m^3的3个方案的差别相对较小,而78.6亿m^3方案挟带的沙量与其他方案相比则明显较小。

(3)花园口流量大于4 000 m^3/s的情况分析。

降水冲刷时机为32亿m^3、42亿m^3和58亿m^3的3个方案,花园口流量大于4 000 m^3/s的年均天数都为1.9 d,年均出库沙量分别为1.82亿~2.18亿t、1.94亿~2.18亿t、1.83亿~2.01亿t,3个方案差别不大。降水冲刷时机为78.6亿m^3的方案的该流量级天数为4~6 d,出库沙量为0.40亿~0.79亿t,与另外3个方案相比明显减少。

(4)花园口流量为800~2 600 m^3/s的天数。

花园口流量为800~2 600 m^3/s流量级是对下游河道不利的流量级,冲刷时机分别为32亿m^3、42亿m^3、58亿m^3和78.6亿m^3的各方案该流量级年均出现天数分别为7.4 d、7.2~7.3 d、7.1~7.3 d和7.4~7.6 d,年均出库沙量分别为0.3亿~0.44亿t、0.27亿~0.32亿t、0.23亿~0.32亿t和0.20亿~0.31亿t。由此可见,各方案不利流量级出现天数和出库挟带的沙量相差不大。

(5)花园口流量连续大于2 600 m^3/s情况。

从统计的结果看,花园口流量大于等于2 600 m^3/s连续4 d和6 d以上的天数和水量,不同降水冲刷时机各方案差别不大,78.6亿m^3的方案较少。

B.水库淤积量和排沙比

水库运用前10年各方案入出库级配、库区淤积量和排沙比情况见表6-3。

由表6-3可以看出,两个模型计算结果性质相同,水库拦粗排细的效果,不同降水冲刷时机的32亿m^3、42亿m^3、58亿m^3 3个方案拦粗排细的作用差别不明显,78.6亿m^3

的方案略好。

表 6-1　各方案流量调节统计(前 10 年,水动力学模型)

项目			32-3700-13 总计	32-3700-13 年均	42-3700-13 总计	42-3700-13 年均	58-3700-13 总计	58-3700-13 年均	78.6-3700-13 总计	78.6-3700-13 年均
出库流量<600 m^3/s 天数(d)			60	6	57	5.7	61	6.1	61	6.1
花园口流量≥2 600 m^3/s	天数(d)		198	19.8	195	19.5	196	19.6	190	19
	天数占主汛期(%)		24.15	24.15	23.78	23.78	23.9	23.9	23.17	23.17
	出库水量(亿 m^3)		596.87	59.69	589.72	58.97	590.9	59.09	554.56	55.46
	出库沙量(亿 t)		50.25	5.03	49.04	4.9	48.23	4.82	31.56	3.16
	沙量占主汛期(%)		88.28	88.28	88.28	88.28	89.51	89.51	85.79	85.79
花园口流量>4 000 m^3/s	天数(d)		19	1.9	19	1.9	19	1.9	6	0.6
	天数占主汛期(%)		2.32	2.32	2.32	2.32	2.32	2.32	0.73	0.73
	出库水量(亿 m^3)		92.06	9.21	92.08	9.21	91.71	9.17	31.29	3.13
	出库沙量(亿 t)		18.23	1.82	19.36	1.94	18.32	1.83	7.86	0.79
	沙量占主汛期(%)		32.02	32.02	34.85	34.85	34	34	21.35	21.35
800 m^3/s≤花园口流量<2 600 m^3/s	天数(d)		74	7.4	72	7.2	71	7.1	76	7.6
	天数占主汛期(%)		9.02	9.02	8.78	8.78	8.66	8.66	9.27	9.27
	出库水量(亿 m^3)		51.98	5.2	50.4	5.04	48.12	4.81	48.72	4.87
	出库沙量(亿 t)		3.04	0.3	2.72	0.27	2.27	0.23	2.02	0.2
	沙量占主汛期(%)		5.35	5.35	4.89	4.89	4.22	4.22	5.5	5.5
花园口流量≥2 600 m^3/s	单独 1 d	天数(d)	2	0.2	2	0.2	2	0.2	3	0.3
		次数(次)	2	0.2	2	0.2	2	0.2	3	0.3
		水量(亿 m^3)	5.54	0.55	5.72	0.57	5.72	0.57	10.3	1.03
	4 d 以上	天数(d)	177	17.7	176	17.6	175	17.5	168	16.8
		次数(次)	17	1.7	18	1.8	17	1.7	17	1.7
		水量(亿 m^3)	586.39	58.64	584.08	58.41	578.59	57.86	532.53	53.25
	6 d 以上	天数(d)	160	16	159	15.9	153	15.3	156	15.6
		次数(次)	13	1.3	14	1.4	12	1.2	14	1.4
		水量(亿 m^3)	531.77	53.18	530.62	53.06	510.53	51.05	496.44	49.64

表6-2　各方案流量调节统计(前10年,经验模型)

项目			方案							
			32-3700-13		42-3700-13		58-3700-13		78.6-3700-13	
			总计	年均	总计	年均	总计	年均	总计	年均
出库流量<600 m^3/s天数(d)			65	6.5	60	6	61	6.1	61	6.1
花园口流量≥2 600 m^3/s	天数(d)		203	20.3	201	20.1	201	20.1	196	19.6
	天数占主汛期(%)		24.76	24.76	24.51	24.51	24.51	24.51	23.9	23.9
	出库水量(亿m^3)		612.07	61.21	606.73	60.67	605.59	60.56	565.33	56.53
	出库沙量(亿t)		47.21	4.72	45.36	4.54	42.1	4.21	20.76	2.08
	沙量占主汛期(%)		79.05	79.05	79.97	79.97	78.81	78.81	64.67	64.67
花园口流量>4 000 m^3/s	天数(d)		19	1.9	19	1.9	19	1.9	4	0.4
	天数占主汛期(%)		2.32	2.32	2.32	2.32	2.32	2.32	0.49	0.49
	出库水量(亿m^3)		94.09	9.41	94.06	9.41	93.58	9.36	18.47	1.85
	出库沙量(亿t)		21.82	2.18	21.78	2.18	20.06	2.01	4.04	0.4
	沙量占主汛期(%)		36.54	36.54	38.4	38.4	37.55	37.55	12.57	12.57
800 m^3/s≤花园口流量<2 600 m^3/s	天数(d)		74	7.4	73	7.3	73	7.3	74	7.4
	天数占主汛期(%)		9.02	9.02	8.9	8.9	8.9	8.9	9.02	9.02
	出库水量(亿m^3)		52.71	5.27	50.06	5.01	50.06	5.01	47.43	4.74
	出库沙量(亿t)		4.39	0.44	3.23	0.32	3.24	0.32	3.13	0.31
	沙量占主汛期(%)		7.35	7.35	5.69	5.69	6.07	6.07	9.76	9.76
花园口流量≥2 600 m^3/s	单独1 d	天数(d)	4	0.4	4	0.4	4	0.4	6	0.6
		次数(次)	4	0.4	4	0.4	4	0.4	6	0.6
		水量(亿m^3)	11.45	1.14	11.13	1.11	11.13	1.11	19.17	1.92
	4 d以上	天数(d)	180	18	180	18	180	18	171	17.1
		次数(次)	16	1.6	16	1.6	16	1.6	15	1.5
		水量(亿m^3)	597.43	59.74	597.41	59.74	596.16	59.62	535.84	53.58
	6 d以上	天数(d)	172	17.2	172	17.2	172	17.2	158	15.8
		次数(次)	14	1.4	14	1.4	14	1.4	12	1.2
		水量(亿m^3)	571.4	57.14	571.38	57.14	571.36	57.14	495.06	49.51

表 6-3 水库入出库级配、排沙比和淤积量(前 10 年)

项目		水动力学模型				经验模型			
		32-3700-13	42-3700-13	58-3700-13	78.6-3700-13	32-3700-13	42-3700-13	58-3700-13	78.6-3700-13
入库级配(%)	细沙	55.22	55.22	55.22	55.22	55.22	55.22	55.22	55.22
	中沙	23.92	23.92	23.92	23.92	23.92	23.92	23.92	23.92
	粗沙	20.86	20.86	20.86	20.86	20.86	20.86	20.86	20.86
出库级配(%)	细沙	55.39	55.23	55.81	61.98	59.09	59.59	61.27	75.74
	中沙	23.33	23.16	23.17	20.43	21.15	21	20.27	12.67
	粗沙	21.27	21.61	21.02	17.59	19.75	19.41	18.46	11.59
主汛期排沙比(%)		69.06	67.40	65.37	44.64	72.46	68.81	64.81	38.95
年排沙比(%)		63.74	62.42	60.53	43.19	64.44	61.44	58.15	36.70
年均主汛期出库沙量(亿 t)		5.69	5.56	5.39	3.68	5.97	5.67	5.34	3.21
水库累计淤积量(亿 m^3)		51.60	52.61	54.05	67.27	51.07	53.36	55.86	72.23

不同冲刷时机32亿 m^3、42亿 m^3、58亿 m^3 和78.6亿 m^3 各方案年排沙比分别为63.74%～64.44%、61.44%～62.42%、58.15%～60.53%和36.70%～43.19%，水库累计淤积量分别为51.07亿～51.60亿 m^3、52.61亿～53.36亿 m^3、54.05亿～55.86亿 m^3 和67.27亿～72.23亿 m^3。两个模型计算结果性质相同，都是降水冲刷开始越早，水库排沙比越大，库区淤积量越少。

C. 水库淤积形态分析

图6-1为库区累计淤积量分别达到32亿 m^3、42亿 m^3、58亿 m^3 和78.6亿 m^3 时的库区淤积形态，坝前淤积面高程分别为200 m、221 m、232 m和247 m，相应年限分别为第2年、第4年、第9年和第12年。由图6-1可知，库区淤积量达32亿 m^3 时，水库坝前淤积面高程低于最低运用水位210 m，三角洲顶点还在距坝大约10 km处，尚未到达坝前，不具备降水冲刷恢复库容的条件，因此降水冲刷时机不易选择太早。淤积量达42亿 m^3 以后，水库具备了降低水位冲刷的条件，因此可以在库区淤积量达42亿 m^3 以后遇到合适的水沙条件降水冲刷恢复库容。但降水冲刷时机也不易选择太晚，当库区淤积量达78.6亿 m^3 时，坝前淤积面高程约为247 m，库区淤积量很大，坝前淤积面过高，此时才开始降水冲刷恢复库容，库区淤积物固结难冲，对冲刷恢复水库库容不利。

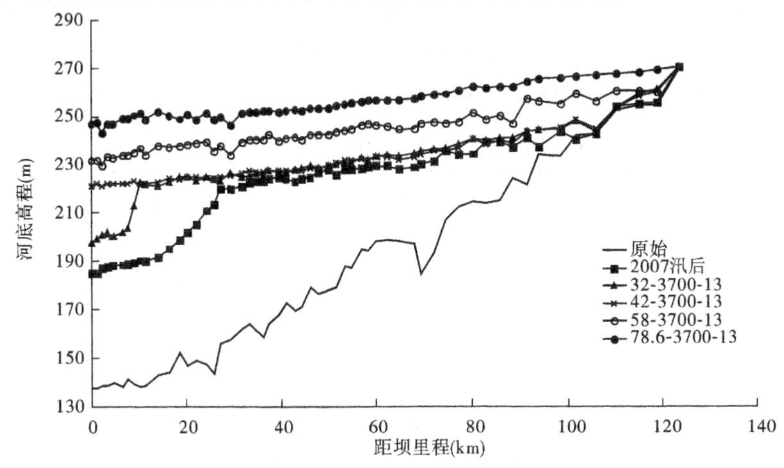

图6-1　水库淤积量达到冲刷时机时库区河槽纵剖面

D. 水库降水冲刷情况分析

统计各方案水库发生降水冲刷的次数、天数和泄空天数，见表6-4。由表6-4可知，从水库发生降水冲刷的次数看，32亿 m^3、42亿 m^3、58亿 m^3 和78.6亿 m^3 方案分别为5次、4次、3次和0次；年均发生天数分别为7.3～7.4 d、6.9～7 d、6.5～6.6 d和0 d；降水冲刷过程中水库年均泄空的天数分别为4.9～6.4 d、4.6～6 d、4.7～5.8 d和0 d，各方案差别不大。由此可见，降水冲刷时机越早，发生降水冲刷的次数和天数越多。

表 6-4　水库降水冲刷情况统计(前 10 年)

项目		32-3700-13		42-3700-13		58-3700-13		78.6-3700-13	
		总计	年均	总计	年均	总计	年均	总计	年均
水动力学模型成果	次数(次)	5	0.5	4	0.4	3	0.3	0	0
	天数(d)	74	7.4	70	7	66	6.6	0	0
	泄空天数(d)	49	4.9	46	4.6	47	4.7	0	0
经验模型成果	次数(次)	5	0.5	4	0.4	3	0.3	0	0
	天数(d)	73	7.3	69	6.9	65	6.5	0	0
	泄空天数(d)	64	6.4	60	6	58	5.8	0	0

E. 水库发电情况分析

表 6-5 为水库各方案年均发电量统计表,降水冲刷时机为 32 亿 m^3、42 亿 m^3、58 亿 m^3 和 78.6 亿 m^3 的各方案的年均发电量分别为 40.20 亿 ~ 46.14 亿 kWh、40.77 亿 ~ 46.47 亿kWh、41.12 亿 ~ 46.65 亿 kWh、42.28 亿 ~ 47.91 亿 kWh。

由此可见,降水冲刷时机越早,发电量越少,但总体而言各方案发电量相差不大。

表 6-5　水库各方案年均发电量统计(前 10 年)

模型	各方案年均发电量(亿 kWh)			
	32-3700-13	42-3700-13	58-3700-13	78.6-3700-13
水动力学模型	46.14	46.47	46.65	47.91
经验模型	40.20	40.77	41.12	42.28

2) 下游情况对比分析

下游的方案计算采取两套数学模型(泥沙水动力学模型、泥沙经验模型)来对比分析方式二不同降水冲刷时机方案下游河道来水来沙条件、冲淤以及减淤情况(包括全断面、主槽、滩地)、拦沙减淤比。

1968 系列方式二调控流量 3 700 m^3/s 下不同降水冲刷时机方案前 10 年进入下游的水沙条件统计见表 6-6、表 6-7,各方案前 10 年下游河道各河段冲淤计算成果则见表 6-8、表 6-9。

表 6-6　调控流量 3 700 m^3/s 不同降水冲刷时机各方案前 10 年下游河道来水来沙条件统计

阶段	方案	小黑武年均来水量（亿 m^3）			小黑武年均来沙量（亿 t）			小黑武流量≥2 600 m^3/s			小黑武流量≥3 700 m^3/s			小黑武流量≥4 000 m^3/s		
		主汛期	非汛期	全年	主汛期	非汛期	全年	年均天数（d）	年均水量（亿 m^3）	年均沙量（亿 t）	年均天数（d）	年均水量（亿 m^3）	年均沙量（亿 t）	年均天数（d）	年均水量（亿 m^3）	年均沙量（亿 t）
1－10	无小浪底	117.4	175.0	292.4	9.26	0.72	9.98	19	59.7	4.20	5	23.0	2.3	4	18.1	1.73
	32-3700	114.0	176.0	290.0	6.30	0.09	6.39	34	112.8	5.42	24	85.4	3.9	3	12.6	2.46
	42-3700	113.4	176.4	289.8	6.16	0.10	6.26	34	112.6	5.30	24	85.1	3.9	3	13.3	2.54
	58-3700	113.3	176.4	289.7	5.98	0.09	6.07	34	112.5	5.22	24	85.0	3.8	3	12.6	2.29
	78.6-3700	109.8	178.6	288.4	4.27	0.09	4.36	34	111.2	3.55	25	85.9	2.6	1	6.4	1.26

表 6-7　调控流量 3 700 m^3/s 不同降水冲刷时机各方案前 10 年下游河道连续大流量水沙条件统计

项目	方案	连续 4 d 及以上				连续 5 d 及以上				连续 6 d 及以上			
		次数（次）	天数（d）	水量（亿 m^3）	沙量（亿 t）	次数（次）	天数（d）	水量（亿 m^3）	沙量（亿 t）	次数（次）	天数（d）	水量（亿 m^3）	沙量（亿 t）
小黑武流量≥2 600 m^3/s	32-3700	27	313	1 042.0	41.80	24	301	1 003.4	30.44	23	296	987.4	30.32
	42-3700	27	310	1 032.7	41.53	24	298	996.6	31.25	22	288	964.6	31.10
	58-3700	29	315	1 049.3	43.30	24	295	985.1	31.40	23	290	969.1	31.28
	78.6-3700	27	310	1 011.3	19.19	24	298	975.2	8.91	24	298	975.2	8.91
小黑武流量≥3 700 m^3/s	32-3700	23	232	800.6	18.51	22	228	785.5	14.36	20	218	753.5	14.20
	42-3700	23	236	812.9	18.69	22	232	799.4	16.33	19	217	751.4	16.14
	58-3700	23	235	811.2	20.21	21	227	782.6	16.13	20	222	766.6	16.01
	78.6-3700	24	250	841.8	9.90	23	246	828.2	7.54	21	236	796.2	7.39
小黑武流量≥4 000 m^3/s	32-3700	1	10	58.0	7.09	1	10	58.0	7.09	1	10	58.0	7.09
	42-3700	1	10	58.2	7.37	1	10	58.2	7.37	1	10	58.2	7.37
	58-3700	1	10	58.2	7.43	1	10	58.2	7.43	1	10	58.2	7.43
	78.6-3700	0	0	0	0	0	0	0	0	0	0	0	0

表 6-8　调控流量 3 700 m^3/s 不同降水冲刷时机各方案前 10 年下游河道冲淤及减淤情况(主槽和滩地)

模型	方案	主槽累计冲淤量(亿 t)					主槽累计减淤量(亿 t)				
		花以上	花—高	高—艾	艾—利	利以上	花以上	花—高	高—艾	艾—利	利以上
水动力学模型	无小浪底	0.42	3.68	1.15	0.74	5.99					
	32-3700	-0.26	0.06	-1.01	-1.20	-2.41	0.69	3.62	2.16	1.94	8.41
	42-3700	-0.26	-0.09	-1.11	-1.24	-2.70	0.68	3.77	2.25	1.98	8.68
	58-3700	-0.27	-0.52	-1.03	-1.47	-3.29	0.69	4.20	2.18	2.21	9.28
	78.6-3700	-0.30	-3.01	-2.13	-2.23	-7.67	0.72	6.69	3.28	2.97	13.66
经验模型	无小浪底	0.59	3.45	1.64	1.07	6.75					
	32-3700	-0.41	-0.63	-0.52	-0.49	-2.05	1.00	4.08	2.16	1.56	8.80
	42-3700	-0.47	-0.76	-0.64	-0.62	-2.49	1.06	4.21	2.28	1.69	9.24
	58-3700	-0.59	-0.78	-0.69	-0.65	-2.71	1.18	4.23	2.33	1.72	9.46
	78.6-3700	-1.07	-2.59	-1.91	-1.81	-7.38	1.66	6.04	3.55	2.88	14.13
模型	方案	滩地累计冲淤量(亿 t)					滩地累计减淤量(亿 t)				
		花以上	花—高	高—艾	艾—利	利以上	花以上	花—高	高—艾	艾—利	利以上
水动力学模型	无小浪底	1.57	11.40	8.02	2.59	23.58					
	32-3700	1.29	4.26	0.37	0.29	6.21	0.28	7.14	7.65	2.30	17.37
	42-3700	1.27	3.61	0.67	0.25	5.80	0.30	7.79	7.35	2.34	17.78
	58-3700	0.84	3.44	0.42	0.60	5.30	0.73	7.96	7.60	1.99	18.28
	78.6-3700	0.03	0.13	0.56	0.24	0.96	1.54	11.27	7.47	2.35	22.63
经验模型	无小浪底	2.97	11.78	5.10	1.28	21.13					
	32-3700	0.84	2.10	0.95	0.75	4.64	2.13	9.68	4.15	0.53	16.49
	42-3700	0.78	1.89	0.91	0.77	4.35	2.19	9.89	4.19	0.51	16.78
	58-3700	0.77	1.69	0.82	0.57	3.85	2.20	10.09	4.28	0.71	17.28
	78.6-3700	0.32	0.02	0.02	0.04	0.40	2.65	11.76	5.08	1.24	20.73

表6-9 调控流量3 700 m^3/s 不同降水冲刷时机各方案前10年下游河道冲淤及减淤情况(全断面)

模型	方案	全断面累计冲淤量(亿t)					全断面累计减淤量(亿t)					水库拦沙量(亿t)	拦沙减淤比
		花以上	花—高	高—艾	艾—利	利以上	花以上	花—高	高—艾	艾—利	利以上		
水动力学模型	无小浪底	1.99	15.09	9.17	3.33	29.58							
	32-3700	1.02	4.32	-0.64	-0.91	3.79	0.97	10.76	9.81	4.24	25.78	35.95	1.39
	42-3700	1.02	3.52	-0.44	-0.99	3.11	0.98	11.57	9.61	4.32	26.48	37.26	1.41
	58-3700	0.57	2.92	-0.61	-0.86	2.02	1.42	12.16	9.78	4.19	27.55	39.13	1.42
	78.6-3700	-0.27	-2.88	-1.57	-1.98	-6.70	2.26	17.96	10.74	5.31	36.27	55.85	1.54
经验模型	无小浪底	3.56	15.23	6.74	2.35	27.88							
	32-3700	0.43	1.47	0.43	0.26	2.59	3.13	13.76	6.31	2.09	25.29	35.95	1.42
	42-3700	0.31	1.13	0.27	0.15	1.86	3.25	14.10	6.47	2.20	26.02	37.26	1.43
	58-3700	0.18	0.91	0.13	-0.08	1.14	3.38	14.32	6.61	2.43	26.74	39.13	1.46
	78.6-3700	-0.75	-2.57	-1.89	-1.77	-6.98	4.31	17.80	8.63	4.12	34.86	55.85	1.60

根据水动力学模型前10年的计算成果,从全断面的冲淤情况来看,无小浪底水库下游河道累计淤积29.58亿t,不同降水冲刷时机32亿 m^3、42亿 m^3、58亿 m^3、78.6亿 m^3 4个方案全下游冲淤量分别为3.79亿t、3.11亿t、2.02亿t、-6.70亿t。从全断面的减淤情况来看,不同降水冲刷时机32亿 m^3、42亿 m^3、58亿 m^3、78.6亿 m^3 4个方案下游河道累计减淤量为25.78亿t、26.48亿t、27.55亿t、36.27亿t;表现出冲刷时机晚,下游减淤稍有增多,跟相应的水库拦沙量成正比。从拦沙减淤比来看,不同降水冲刷时机32亿 m^3、42亿 m^3、58亿 m^3、78.6亿 m^3 4个方案的拦沙减淤比分别为1.39、1.41、1.42、1.54,表现出冲刷时机早,拦沙减淤比相对小一些。从主槽的冲淤情况来看,无小浪底水库下游河道累计淤积5.99亿t,不同降水冲刷时机32亿 m^3、42亿 m^3、58亿 m^3、78.6亿 m^3 4个方案下游河道全河段冲刷量分别为2.41亿t、2.70亿t、3.29亿t、7.67亿t;其中高村以下河段冲刷量分别为2.21亿t、2.35亿t、2.50亿t、4.36亿t。从主槽的减淤情况来看,不同降水冲刷时机32亿 m^3、42亿 m^3、58亿 m^3、78.6亿 m^3 4个方案下游河道累计减淤量为8.41亿t、8.68亿t、9.28亿t、13.66亿t;其中高村以下河段分别减淤4.10亿t、4.23亿t、4.39亿t、6.25亿t,表现出冲刷时机晚,主槽全河段以及高村以下河段减淤量稍有增大。

根据经验模型前10年的计算成果,从全断面的冲淤情况来看,无小浪底水库下游河道累计淤积27.88亿t,不同降水冲刷时机32亿 m^3、42亿 m^3、58亿 m^3、78.6亿 m^3 4个方案全下游冲淤量分别为2.59亿t、1.86亿t、1.14亿t、-6.98亿t。从全断面的减淤情况来看，不同降水冲刷时机32亿m^3、42亿m^3、58亿m^3、78.6亿m^3 4个方案下游河道累计减淤量为25.29亿t、26.02亿t、26.74亿t、34.86亿t；表现出冲刷时机晚，下游减淤稍有增多，跟相应的水库拦沙量成正比。从拦沙减淤比来看，不同降水冲刷时机32亿m^3、42亿m^3、58亿m^3、78.6亿$m^3$4个方案的拦沙减淤比分别为1.42、1.43、1.46、1.60，表现出冲刷时机早，拦沙减淤比相对小一些。从主槽的冲淤情况来看，无小浪底水库下游河道累计淤积6.75亿t，不同降水冲刷时机32亿m^3、42亿m^3、58亿m^3、78.6亿m^3 4个方案下游河道全河段冲刷量分别为2.05亿t、2.49亿t、2.71亿t、7.38亿t；其中高村以下河段冲刷量分别为1.01亿t、1.26亿t、1.34亿t、3.72亿t。从主槽的减淤情况来看，不同降水冲刷时机32亿m^3、42亿m^3、58亿m^3、78.6亿m^3 4个方案下游河道累计减淤量为8.80亿t、9.24亿t、9.46亿t、14.13亿t；其中高村以下河段分别减淤3.72亿t、3.97亿t、4.05亿t、6.43亿t，表现出冲刷时机晚，主槽全河段以及高村以下河段减淤量稍有增大的趋势。

从两个模型计算成果来看，对于前10年而言，调控流量采用3 700 m^3/s情况下，不同降水冲刷时机32亿m^3、42亿m^3、58亿m^3、78.6亿m^3 4个方案水库拦沙量在35.95亿~55.85亿t，随降水冲刷时机的推迟而依次增大。从全下游全断面的冲淤情况来看，水动力学模型计算不同降水冲刷时机32亿m^3、42亿m^3、58亿m^3方案分别淤积3.79亿t、3.11亿t、2.02亿t，78.6亿m^3方案则冲刷6.70亿t；经验模型计算不同降水冲刷时机32亿m^3、42亿m^3、58亿m^3方案分别淤积2.59亿t、1.86亿t、1.14亿t，78.6亿m^3方案则冲刷6.98亿t。两个模型在冲淤性质上保持一致。从减淤角度分析，水动力学模型计算4个方案全下游减淤量在25.78亿~36.27亿t，经验模型计算4个方案全下游减淤量在25.29亿~34.86亿t。从主槽的减淤情况来看，水动力学模型计算4个方案全下游主槽减淤量在8.41亿~13.66亿t，经验模型计算4个方案全下游减淤量在8.80亿~14.13亿t，从各河段主槽的减淤效果来看，水动力学模型计算4个方案高村以下河段减淤量占全下游减淤量的45.8%~48.8%，经验模型计算4个方案高村以下河段减淤量占全下游减淤量的42.3%~45.5%。从全下游拦沙减淤比来看，水动力学模型计算不同降水冲刷时机32亿m^3、42亿m^3、58亿m^3、78.6亿$m^3$4个方案全下游拦沙减淤比在1.39~1.54，经验模型计算全下游拦沙减淤比在1.42~1.60。

综上所述，在调控流量3 700 m^3/s情况下，就调水效果而言，不同降水冲刷时机32亿m^3、42亿m^3、58亿m^3方案大流量所挟带的沙量明显多于78.6亿m^3方案，32亿m^3、42亿m^3、58亿m^3则差别不大，连续大流量洪水所挟带的沙量32亿m^3、42亿m^3、58亿m^3也均比78.6亿m^3方案要多，体现了连续大流量输送更多泥沙的特性。因此，从水沙搭配来看，32亿m^3、42亿m^3、58亿m^3要好于78.6亿m^3方案。从全下游全断面的减淤情况来看，32亿m^3、42亿m^3、58亿m^3方案的减淤量要小于78.6亿m^3方案，但78.6亿m^3方案水库拦沙量要大于32亿m^3、42亿m^3、58亿m^3方案。从全下游拦沙减淤比来看，32亿m^3、42亿m^3、58亿m^3方案明显小于78.6亿m^3方案。从下游河道主槽的冲淤和减淤方面看，4个方案全下游以及高村以下河段均表现为冲刷；减淤方面，32亿m^3、42亿m^3、58亿m^3方案下游河道全河段及高村以下河段的减淤量小于78.6亿m^3方案。

6.2.1.2　拦沙后期计算成果分析

1) 拦沙后期各方案运用年限

各方案拦沙后期运用年限见表 6-10。

表 6-10　水库拦沙后期运用年限统计

方案	拦沙后期运用年限(年)	
	水动力学模型	经验模型
32-3700-13	1 ~ 21	1 ~ 21
42-3700-13	1 ~ 21	1 ~ 20
58-3700-13	1 ~ 20	1 ~ 19
78.6-3700-13	1 ~ 13	1 ~ 12

从表 6-10 中可以看出，各方案拦沙后期结束的时间不同，降水冲刷时机为 32 亿 m^3、42 亿 m^3、58 亿 m^3 和 78.6 亿 m^3 的各方案拦沙后期运用年限分别为 21 年、20 ~ 21 年、19 ~ 20 年和 12 ~ 13 年。降水冲刷时机越早，水库拦沙后期时间越长，但 32 亿 m^3、42 亿 m^3 和 58 亿 m^3 方案拦沙年限相差不大，而 78.6 亿 m^3 的方案拦沙后期明显比其他方案要短。

2) 水库运用情况对比分析

A. 水库调水情况对比分析

统计各方案水库拦沙后期调节情况，水动力学模型统计结果见表 6-11，经验模型统计结果见表 6-12。在对比各个方案整个拦沙后期的水库调节效果时，为了避免由于拦沙后期年限不同而导致的水沙条件不同所带来的各个方案之间的差别，按照 4 个方案中最长的拦沙年限统计水库调节情况进行对比分析。根据数学模型计算的结果，4 个方案的最长拦沙年限为 21 年。水库运用最长的拦沙年限统计见表 6-13 和表 6-14。

(1) 出库流量小于 600 m^3/s 天数。

统计主汛期出库流量小于 600 m^3/s 天数，不同降水冲刷时机 32 亿 m^3、42 亿 m^3、58 亿 m^3 和 78.6 亿 m^3 的各方案的年均天数分别为 6 ~ 6.3 d、5.9 ~ 6.1 d、6.4 ~ 6.6 d 和 6.6 ~ 7.3 d。由此可见，水库运用 21 年，各方案对供水和发电的满足程度差别不大，降水冲刷时机较晚的方案出库流量小于 600 m^3/s 的天数略多。因为降水冲刷时机较晚的方案水库淤积快，较早的进入正常运用期以后，水库的调节能力降低，因此对供水和发电需要的流量满足程度略差。

(2) 花园口流量大于等于 2 600 m^3/s 的情况分析。

方式二不同降水冲刷时机方案，花园口流量大于等于 2 600 m^3/s 的情况，冲刷时机分别为 32 亿 m^3、42 亿 m^3、58 亿 m^3 和 78.6 亿 m^3 的方案，年均天数分别为 17.7 ~ 17.8 d、17.6 d、17.1 ~ 17.6 d 和 16.1 ~ 16.4 d；年均出库沙量分别为 4.01 亿 ~ 4.46 亿 t、3.89 亿 ~ 4.42 亿 t、3.78 亿 ~ 4.3 亿 t 和 3.21 亿 ~ 3.91 亿 t。由此可见，冲刷时机越早，大于等于 2 600 m^3/s 天数越多，出库沙量也越多。

表 6-11　各方案流量调节统计(拦沙后期,水动力学模型)

项目			32-3700-13		42-3700-13		58-3700-13		78.6-3700-13	
			1~21 年		1~21 年		1~20 年		1~13 年	
			总计	年均	总计	年均	总计	年均	总计	年均
出库流量<600 m^3/s 天数(d)			125	5.95	124	5.9	125	6.25	71	5.46
花园口流量≥ 2 600 m^3/s	天数(d)		373	17.76	369	17.57	350	17.5	220	16.92
	天数占主汛期(%)		21.66	21.66	21.43	21.43	21.34	21.34	20.64	20.64
	出库水量(亿 m^3)		1 119.24	53.3	1 101.36	52.45	1 043.6	52.18	631.84	48.6
	出库沙量(亿 t)		93.69	4.46	92.81	4.42	86.9	4.35	34.17	2.63
	沙量占主汛期(%)		86.96	86.96	83.21	83.21	83.92	83.92	81.44	81.44
花园口流量>4 000 m^3/s	天数(d)		31	1.48	31	1.48	31	1.55	8	0.62
	天数占主汛期(%)		1.8	1.8	1.8	1.8	1.89	1.89	0.75	0.75
	出库水量(亿 m^3)		145.88	6.95	145.62	6.93	144.45	7.22	38.17	2.94
	出库沙量(亿 t)		28.28	1.35	29.48	1.4	27.89	1.39	9.07	0.7
	沙量占主汛期(%)		26.25	26.25	26.43	26.43	26.93	26.93	21.62	21.62
800 m^3/s≤花园口流量<2 600 m^3/s	天数(d)		221	10.52	236	11.24	261	13.05	159	12.23
	天数占主汛期(%)		12.83	12.83	13.7	13.7	15.91	15.91	14.92	14.92
	出库水量(亿 m^3)		208.83	9.94	229.34	10.92	265.19	13.26	159.25	12.25
	出库沙量(亿 t)		7.38	0.35	11.87	0.57	10.15	0.51	4.18	0.32
	沙量占主汛期(%)		6.85	6.85	10.65	10.65	9.81	9.81	9.97	9.97
花园口流量≥2 600 m^3/s	单独 1 d	天数(d)	10	0.48	13	0.62	9	0.45	8	0.62
		次数(次)	10	0.48	13	0.62	9	0.45	8	0.62
		水量(亿 m^3)	28.64	1.36	35.75	1.7	25.08	1.25	25.02	1.92
	4 d 以上	天数(d)	332	15.81	321	15.29	301	15.05	184	14.15
		次数(次)	39	1.86	38	1.81	34	1.7	20	1.54
		水量(亿 m^3)	1 088.09	51.81	1 054.83	50.23	991.53	49.58	576.36	44.34
	6 d 以上	天数(d)	275	13.1	273	13	252	12.6	168	12.92
		次数(次)	26	1.24	27	1.29	23	1.15	16	1.23
		水量(亿 m^3)	911.66	43.41	907.44	43.21	841.4	42.07	530.09	40.78

表 6-12　各方案流量调节统计(拦沙后期,经验模型)

项目			32-3700-13		42-3700-13		58-3700-13		78.6-3700-13	
			1～21 年		1～20 年		1～19 年		1～12 年	
			总计	年均	总计	年均	总计	年均	总计	年均
出库流量 < 600 m^3/s 天数(d)			133	6.33	128	6.4	124	6.53	61	5.08
花园口流量 ≥ 2 600 m^3/s		天数(d)	371	17.67	363	18.15	357	18.79	225	18.75
		天数占主汛期(%)	21.54	21.54	22.13	22.13	22.91	22.91	22.87	22.87
		出库水量(亿 m^3)	1 124.96	53.57	1 090.48	54.52	1 069.14	56.27	648.6	54.05
		出库沙量(亿 t)	84.18	4.01	80	4	73.59	3.87	26	2.17
		沙量占主汛期(%)	73.45	73.45	74.35	74.35	78.42	78.42	60.39	60.39
花园口流量 > 4 000 m^3/s		天数(d)	28	1.33	28	1.4	28	1.47	5	0.42
		天数占主汛期(%)	1.63	1.63	1.71	1.71	1.8	1.8	0.51	0.51
		出库水量(亿 m^3)	137.78	6.56	137.75	6.89	137.66	7.25	22.29	1.86
		出库沙量(亿 t)	30.5	1.45	30.47	1.52	29.56	1.56	5.5	0.46
		沙量占主汛期(%)	26.62	26.62	28.31	28.31	31.5	31.5	12.77	12.77
800 m^3/s ≤ 花园口流量 < 2 600 m^3/s		天数(d)	238	11.33	197	9.85	161	8.47	144	12
		天数占主汛期(%)	13.82	13.82	12.01	12.01	10.33	10.33	14.63	14.63
		出库水量(亿 m^3)	206.39	9.83	164.55	8.23	129.97	6.84	143.63	11.97
		出库沙量(亿 t)	14.16	0.67	12.27	0.61	5.77	0.3	7.64	0.64
		沙量占主汛期(%)	12.35	12.35	11.41	11.41	6.15	6.15	17.75	17.75
花园口流量 ≥ 2 600 m^3/s	单独 1 d	天数(d)	10	0.48	6	0.3	7	0.37	9	0.75
		次数(次)	10	0.48	6	0.3	7	0.37	9	0.75
		水量(亿 m^3)	29.18	1.39	16.66	0.83	19.57	1.03	29.04	2.42
	4 d 以上	天数(d)	337	16.05	333	16.65	325	17.11	194	16.17
		次数(次)	38	1.81	38	1.9	36	1.89	19	1.58
		水量(亿 m^3)	1 113.4	53.02	1 091.71	54.59	1 067.34	56.18	605.49	50.46
	6 d 以上	天数(d)	293	13.95	284	14.2	289	15.21	171	14.25
		次数(次)	28	1.33	27	1.35	28	1.47	14	1.17
		水量(亿 m^3)	972.87	46.33	943.07	47.15	955.56	50.29	535.96	44.66

表 6-13　各方案流量调节统计(最长拦沙后期,水动力学模型)

项目			32-3700-13		42-3700-13		58-3700-13		78.6-3700-13	
			1～21 年		1～21 年		1～21 年		1～21 年	
			总计	年均	总计	年均	总计	年均	总计	年均
出库流量<600 m³/s 天数(d)			125	5.95	124	5.9	135	6.43	138	6.57
花园口流量≥2 600 m³/s	天数(d)		373	17.76	369	17.57	360	17.14	339	16.14
	天数占主汛期(%)		21.66	21.66	21.43	21.43	20.91	20.91	19.69	19.69
	出库水量(亿 m³)		1 119.24	53.3	1 101.36	52.45	1 070.47	50.97	973.71	46.37
	出库沙量(亿 t)		93.69	4.46	92.81	4.42	90.26	4.3	82.12	3.91
	沙量占主汛期(%)		86.96	86.96	83.21	83.21	81.26	81.26	74.27	74.27
花园口流量>4 000 m³/s	天数(d)		31	1.48	31	1.48	31	1.48	19	0.9
	天数占主汛期(%)		1.8	1.8	1.8	1.8	1.8	1.8	1.1	1.1
	出库水量(亿 m³)		145.88	6.95	145.62	6.93	144.45	6.88	88.55	4.22
	出库沙量(亿 t)		28.28	1.35	29.48	1.4	27.89	1.33	20.51	0.98
	沙量占主汛期(%)		26.25	26.25	26.43	26.43	25.1	25.1	18.55	18.55
800 m³/s≤花园口流量<2 600 m³/s	天数(d)		221	10.52	236	11.24	294	14	362	17.24
	天数占主汛期(%)		12.83	12.83	13.7	13.7	17.07	17.07	21.02	21.02
	出库水量(亿 m³)		208.83	9.94	229.34	10.92	308.57	14.69	414.37	19.73
	出库沙量(亿 t)		7.38	0.35	11.87	0.57	13.5	0.64	21.59	1.03
	沙量占主汛期(%)		6.85	6.85	10.65	10.65	12.16	12.16	19.53	19.53
花园口流量≥2 600 m³/s	单独 1 d	天数(d)	10	0.48	13	0.62	11	0.52	15	0.71
		次数(次)	10	0.48	13	0.62	11	0.52	15	0.71
		水量(亿 m³)	28.64	1.36	35.75	1.7	30.33	1.44	43.7	2.08
	4 d 以上	天数(d)	332	15.81	321	15.29	306	14.57	279	13.29
		次数(次)	39	1.86	38	1.81	35	1.67	32	1.52
		水量(亿 m³)	1 088.09	51.81	1 054.83	50.23	1 007.73	47.99	886.55	42.22
	6 d 以上	天数(d)	275	13.1	273	13	252	12	245	11.67
		次数(次)	26	1.24	27	1.29	23	1.1	24	1.14
		水量(亿 m³)	911.66	43.41	907.44	43.21	841.4	40.07	785.07	37.38

表 6-14　各方案流量调节统计(最长拦沙后期,经验模型)

项目			32-3700-13		42-3700-13		58-3700-13		78.6-3700-13	
			1 ~ 21 年		1 ~ 21 年		1 ~ 21 年		1 ~ 21 年	
			总计	年均	总计	年均	总计	年均	总计	年均
出库流量 < 600 m^3/s 天数(d)			133	6.33	129	6.14	138	6.57	153	7.29
花园口流量 ≥ 2 600 m^3/s	天数(d)		371	17.67	369	17.57	369	17.57	344	16.38
	天数占主汛期(%)		21.54	21.54	21.43	21.43	21.43	21.43	19.98	19.98
	出库水量(亿 m^3)		1 124.96	53.57	1 108.15	52.77	1 105.33	52.63	989.57	47.12
	出库沙量(亿 t)		84.18	4.01	81.68	3.89	79.34	3.78	67.32	3.21
	沙量占主汛期(%)		73.45	73.45	72.75	72.75	70.77	70.77	61.11	61.11
花园口流量 > 4 000 m^3/s	天数(d)		28	1.33	28	1.33	28	1.33	15	0.71
	天数占主汛期(%)		1.63	1.63	1.63	1.63	1.63	1.63	0.87	0.87
	出库水量(亿 m^3)		137.78	6.56	137.75	6.56	137.66	6.56	70.25	3.35
	出库沙量(亿 t)		30.5	1.45	30.47	1.45	29.56	1.41	17.07	0.81
	沙量占主汛期(%)		26.62	26.62	27.14	27.14	26.37	26.37	15.49	15.49
800 m^3/s ≤ 花园口流量 < 2 600 m^3/s	天数(d)		238	11.33	234	11.14	244	11.62	361	17.19
	天数占主汛期(%)		13.82	13.82	13.59	13.59	14.17	14.17	20.96	20.96
	出库水量(亿 m^3)		206.39	9.83	215.58	10.27	226.94	10.81	406.07	19.34
	出库沙量(亿 t)		14.16	0.67	14.24	0.68	16.38	0.78	27.1	1.29
	沙量占主汛期(%)		12.35	12.35	12.68	12.68	14.61	14.61	24.6	24.6
花园口流量 ≥ 2 600 m^3/s	单独 1 d	天数(d)	10	0.48	7	0.33	9	0.43	19	0.9
		次数(次)	10	0.48	7	0.33	9	0.43	19	0.9
		水量(亿 m^3)	29.18	1.39	19.27	0.92	25.34	1.21	55.57	2.65
	4 d 以上	天数(d)	337	16.05	338	16.1	331	15.76	287	13.67
		次数(次)	38	1.81	39	1.86	37	1.76	31	1.48
		水量(亿 m^3)	1 113.4	53.02	1 107.91	52.76	1 086.38	51.73	905.89	43.14
	6 d 以上	天数(d)	293	13.95	284	13.52	295	14.05	247	11.76
		次数(次)	28	1.33	27	1.29	29	1.38	22	1.05
		水量(亿 m^3)	972.87	46.33	943.07	44.91	974.6	46.41	782.91	37.28

(3)花园口流量大于4 000 m^3/s的情况分析。

从花园口流量大于4 000 m^3/s的天数看,降水冲刷时机较晚的78.6亿m^3的方案的天数相对略少,年均为0.7~0.9 d,其他3个方案的天数基本接近,年均为1.3~1.5 d。从该流量级出库沙量看,冲刷时机为78.6亿m^3的方案出库沙量略少,为0.81亿~0.98亿t;降水冲刷时机分别为32亿m^3、42亿m^3和58亿m^3的方案出库沙量较多,分别为1.35亿~1.45亿t、1.40亿~1.45亿t和1.33亿~1.41亿t,这三个方案差别不大。

(4)花园口流量为800~2 600 m^3/s的情况分析。

不同降水冲刷时机32亿m^3、42亿m^3、58亿m^3和78.6亿m^3的各方案800~2 600 m^3/s流量级年均天数分别为10.5~11.3 d、11.1~11.2 d、11.6~14.0 d和17.2 d,相应出库沙量分别为0.35亿~0.67亿t、0.57亿~0.68亿t、0.64亿~0.78亿t和1.03亿~1.29亿t。由此可见,降水冲刷时机越晚,不利流量级的天数和出库挟带的沙量越多。

(5)花园口流量大于等于2 600 m^3/s流量的连续天数情况。

不同降水冲刷时机32亿m^3、42亿m^3、58亿m^3和78.6亿m^3的各方案,连续4 d以上和连续6 d以上大流量天数,各方案基本接近,冲刷时机早则连续的天数略多,冲刷时机晚则连续的天数相对越少。

B. 水库淤积量和排沙比

分别按照各方案水库拦沙后期完成年限和最长拦沙后期21年统计入出库级配、排沙比和库区淤积量情况见表6-15、表6-16。

由表6-16可以看出,从统计的最长拦沙后期的出库细沙级配结果看,不同冲刷时机的4个方案,水动力学模型平均出库细沙级配的范围为54.96%~56.2%,经验模型为59.54%~60.41%,因此在拦沙后期的最长年限内,各个方案降水冲刷时机的不同对水库拦粗排细的效果影响不大。

不同冲刷时机32亿m^3、42亿m^3、58亿m^3和78.6亿m^3各方案年排沙比分别为62.46%~63.87%、62.68%~64.33%、62.63%~63.98%和62.3%~64.08%,水库累计淤积量分别为76.88亿~78.96亿m^3、76.22亿~78.63亿m^3、76.73亿~78.71亿m^3和76.59亿~79.19亿m^3。拦沙后期结束后,各方案都已经淤满,水库淤积量差别不大,因此各方案排沙比也基本相当。

C. 水库降水冲刷情况分析

统计了各方案水库发生降水冲刷的次数、天数和泄空天数,见表6-17和表6-18。由表6-18可知,水库运用21年,不同冲刷时机32亿m^3、42亿m^3、58亿m^3和78.6亿m^3的各方案分别为12~16次、12~14次、11~13次和6~8次;年均发生天数分别为6.29~7.38 d、6.14~7.0 d、6.05~6.86 d和2.67~3.38 d;降水冲刷过程中水库年均泄空的天数分别为4.19~5.1 d、4.14~4.9 d、3.81~4.86 d和2.05~2.14 d。由此可见,降水冲刷时机越早,发生降水冲刷的次数、天数及泄空天数也越多。

表 6-15　水库入出库级配、排沙比和淤积量(拦沙后期 21 年)

项目		水动力学模型				经验模型			
		32-3700-13	42-3700-13	58-3700-13	78.6-3700-13	32-3700-13	42-3700-13	58-3700-13	78.6-3700-13
		1~21 年	1~21 年	1~20 年	1~13 年	1~21 年	1~20 年	1~19 年	1~12 年
入库级配(%)	细沙	55.25	55.25	55.19	54.9	55.25	55.2	55.1	54.79
	中沙	23.92	23.92	23.94	23.92	23.92	23.94	23.93	24.02
	粗沙	20.83	20.83	20.87	21.18	20.83	20.87	20.97	21.18
出库级配(%)	细沙	55.48	54.96	55.91	62.95	59.54	59.73	61.17	70.72
	中沙	23.13	23.24	22.91	19.75	20.95	20.89	20.32	14.83
	粗沙	21.38	21.79	21.18	17.3	19.51	19.38	18.51	14.44
主汛期排沙比(%)		66.76	69.12	67.3	41.91	71.02	69.93	64.86	43.91
年排沙比(%)		62.46	64.33	62.54	40.55	63.87	62.77	58.45	40.9
年均主汛期出库沙量(亿 t)		5.13	5.31	5.18	3.23	5.46	5.38	4.94	3.59
水库累计淤积量(亿 m^3)		78.96	76.22	76.6	78.53	76.88	76.26	78.61	77.01

表 6-16　水库入出库级配、排沙比和淤积量（最长拦沙后期 21 年）

项目		水动力学模型				经验模型			
		32-3700-13	42-3700-13	58-3700-13	78.6-3700-13	32-3700-13	42-3700-13	58-3700-13	78.6-3700-13
		1～21 年	1～21 年	1～21 年	1～21 年	1～21 年	1～21 年	1～21 年	1～21 年
入库级配（%）	细沙	55.25	55.25	55.25	55.25	55.25	55.25	55.25	55.25
	中沙	23.92	23.92	23.92	23.92	23.92	23.92	23.92	23.92
	粗沙	20.83	20.83	20.83	20.83	20.83	20.83	20.83	20.83
出库级配（%）	细沙	55.48	54.96	55.52	56.2	59.54	59.85	59.92	60.41
	中沙	23.13	23.24	22.95	22.78	20.95	20.82	20.85	20.39
	粗沙	21.38	21.79	21.54	21.02	19.51	19.33	19.23	19.2
主汛期排沙比（%）		66.76	69.12	68.83	68.52	71.02	69.57	69.47	68.26
年排沙比（%）		62.46	64.33	63.98	64.08	63.87	62.68	62.63	62.3
年均主汛期出库沙量（亿 t）		5.13	5.31	5.29	5.27	5.46	5.35	5.34	5.25
水库累计淤积量（亿 m^3）		78.96	76.22	76.73	76.59	76.88	78.63	78.71	79.19

表6-17　水库降水冲刷情况统计(拦沙后期)

项目		32-3700-13		42-3700-13		58-3700-13		78.6-3700-13	
		总计	年均	总计	年均	总计	年均	总计	年均
水动力学模型成果	拦沙后期年限(年)	1~21		1~21		1~20		1~13	
	次数(次)	16	0.76	14	0.67	12	0.6	0	0
	天数(d)	155	7.38	147	7	140	7	0	0
	泄空天数(d)	88	4.19	87	4.14	79	3.95	0	0
经验模型成果	拦沙后期年限(年)	1~21		1~20		1~19		1~12	
	次数(次)	12	0.57	11	0.55	10	0.53	0	0
	天数(d)	132	6.29	128	6.4	124	6.53	0	0
	泄空天数(d)	107	5.1	103	5.15	102	5.37	0	0

表6-18　水库降水冲刷情况统计(最长拦沙后期21年)

项目		32-3700-13		42-3700-13		58-3700-13		78.6-3700-13	
		总计	年均	总计	年均	总计	年均	总计	年均
水动力学模型成果	次数(次)	16	0.76	14	0.67	13	0.62	8	0.38
	天数(d)	155	7.38	147	7	144	6.86	71	3.38
	泄空天数(d)	88	4.19	87	4.14	80	3.81	43	2.05
经验模型成果	次数(次)	12	0.57	12	0.57	11	0.52	6	0.29
	天数(d)	132	6.29	129	6.14	127	6.05	56	2.67
	泄空天数(d)	107	5.1	103	4.9	102	4.86	45	2.14

D.水库发电情况分析

各方案按各自拦沙年限统计年均发电量见表6-19,按最长拦沙年限统计年均发电量见表6-20。由表6-20可知,水库运用21年,降水冲刷时机为32亿 m^3、42亿 m^3、58亿 m^3 和78.6亿 m^3 的各方案的年均发电量分别为41.36亿~47.46亿kWh、41.97亿~47.71亿kWh、42.27亿~48.22亿kWh、43.74亿~49.22亿kWh。

由此可见,降水冲刷时机越早,发电量越少,但总体而言,各方案发电量相差不大。

表 6-19 水库各方案年均发电量统计(拦沙后期)

模型	项目	方案			
		32-3700-13	42-3700-13	58-3700-13	78.6-3700-13
水动力学模型	拦沙后期年限(年)	1~21	1~21	1~20	1~13
	年均发电量(亿 kWh)	47.46	47.71	48.34	48.88
经验模型	拦沙后期年限(年)	1~21	1~20	1~19	1~12
	年均发电量(亿 kWh)	41.36	41.93	42.51	43.58

表 6-20 水库各方案年均发电量统计(最长拦沙后期 21 年)

模型	不同方案的年均发电量(亿 kWh)			
	32-3700-13	42-3700-13	58-3700-13	78.6-3700-13
水动力学模型	47.46	47.71	48.22	49.22
经验模型	41.36	41.97	42.27	43.74

3)下游情况对比分析

1968 系列方式二调控流量 3 700 m^3/s 下不同降水冲刷时机方案 32 亿 m^3、42 亿 m^3、58 亿 m^3、78.6 亿 m^3 水库拦沙期年限分别为 21 年、21 年、20 年和 13 年,32 亿 m^3 和 42 亿 m^3 方案拦沙期年限最长,78.6 亿 m^3 方案拦沙期年限最短。

拦沙期下游河道各河段冲淤计算成果见表 6-21、表 6-22。

1968 系列方式二调控流量 3 700 m^3/s 下不同降水冲刷时机各方案水库运用最长拦沙年限(21 年)进入下游的水沙条件统计见表 6-23、表 6-24,各方案水库运用最长拦沙年限(21 年)下游河道各河段冲淤计算成果则见表 6-25、表 6-26。

从全断面的冲淤情况来看,无小浪底水库下游河道累计淤积 70.05 亿 t,不同降水冲刷时机 32 亿 m^3、42 亿 m^3、58 亿 m^3、78.6 亿 m^3 4 个方案全下游淤积量分别为 14.19 亿 t、17.46 亿 t、17.71 亿 t、18.75 亿 t。从全断面的减淤情况来看,不同降水冲刷时机 32 亿 m^3、42 亿 m^3、58 亿 m^3、78.6 亿 m^3 4 个方案下游河道累计减淤量为 55.85 亿 t、52.60 亿 t、52.33 亿 t、51.30 亿 t;和前 10 年有所相反,前 21 年表现出冲刷时机早,下游减淤稍有增多。从拦沙减淤比来看,不同降水冲刷时机 32 亿 m^3、42 亿 m^3、58 亿 m^3、78.6 亿 m^3 4 个方案的拦沙减淤比分别为 1.28、1.29、1.31、1.38,表现出冲刷时机越早,拦沙减淤比越小。从主槽的冲淤情况来看,无小浪底水库下游河道累计淤积 18.17 亿 t,不同降水冲刷时机 32 亿 m^3、42 亿 m^3、58 亿 m^3、78.6 亿 m^3 4 个方案下游河道全河段冲淤量分别为 0.79 亿 t、2.18 亿 t、3.52 亿 t、4.68 亿 t;其中高村以下河段冲淤量分别为 1.50 亿 t、1.27 亿 t、

1.72 亿 t、2.77 亿 t。从主槽的减淤情况来看，不同降水冲刷时机 32 亿 m^3、42 亿 m^3、58 亿 m^3、78.6 亿 m^3 4 个方案下游河道累计减淤量为 17.39 亿 t、15.99 亿 t、14.66 亿 t、13.49 亿 t；其中高村以下河段分别减淤 5.25 亿 t、5.49 亿 t、5.04 亿 t、3.99 亿 t，分别占全河段减淤量的 30.2%、34.3%、34.4%、29.6%。

表 6-21　不同冲刷时机各方案拦沙期下游河道冲淤及减淤情况(水动力学模型)

方案	年限(年)	主槽累计冲淤量(亿 t)					主槽年均减淤量(亿 t)					年均拦沙(亿 t)	拦沙减淤比
		花以上	花—高	高—艾	艾—利	利以上	花以上	花—高	高—艾	艾—利	利以上		
无小浪底	1~13	0.14	4.90	1.85	1.17	8.06							
无小浪底	1~20	1.90	9.42	3.11	2.98	17.41							
无小浪底	1~21	1.81	9.61	3.38	3.37	18.17							
32-3700	1~21	-0.20	-0.52	0.67	0.84	0.79	0.10	0.48	0.13	0.12	0.83		
42-3700	1~21	0.26	0.66	0.72	0.54	2.18	0.07	0.43	0.13	0.13	0.76		
58-3700	1~20	-0.10	2.01	0.76	0.25	2.92	0.10	0.37	0.12	0.14	0.73		
78.6-3700	1~13	-0.96	-4.04	-1.86	-2.61	-9.47	0.08	0.69	0.29	0.29	1.35		

方案	年限(年)	滩地累计冲淤量(亿 t)					滩地年均减淤量(亿 t)					年均拦沙(亿 t)	拦沙减淤比
		花以上	花—高	高—艾	艾—利	利以上	花以上	花—高	高—艾	艾—利	利以上		
无小浪底	1~13	1.79	12.18	7.21	3.10	24.28							
无小浪底	1~20	3.49	27.25	15.42	5.79	51.95							
无小浪底	1~21	2.56	27.51	15.43	6.37	51.87							
32-3700	1~21	1.56	7.76	2.93	1.16	13.41	0.05	0.94	0.60	0.25	1.84		
42-3700	1~21	2.01	9.32	2.62	1.31	15.26	0.03	0.87	0.61	0.24	1.75		
58-3700	1~20	2.45	7.77	3.04	1.70	14.96	0.05	0.97	0.62	0.20	1.84		
78.6-3700	1~13	0.19	0.02	0.78	0.65	1.64	0.12	0.94	0.50	0.19	1.75		

方案	年限(年)	全断面累计冲淤量(亿 t)					全断面年均减淤量(亿 t)					年均拦沙(亿 t)	拦沙减淤比
		花以上	花—高	高—艾	艾—利	利以上	花以上	花—高	高—艾	艾—利	利以上		
无小浪底	1~13	1.93	17.08	9.06	4.28	32.35							
无小浪底	1~20	5.38	36.66	18.53	8.77	69.34							
无小浪底	1~21	4.38	37.12	18.81	9.74	70.05							
32-3700	1~21	1.36	7.24	3.59	2.00	14.19	0.14	1.42	0.72	0.37	2.65	3.41	1.28
42-3700	1~21	2.27	9.99	3.34	1.86	17.46	0.10	1.29	0.74	0.38	2.51	3.24	1.29
58-3700	1~20	2.35	9.78	3.79	1.96	17.88	0.15	1.34	0.74	0.34	2.57	3.42	1.33
78.6-3700	1~13	-0.78	-4.02	-1.09	-1.97	-7.86	0.21	1.62	0.78	0.48	3.09	4.14	1.34

表 6-22　不同冲刷时机各方案拦沙期下游河道冲淤及减淤情况(经验模型)

方案	年限(年)	主槽累计冲淤量(亿 t)					主槽年均减淤量(亿 t)					年均拦沙(亿 t)	拦沙减淤比
		花以上	花—高	高—艾	艾—利	利以上	花以上	花—高	高—艾	艾—利	利以上		
无小浪底	1～13	0.49	3.45	2.34	1.25	7.53							
无小浪底	1～20	1.89	8.57	2.75	1.94	15.15							
无小浪底	1～21	1.95	9.26	3.05	2.14	16.40							
32-3700	1～21	0.30	0.81	0.45	0.13	1.69	0.08	0.40	0.12	0.10	0.70		
42-3700	1～21	0.37	0.84	0.51	0.24	1.96	0.08	0.40	0.12	0.09	0.69		
58-3700	1～20	0.41	0.96	0.53	0.21	2.11	0.07	0.38	0.11	0.09	0.65		
78.6-3700	1～13	-1.69	-3.29	-1.60	-1.69	-8.27	0.17	0.52	0.30	0.23	1.22		

方案	年限(年)	滩地累计冲淤量(亿 t)					滩地年均减淤量(亿 t)					年均拦沙(亿 t)	拦沙减淤比
		花以上	花—高	高—艾	艾—利	利以上	花以上	花—高	高—艾	艾—利	利以上		
无小浪底	1～13	3.62	14.70	6.90	2.28	27.50							
无小浪底	1～20	7.19	25.00	10.20	6.79	49.18							
无小浪底	1～21	7.26	24.79	10.12	6.79	48.96							
32-3700	1～21	0.84	6.46	0.96	0.95	9.21	0.31	0.87	0.44	0.28	1.90		
42-3700	1～21	1.38	7.87	1.11	1.11	11.47	0.28	0.81	0.43	0.27	1.79		
58-3700	1～20	1.06	7.33	1.14	1.21	10.74	0.31	0.88	0.45	0.28	1.92		
78.6-3700	1～13	0.02	0.18	0.03	0.06	0.29	0.23	1.04	0.42	0.17	1.86		

方案	年限(年)	全断面累计冲淤量(亿 t)					全断面年均减淤量(亿 t)					年均拦沙(亿 t)	拦沙减淤比
		花以上	花—高	高—艾	艾—利	利以上	花以上	花—高	高—艾	艾—利	利以上		
无小浪底	1～13	4.11	18.15	9.24	3.53	35.03							
无小浪底	1～20	9.08	33.57	12.95	8.73	64.33							
无小浪底	1～21	9.21	34.05	13.17	8.93	65.36							
32-3700	1～21	1.14	7.27	1.41	1.08	10.90	0.38	1.28	0.56	0.37	2.59	3.41	1.31
42-3700	1～21	1.75	8.71	1.62	1.35	13.43	0.36	1.21	0.55	0.36	2.48	3.24	1.31
58-3700	1～20	1.47	8.29	1.67	1.42	12.85	0.38	1.26	0.56	0.37	2.57	3.42	1.33
78.6-3700	1～13	-1.67	-3.11	-1.57	-1.63	-7.98	0.40	1.56	0.72	0.40	3.08	4.14	1.35

表 6-23 调控流量 3 700 m³/s 不同降水冲刷时机各方案水库运用最长拦沙年限(21 年)下游河道来水来沙条件统计

阶段	方案	小黑武年均来水量(亿 m³)			小黑武年均来沙量(亿 t)			小黑武流量≥2 600 m³/s			小黑武流量≥3 700 m³/s			小黑武流量>4 000 m³/s		
		主汛期	非汛期	全年	主汛期	非汛期	全年	年均天数(d)	年均水量(亿 m³)	年均沙量(亿 t)	年均天数(d)	年均水量(亿 m³)	年均沙量(亿 t)	年均天数(d)	年均水量(亿 m³)	年均沙量(亿 t)
1~21	无小浪底	113.4	168.0	281.4	8.50	0.63	9.13	13	40.9	3.33	3	14.3	1.50	2	11.3	1.17
	32-3700	110.7	168.5	279.2	5.60	0.13	5.73	31	100.9	4.77	23	78.8	3.18	3	14.1	1.76
	42-3700	110.6	168.6	279.2	5.77	0.13	5.90	30	100.1	4.72	22	77.2	3.13	3	13.9	1.73
	58-3700	111.7	167.5	279.2	5.74	0.12	5.86	30	97.1	4.60	21	74.6	3.07	3	13.7	1.66
	78.6-3700	111.0	168.2	279.2	5.75	0.12	5.87	29	92.8	4.24	20	69.7	2.70	3	10.5	1.25

表 6-24 调控流量 3 700 m³/s 不同降水冲刷时机各方案水库运用最长拦沙年限(21 年)下游河道连续大流量水沙条件统计

项目	方案	连续 4 d 及以上				连续 5 d 及以上				连续 6 d 及以上			
		次数(次)	天数(d)	水量(亿 m³)	沙量(亿 t)	次数(次)	天数(d)	水量(亿 m³)	沙量(亿 t)	次数(次)	天数(d)	水量(亿 m³)	沙量(亿 t)
小黑武流量≥2 600 m³/s	32-3700	56	586	1 950.2	79.72	48	554	1 854.9	60.72	42	524	1 756.5	54.31
	42-3700	52	553	1 847.7	75.78	46	529	1 778.8	59.40	39	494	1 664.1	54.97
	58-3700	56	576	1 920.0	78.12	47	540	1 810.4	59.55	42	515	1 728.6	55.24
	78.6-3700	49	524	1 720.3	58.35	43	500	1 650.8	42.24	40	485	1 601.5	34.53
小黑武流量≥3 700 m³/s	32-3700	44	444	1 534.6	35.85	40	428	1 477.8	25.82	35	403	1 396.6	25.31
	42-3700	43	436	1 512.1	41.64	40	424	1 470.9	35.17	33	389	1 356.4	32.45
	58-3700	43	445	1 540.2	40.21	40	433	1 497.7	33.43	35	408	1 416.3	32.29
	78.6-3700	38	398	1 364.1	25.12	35	386	1 322.3	18.68	30	361	1 240.0	14.37
小黑武流量>4 000 m³/s	32-3700	2	14	84.4	9.06	1	10	58.0	7.09	1	10	58.0	7.09
	42-3700	2	14	85.2	11.34	1	10	58.2	7.37	1	10	58.2	7.37
	58-3700	2	14	84.6	9.60	1	10	58.2	7.43	1	10	58.2	7.43
	78.6-3700	1	4	26.6	3.07	0	0	0	0	0	0	0	0

表 6-25 调控流量 3 700 m^3/s 不同降水冲刷时机各方案水库运用最长拦沙年限(21 年)模型计算下游河道冲淤及减淤情况(主槽和滩地)

模型	方案	主槽累计冲淤量(亿 t)					主槽累计减淤量(亿 t)				
		花以上	花—高	高—艾	艾—利	利以上	花以上	花—高	高—艾	艾—利	利以上
水动力学模型	无小浪底	1.81	9.61	3.38	3.37	18.17					
	32-3700	-0.20	-0.52	0.67	0.84	0.79	2.01	10.13	2.72	2.53	17.39
	42-3700	0.26	0.66	0.72	0.54	2.18	1.56	8.95	2.66	2.82	15.99
	58-3700	-0.20	2.00	1.11	0.61	3.52	2.01	7.61	2.28	2.76	14.66
	78.6-3700	0.75	1.17	1.62	1.14	4.68	1.06	8.44	1.76	2.23	13.49
经验模型	无小浪底	1.95	9.26	3.05	2.14	16.40					
	32-3700	0.30	0.81	0.45	0.13	1.69	1.65	8.45	2.60	2.01	14.71
	42-3700	0.37	0.84	0.51	0.24	1.96	1.58	8.42	2.54	1.90	14.44
	58-3700	0.45	1.04	0.59	0.31	2.39	1.50	8.22	2.46	1.83	14.01
	78.6-3700	0.34	1.48	0.67	0.28	2.77	1.61	7.78	2.38	1.86	13.63

模型	方案	滩地累计冲淤量(亿 t)					滩地累计减淤量(亿 t)				
		花以上	花—高	高—艾	艾—利	利以上	花以上	花—高	高—艾	艾—利	利以上
水动力学模型	无小浪底	2.56	27.51	15.43	6.37	51.87					
	32-3700	1.56	7.76	2.93	1.16	13.41	1.00	19.75	12.50	5.21	38.46
	42-3700	2.01	9.32	2.62	1.31	15.26	0.55	18.19	12.81	5.06	36.61
	58-3700	1.44	7.98	3.02	1.75	14.19	1.12	19.53	12.40	4.62	37.67
	78.6-3700	0.74	8.62	2.92	1.78	14.06	1.82	18.89	12.51	4.59	37.81
经验模型	无小浪底	7.26	24.79	10.12	6.79	48.96					
	32-3700	0.84	6.46	0.96	0.95	9.21	6.42	18.33	9.16	5.84	39.75
	42-3700	1.38	7.87	1.11	1.11	11.47	5.88	16.92	9.01	5.68	37.49
	58-3700	1.13	7.87	1.24	1.18	11.42	6.14	16.93	8.88	5.61	37.56
	78.6-3700	1.63	7.52	1.60	1.33	12.08	5.63	17.27	8.52	5.46	36.88

表 6-26　调控流量 3 700 m^3/s 不同降水冲刷时机各方案水库运用最长拦沙年限(21 年)模型计算下游河道冲淤及减淤情况

模型	方案	全断面累计冲淤量(亿 t)					全断面累计减淤量(亿 t)					年均拦沙(亿 t)	拦沙减淤比
		花以上	花—高	高—艾	艾—利	利以上	花以上	花—高	高—艾	艾—利	利以上		
水动力学模型	无小浪底	4.38	37.12	18.81	9.74	70.05							
	32-3700	1.36	7.24	3.59	2.00	14.19	3.01	29.88	15.22	7.74	55.85	71.51	1.28
	42-3700	2.27	9.99	3.34	1.86	17.46	2.11	27.13	15.47	7.89	52.60	67.95	1.29
	58-3700	1.24	9.98	4.13	2.36	17.71	3.13	27.14	14.68	7.38	52.33	68.61	1.31
	78.6-3700	1.49	9.79	4.54	2.93	18.75	2.88	27.33	14.27	6.82	51.30	70.69	1.38
经验模型	无小浪底	9.21	34.05	13.17	8.93	65.36							
	32-3700	1.14	7.27	1.41	1.08	10.90	8.07	26.78	11.76	7.85	54.46	71.51	1.31
	42-3700	1.75	8.71	1.62	1.35	13.43	7.46	25.34	11.55	7.58	51.93	67.95	1.31
	58-3700	1.58	8.91	1.83	1.49	13.81	7.64	25.15	11.34	7.44	51.57	68.61	1.33
	78.6-3700	1.96	9.00	1.96	1.62	14.54	7.25	25.05	11.21	7.31	50.82	70.69	1.39

根据经验模型水库运用最长拦沙年限前 21 年的计算成果(见表 6-25、表 6-26),从全断面的冲淤情况来看,无小浪底水库下游河道累计淤积 65.36 亿 t,不同降水冲刷时机 32 亿 m^3、42 亿 m^3、58 亿 m^3、78.6 亿 m^3 4 个方案全下游淤积量分别为 10.90 亿 t、13.43 亿 t、13.81 亿 t、14.54 亿 t。从全断面的减淤情况来看,不同降水冲刷时机 32 亿 m^3、42 亿 m^3、58 亿 m^3、78.6 亿 m^3 4 个方案下游河道累计减淤量为 54.46 亿 t、51.93 亿 t、51.57 亿 t、50.82 亿 t;和前 10 年有所相反,前 21 年表现出冲刷时机早,下游减淤稍有增多。从拦沙减淤比来看,不同降水冲刷时机 32 亿 m^3、42 亿 m^3、58 亿 m^3、78.6 亿 m^3 4 个方案的拦沙减淤比分别为 1.31、1.31、1.33、1.39,表现出冲刷时机早,拦沙减淤比相对小一些。从主槽的冲淤情况来看,无小浪底水库下游河道累计淤积 16.40 亿 t,不同降水冲刷时机 32 亿 m^3、42 亿 m^3、58 亿 m^3、78.6 亿 m^3 4 个方案下游河道全河段冲淤量分别为1.69 亿 t、1.96 亿 t、2.39 亿 t、2.77 亿 t;其中高村以下河段冲淤量分别为 0.58 亿 t、0.75 亿 t、0.90 亿 t、0.95 亿 t。从主槽的减淤情况来看,不同降水冲刷时机 32 亿 m^3、42 亿 m^3、58 亿 m^3、78.6 亿 m^3 4 个方案下游河道累计减淤量为 14.71 亿 t、14.44 亿 t、14.01 亿 t、13.63 亿 t;其中高村以下河段分别减淤 4.61 亿 t、4.44 亿 t、4.29 亿 t、4.24 亿 t ,分别占全河段减淤量的 31.3%、30.7%、30.6%、31.3%。

从两个模型计算成果来看,对于水库运用最长拦沙年限前 21 年而言,调控流量采用 3 700 m^3/s 情况下,不同降水冲刷时机 32 亿 m^3、42 亿 m^3、58 亿 m^3、78.6 亿 m^3 4 个方案水库拦沙量在 67.95 亿~71.51 亿 t。从全下游全断面的冲淤情况来看,水动力学模型计算不同降水冲刷时机 32 亿 m^3、42 亿 m^3、58 亿 m^3 和 78.6 亿 m^3 方案分别淤积 14.19 亿 t、

17.46 亿 t、17.71 亿 t 和 18.75 亿 t；经验模型计算不同降水冲刷时机 32 亿 m^3、42 亿 m^3、58 亿 m^3 和 78.6 亿 m^3 方案分别淤积 10.90 亿 t、13.43 亿 t、13.81 亿 t、14.54 亿 t。两个模型冲淤性质上保持一致。从减淤角度分析，水动力学模型计算 4 个方案全下游减淤量在 51.30 亿～55.85 亿 t，经验模型计算 4 个方案全下游减淤量在 50.82 亿～54.46 亿 t。从主槽的减淤情况来看，水动力学模型计算 4 个方案全下游主槽减淤量在 13.49 亿～17.39 亿 t，经验模型计算 4 个方案全下游减淤量在 13.63 亿～14.71 亿 t，从各河段主槽的减淤效果来看，水动力学模型计算 4 个方案高村以下河段减淤量占全下游减淤量的 29.6%～34.4%，经验模型计算 4 个方案高村以下河段减淤量占全下游减淤量的 30.6%～32.6%。从全下游拦沙减淤比来看，水动力学模型计算不同降水冲刷时机 32 亿 m^3、42 亿 m^3、58 亿 m^3、78.6 亿 m^3 4 个方案全下游拦沙减淤比在 1.28～1.38，经验模型计算全下游拦沙减淤比在 1.31～1.39。

综上所述，根据两个模型水库运用最长拦沙年限 21 年下游的计算结果，调控流量采用 3 700 m^3/s 的情况下，就进入下游的水沙条件而言，不同降水冲刷时机 32 亿 m^3、42 亿 m^3、58 亿 m^3、78.6 亿 m^3 4 个方案小黑武流量大于 2 600 m^3/s 和 3 700 m^3/s 的天数和水量依次减小，表现出降水冲刷时机早，其进入下游的水沙搭配要好一些。从进入下游连续大流量洪水的情况来看，不同降水冲刷时机 32 亿 m^3、42 亿 m^3、58 亿 m^3 方案小黑武流量大于 3 700 m^3/s 连续 4～6 d 的次数、天数和水量比 78.6 亿 m^3 方案明显要多。从拦沙期下游全断面的减淤情况来看，降水冲刷时机早一些，下游减淤效果好一些。从全下游拦沙减淤比来看，表现出降水冲刷时机早，拦沙减淤比相对小一些。总体来看，从下游河道主槽的冲淤和减淤方面看，不论全河段还是高村以下河段，均表现出冲刷时机早，减淤效果要稍好一些。

6.2.2　调控上限流量采用 2 600 m^3/s 的各方案对比分析

6.2.2.1　前 10 年计算成果分析

1）水库运用情况对比分析

A. 水库调水情况对比分析

水库运用前 10 年调水情况统计见表 6-27 和表 6-28。

（1）出库流量小于 600 m^3/s 的天数。

统计主汛期出库流量小于 600 m^3/s，不同降水冲刷时机 32 亿 m^3、42 亿 m^3、58 亿 m^3 和 78.6 亿 m^3 的各方案出库流量小于 600 m^3/s 的年均天数分别为 6.2～6.6 d、6.1 d、5.5～5.7 d和 5.5～5.7 d，4 个方案相差不大。

（2）花园口流量大于等于 2 600 m^3/s 的情况分析。

不同降水冲刷时机，花园口流量大于等于 2 600 m^3/s 的天数略有差别，降水冲刷时机早。降水冲刷时机为 32 亿 m^3、42 亿 m^3、58 亿 m^3 和 78.6 亿 m^3 的各方案该流量级年均出库沙量为 4.58 亿～5.13 亿 t、4.37 亿～4.96 亿 t、4.23 亿～4.80 亿 t 和 2.25 亿～3.1 亿 t。

由此可见，两个数学模型计算结果性质相同，降水冲刷时机越早，大于 2 600 m^3/s 流量级挟带的沙量越多，32 亿 m^3、42 亿 m^3 和 58 亿 m^3 的 3 个方案的差别相对较小，而 78.6

亿 m^3 方案挟带的沙量与其他方案相比则明显较小。

表 6-27　各方案流量调节统计(前 10 年,水动力学模型)

项目			方案							
			32-2600-8		42-2600-8		58-2600-8		78.6-2600-8	
			总计	年均	总计	年均	总计	年均	总计	年均
出库流量 <600 m^3/s 天数(d)			62	6.2	61	6.1	57	5.7	57	5.7
花园口流量 ≥ 2 600 m^3/s		天数(d)	238	23.8	238	23.8	238	23.8	237	23.7
		天数占主汛期(%)	29.02	29.02	29.02	29.02	29.02	29.02	28.9	28.9
		出库水量(亿 m^3)	640.49	64.05	638.54	63.85	634.76	63.48	604.31	60.43
		出库沙量(亿 t)	51.29	5.13	49.63	4.96	47.96	4.8	30.95	3.1
		沙量占主汛期(%)	86.68	86.68	86.17	86.17	87.03	87.03	82.24	82.24
花园口流量 >4 000 m^3/s		天数(d)	18	1.8	18	1.8	18	1.8	6	0.6
		天数占主汛期(%)	2.2	2.2	2.2	2.2	2.2	2.2	0.73	0.73
		出库水量(亿 m^3)	88.44	8.84	88.2	8.82	88.18	8.82	29.75	2.98
		出库沙量(亿 t)	18.14	1.81	17.84	1.78	18.12	1.81	8.12	0.81
		沙量占主汛期(%)	30.66	30.66	30.98	30.98	32.88	32.88	21.58	21.58
800 m^3/s ≤花园口流量 <2 600 m^3/s		天数(d)	75	7.5	71	7.1	72	7.2	72	7.2
		天数占主汛期(%)	9.15	9.15	8.66	8.66	8.78	8.78	8.78	8.78
		出库水量(亿 m^3)	55.58	5.56	49.77	4.98	50.13	5.01	47.26	4.73
		出库沙量(亿 t)	3.85	0.39	3.74	0.37	3.26	0.33	2.92	0.29
		沙量占主汛期(%)	6.51	6.51	6.49	6.49	5.91	5.91	7.77	7.77
花园口流量 ≥2 600 m^3/s	单独 1 d	天数(d)	2	0.2	3	0.3	4	0.4	4	0.4
		次数(次)	2	0.2	3	0.3	4	0.4	4	0.4
		水量(亿 m^3)	5.55	0.55	7.86	0.79	11.83	1.18	11.83	1.18
	4 d 以上	天数(d)	211	21.1	216	21.6	215	21.5	216	21.6
		次数(次)	23	2.3	22	2.2	22	2.2	23	2.3
		水量(亿 m^3)	614.27	61.43	629.41	62.94	621.04	62.1	597.26	59.73
	6 d 以上	天数(d)	198	19.8	203	20.3	207	20.7	208	20.8
		次数(次)	20	2	19	1.9	20	2	21	2.1
		水量(亿 m^3)	577.94	57.79	592.95	59.3	600.02	60	576.24	57.62

表 6-28　各方案流量调节统计(前 10 年,经验模型)

项目			方案							
			32-2600-8		42-2600-8		58-2600-8		78.6-2600-8	
			总计	年均	总计	年均	总计	年均	总计	年均
出库流量<600 m^3/s 天数(d)			66	6.6	61	6.1	55	5.5	55	5.5
花园口流量 ≥2 600 m^3/s	天数(d)		239	23.9	237	23.7	240	24	240	24
	天数占主汛期(%)		29.15	29.15	28.9	28.9	29.27	29.27	29.27	29.27
	出库水量(亿 m^3)		639.7	63.97	633.64	63.36	636.41	63.64	603.46	60.35
	出库沙量(亿 t)		45.75	4.58	43.65	4.37	42.32	4.23	22.54	2.25
	沙量占主汛期(%)		76.2	76.2	77	77	79.03	79.03	68.21	68.21
花园口流量 >4 000 m^3/s	天数(d)		18	1.8	18	1.8	18	1.8	4	0.4
	天数占主汛期(%)		2.2	2.2	2.2	2.2	2.2	2.2	0.49	0.49
	出库水量(亿 m^3)		90.34	9.03	90.31	9.03	89.83	8.98	18.47	1.85
	出库沙量(亿 t)		20.85	2.08	20.8	2.08	19.91	1.99	5.34	0.53
	沙量占主汛期(%)		34.72	34.72	36.69	36.69	37.18	37.18	16.16	16.16
800 m^3/s ≤花园口流量 <2 600 m^3/s	天数(d)		78	7.8	76	7.6	72	7.2	70	7
	天数占主汛期(%)		9.51	9.51	9.27	9.27	8.78	8.78	8.54	8.54
	出库水量(亿 m^3)		60.41	6.04	57.48	5.75	51.55	5.16	45.36	4.54
	出库沙量(亿 t)		6.61	0.66	5.41	0.54	3.66	0.37	2.91	0.29
	沙量占主汛期(%)		11.01	11.01	9.53	9.53	6.84	6.84	8.8	8.8
花园口流量 ≥2 600 m^3/s	单独 1 d	天数(d)	6	0.6	6	0.6	6	0.6	5	0.5
		次数(次)	6	0.6	6	0.6	6	0.6	5	0.5
		水量(亿 m^3)	21.02	2.1	20.41	2.04	19.95	2	14.86	1.49
	4 d 以上	天数(d)	214	21.4	214	21.4	217	21.7	220	22
		次数(次)	23	2.3	23	2.3	23	2.3	22	2.2
		水量(亿 m^3)	617.32	61.73	617.29	61.73	621.46	62.15	600.1	60.01
	6 d 以上	天数(d)	198	19.8	198	19.8	205	20.5	212	21.2
		次数(次)	19	1.9	19	1.9	20	2	20	2
		水量(亿 m^3)	566.62	56.66	566.59	56.66	584.58	58.46	579.88	57.99

(3)花园口流量大于4 000 m^3/s 的情况分析。

降水冲刷时机为32亿 m^3、42亿 m^3 和58亿 m^3 的3个方案，花园口流量大于4 000 m^3/s 的年均天数都为1.8 d，年均出库沙量分别为1.81亿~2.08亿t、1.78亿~2.08亿t、1.81亿~1.99亿t，3个方案差别不大。降水冲刷时机为78.6亿 m^3 方案的平均天数为0.4~0.6 d，出库沙量为0.40亿~0.81亿t，与另外3个方案相比明显少。

(4)花园口流量为800~2 600 m^3/s 的天数。

花园口流量为800~2 600 m^3/s 流量级是对下游河道不利的流量级，不同冲刷时机32亿 m^3、42亿 m^3、58亿 m^3 和78.6亿 m^3 各方案该流量级出现年均天数分别为7.5~7.8 d、7.1~7.6 d、7.2 d和7~7.2 d，年均出库沙量分别为0.39亿~0.66亿t、0.37亿~0.54亿t、0.33亿~0.37亿t和0.29亿t。由此可见，降水冲刷开始的越早，不利流量级出库挟带的沙量越多，但年均增加量不大。

(5)花园口流量连续大流量天数情况。

从统计的结果看，花园口流量大于等于2 600 m^3/s 连续4 d和连续6 d以上的天数，各方案差别不大。

B. 水库淤积量和排沙比

统计水库运用前10年入出库级配、排沙比和库区淤积量见表6-29。

由表6-29可以看出，两个模型计算结果性质相同，水库拦粗排细的效果，方式二不同降水冲刷时机的32亿 m^3、42亿 m^3、58亿 m^3 3个方案拦粗排细的作用差别不明显，78.6亿 m^3 的方案略好。

不同冲刷时机32亿 m^3、42亿 m^3、58亿 m^3 和78.6亿 m^3 各方案年排沙比分别为64.92%~65.99%、61.57%~63.17%、58.43%~60.75%和37.8%~43.06%，水库累计淤积量分别为49.89亿~50.7亿 m^3、52.03亿~53.25亿 m^3、53.88亿~55.65亿 m^3 和67.37亿~71.38亿 m^3。两个模型计算结果性质相同，都是降水冲刷开始的越早，水库排沙比越大，库区淤积量越少。

C. 水库淤积形态分析

图6-2为库区累计淤积量分别达到32亿 m^3、42亿 m^3、58亿 m^3 和78.6亿 m^3 时的库区淤积形态，坝前淤积面高程分别为200 m、222 m、235 m和248 m，相应年限分别为第2年、第4年、第9年和第12年。由图6-2可知，库区淤积量达32亿 m^3 时，水库坝前淤积面高程低于最低运用水位210 m，尚不具备降水冲刷恢复库容的条件，因此降水冲刷时机不易选择太早。淤积量达42亿 m^3 以后，水库具备了降低水位冲刷的条件，因此可以在库区淤积量达42亿 m^3 以后遇到合适的水沙条件降水冲刷恢复库容。但降水冲刷时机也不易选择太晚，当库区淤积量达78.6亿 m^3 时，坝前淤积面高程约为248 m，库区淤积量很大，坝前淤积面过高，此时才开始降水冲刷恢复库容，库区淤积物固结难冲，难以恢复水库库容和延长水库拦沙期。

表 6-29　水库入出库级配、排沙比和淤积量(前 10 年)

项目		水动力学模型				经验模型			
		32-2600-8	42-2600-8	58-2600-8	78.6-2600-8	32-2600-8	42-2600-8	58-2600-8	78.6-2600-8
入库级配(%)	细沙	55.22	55.22	55.22	55.22	55.22	55.22	55.22	55.22
	中沙	23.92	23.92	23.92	23.92	23.92	23.92	23.92	23.92
	粗沙	20.86	20.86	20.86	20.86	20.86	20.86	20.86	20.86
出库级配(%)	细沙	56.22	55.83	56.33	63.32	59.82	60.19	61.45	74.54
	中沙	22.87	22.79	22.66	19.6	20.86	20.77	20.3	13.48
	粗沙	20.90	21.38	21.01	17.08	19.33	19.04	18.25	11.98
主汛期排沙比(%)		71.78	69.89	66.87	45.66	72.85	68.78	64.97	40.09
年排沙比(%)		65.99	63.17	60.75	43.06	64.92	61.57	58.43	37.8
年均主汛期出库沙量(亿 t)		5.92	5.76	5.51	3.76	6	5.67	5.35	3.3
水库累计淤积量(亿 m^3)		49.89	52.03	53.88	67.37	50.7	53.25	55.65	71.38

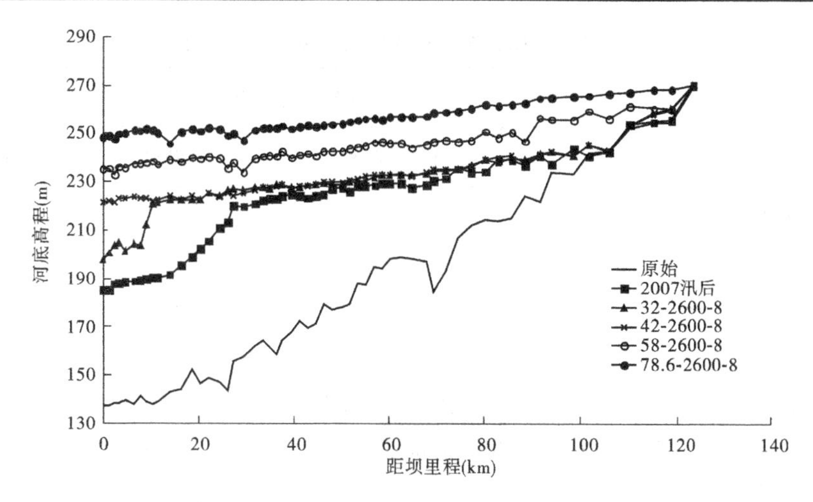

图 6-2　水库淤积量达到冲刷时机时库区河槽纵剖面

D. 水库降水冲刷情况分析

统计了各方案水库发生降水冲刷的次数、天数和泄空天数，见表 6-30。由表 6-30 可知，从水库发生降水冲刷的次数看，32 亿 m^3、42 亿 m^3、58 亿 m^3 和 78.6 亿 m^3 方案分别为 5 次、4 次、2 次和 0 次，年均发生天数分别为 7.5 d、7.1 d、6.2 d 和 0 d，降水冲刷过程中水库年均泄空的天数分别为 5.7 ~ 6.8 d、5.5 ~ 6.4 d、4.8 ~ 5.8 d 和 0 d。由此可见，降水冲刷时机越早，发生降水冲刷的次数和天数越多，水库泄空的天数也越多。

表 6-30　水库降水冲刷情况统计(前 10 年)

项目		32-2600-8		42-2600-8		58-2600-8		78.6-2600-8	
		总计	年均	总计	年均	总计	年均	总计	年均
水动力学模型	次数(次)	5	0.5	4	0.4	2	0.2	0	0
	天数(d)	75	7.5	71	7.1	62	6.2	0	0
	泄空天数(d)	57	5.7	55	5.5	48	4.8	0	0
经验模型	次数(次)	5	0.5	4	0.4	2	0.2	0	0
	天数(d)	75	7.5	71	7.1	62	6.2	0	0
	泄空天数(d)	68	6.8	64	6.4	58	5.8	0	0

E. 水库发电情况分析

表 6-31 为各方案年均发电量统计表，降水冲刷时机为 32 亿 m^3、42 亿 m^3、58 亿 m^3 和 78.6 亿 m^3 的各方案的年均发电量分别为 40.67 亿 ~ 46.2 亿 kWh、41.28 亿 ~ 46.74 亿 kWh、41.66 亿 ~ 47.27 亿 kWh、42.87 亿 ~ 48.58 亿 kWh。

由此可见，降水冲刷时机越早，发电量越少，但总体而言各方案发电量相差不大。

表 6-31　水库各方案年均发电量统计(前 10 年)　(单位:亿 kWh)

模型	各方案年均发电量			
	32-2600-8	42-2600-8	58-2600-8	78.6-2600-8
水动力学模型	46.2	46.74	47.27	48.58
经验模型	40.67	41.28	41.66	42.87

2)下游情况对比分析

1968 系列方式二调控流量 2 600 m^3/s 下不同降水冲刷时机方案前 10 年进入下游的水沙条件统计见表 6-32、表 6-33,各方案前 10 年下游河道各河段冲淤计算成果则见表 6-34、表 6-35。

根据水动力学模型前 10 年的计算成果,从全断面的冲淤情况来看,无小浪底水库下游河道累计淤积 29.58 亿 t,不同降水冲刷时机 32 亿 m^3、42 亿 m^3、58 亿 m^3、78.6 亿 m^3 4 个方案全下游冲淤量分别为 5.81 亿 t、3.97 亿 t、2.74 亿 t、-6.34 亿 t。从全断面的减淤情况来看,不同降水冲刷时机 32 亿 m^3、42 亿 m^3、58 亿 m^3、78.6 亿 m^3 4 个方案下游河道累计减淤量为 23.77 亿 t、25.60 亿 t、26.83 亿 t、35.91 亿 t;表现出冲刷时机晚,下游减淤稍有增多,跟相应的水库拦沙量成正比。从拦沙减淤比来看,不同降水冲刷时机 32 亿 m^3、42 亿 m^3、58 亿 m^3、78.6 亿 m^3 4 个方案的拦沙减淤比分别为 1.42、1.43、1.45、1.57,表现出冲刷时机早,拦沙减淤比相对小一些。从主槽的冲淤情况来看,无小浪底水库下游河道累计淤积 5.99 亿 t,不同降水冲刷时机 32 亿 m^3、42 亿 m^3、58 亿 m^3、78.6 亿 m^3 4 个方案下游河道全河段冲刷量分别为 0.71 亿 t、1.71 亿 t、2.30 亿 t、6.89 亿 t;其中高村以下河段冲刷量分别为 0.42 亿 t、1.42 亿 t、1.45 亿 t、3.81 亿 t。

从主槽的减淤情况来看,不同降水冲刷时机 32 亿 m^3、42 亿 m^3、58 亿 m^3、78.6 亿 m^3 4 个方案下游河道累计减淤量为 6.69 亿 t、7.71 亿 t、8.28 亿 t、12.88 亿 t;其中高村以下河段分别减淤 2.31 亿 t、3.31 亿 t、3.33 亿 t、5.70 亿 t,表现出冲刷时机晚,主槽全河段以及高村以下河段减淤稍有增大。

根据经验模型前 10 年的计算成果,从全断面的冲淤情况来看,无小浪底水库下游河道累计淤积 27.88 亿 t,不同降水冲刷时机 32 亿 m^3、42 亿 m^3、58 亿 m^3、78.6 亿 $m^3$4 个方案全下游冲淤量分别为 4.10 亿 t、2.78 亿 t、1.83 亿 t、-6.69 亿 t。从全断面的减淤情况来看,不同降水冲刷时机 32 亿 m^3、42 亿 m^3、58 亿 m^3、78.6 亿 $m^3$4 个方案下游河道累计减淤量分别为 23.78 亿 t、25.10 亿 t、26.05 亿 t、34.57 亿 t;表现出冲刷时机晚,下游减淤稍有增多的趋势,跟相应的水库拦沙量成正比例关系。从拦沙减淤比来看,不同降水冲刷时机 32 亿 m^3、42 亿 m^3、58 亿 m^3、78.6 亿 $m^3$4 个方案的拦沙减淤比分别为 1.42、1.45、1.49、1.63,表现出冲刷时机早,拦沙减淤比相对小一些。从主槽的冲淤情况来看,无小浪底水库下游河道累计淤积 6.75 亿 t,不同降水冲刷时机 32 亿 m^3、42 亿 m^3、58 亿 m^3、78.6 亿 $m^3$4 个方案下游河道全河段冲刷量分别为 1.49 亿 t、1.84 亿 t、2.23 亿 t、6.90 亿 t;其中高村以下河段冲刷量分别为 0.59 亿 t、0.76 亿 t、0.94 亿 t、3.07 亿 t。从主槽的减淤情

表 6-32　调控流量 2 600 m^3/s 不同降水冲刷时机各方案前 10 年下游河道来水来沙条件统计

阶段	方案	小黑武年均来水量（亿 m^3）			小黑武年均来沙量（亿 t）			小黑武流量≥2 600 m^3/s			小黑武流量≥3 700 m^3/s			小黑武流量＞4 000 m^3/s		
		主汛期	非汛期	全年	主汛期	非汛期	全年	年均天数（d）	年均水量（亿 m^3）	年均沙量（亿 t）	年均天数（d）	年均水量（亿 m^3）	年均沙量（亿 t）	年均天数（d）	年均水量（亿 m^3）	年均沙量（亿 t）
1～10	无小浪底	117.4	175.0	292.4	9.26	0.72	9.98	19	59.7	4.20	5	23.0	2.25	4	18.1	1.73
	32-2600	116.6	173.6	290.2	6.52	0.09	6.61	36	112.7	5.50	19	68.8	3.37	2	11.5	2.26
	42-2600	116.0	173.9	289.9	6.24	0.09	6.33	36	113.3	5.21	19	69.2	3.28	2	11.9	2.13
	58-2600	115.8	173.9	289.7	6.01	0.08	6.99	36	112.3	5.07	19	68.8	3.39	2	11.5	2.19
	78.6-2600	112.5	175.8	288.3	4.26	0.08	4.34	37	111.1	3.37	19	65.7	2.05	1	5.5	1.19

表 6-33　调控流量 2 600 m^3/s 不同降水冲刷时机各方案前 10 年下游河道连续大流量水沙条件统计

项目	方案	连续 4 d 及以上				连续 5 d 及以上				连续 6 d 及以上			
		次数（次）	天数（d）	水量（亿 m^3）	沙量（亿 t）	次数（次）	天数（d）	水量（亿 m^3）	沙量（亿 t）	次数（次）	天数（d）	水量（亿 m^3）	沙量（亿 t）
小黑武流量≥2 600 m^3/s	32-2600	33	342	1 052.6	36.80	31	334	1 031.7	32.59	29	324	999.7	30.98
	42-2600	32	345	1 056.1	38.00	30	337	1 035.1	33.60	30	337	1 035.1	33.60
	58-2600	33	347	1 067.5	38.52	30	335	1 032.2	33.34	28	325	1 005.9	32.77
	78.6-2600	33	352	1 053.1	21.32	31	344	1 032.1	16.91	31	344	1 032.1	16.91
小黑武流量≥3 700 m^3/s	32-2600	14	161	567.7	10.17	14	161	567.7	10.17	12	151	533.9	10.00
	42-2600	15	169	594.3	13.39	14	165	580.5	12.36	12	155	546.9	12.17
	58-2600	14	165	581.3	11.83	13	161	567.4	11.79	12	156	550.1	11.62
	78.6-2600	15	173	592.3	7.05	14	169	575.9	2.92	12	159	542.3	2.73
小黑武流量＞4 000 m^3/s	32-2600	1	10	58.1	7.14	1	10	58.1	7.14	1	10	58.1	7.14
	42-2600	1	10	58.2	7.41	1	10	58.2	7.41	1	10	58.2	7.41
	58-2600	1	10	58.0	7.15	1	10	58.0	7.15	1	10	58.0	7.15
	78.6-2600	0	0	0	0	0	0	0	0	0	0	0	0

表6-34　调控流量2 600 m^3/s不同降水冲刷时机各方案前10年下游河道冲淤及减淤情况(主槽和滩地)

模型	方案	主槽累计冲淤量(亿t)					主槽累计减淤量(亿t)				
		小—花	花—高	高—艾	艾—利	小—利	小—花	花—高	高—艾	艾—利	小—利
水动力学模型	无小浪底	0.42	3.68	1.15	0.74	5.99					
	32-2600	-0.27	-0.01	-0.06	-0.37	-0.71	0.69	3.69	1.20	1.11	6.69
	42-2600	-0.26	-0.03	-0.29	-1.13	-1.71	0.69	3.71	1.44	1.87	7.71
	58-2600	-0.28	-0.57	-0.49	-0.96	-2.30	0.70	4.25	1.63	1.70	8.28
	78.6-2600	-0.30	-2.78	-1.78	-2.03	-6.89	0.72	6.46	2.93	2.77	12.88
经验模型	无小浪底	0.59	3.45	1.64	1.07	6.75					
	32-2600	-0.38	-0.52	-0.37	-0.22	-1.49	0.97	3.97	2.01	1.29	8.24
	42-2600	-0.43	-0.65	-0.45	-0.31	-1.84	1.02	4.10	2.09	1.38	8.59
	58-2600	-0.55	-0.74	-0.58	-0.36	-2.23	1.14	4.19	2.22	1.43	8.98
	78.6-2600	-1.05	-2.78	-1.58	-1.49	-6.90	1.64	6.23	3.22	2.56	13.65

模型	方案	滩地累计冲淤量(亿t)					滩地累计减淤量(亿t)				
		小—花	花—高	高—艾	艾—利	小—利	小—花	花—高	高—艾	艾—利	小—利
水动力学模型	无小浪底	1.57	11.40	8.02	2.59	23.58					
	32-2600	1.45	4.77	0.16	0.12	6.50	0.11	6.63	7.87	2.47	17.08
	42-2600	1.36	3.16	0.34	0.83	5.69	0.21	8.24	7.68	1.76	17.89
	58-2600	0.72	3.05	0.38	0.69	4.84	0.85	8.35	7.64	1.90	18.74
	78.6-2600	0.02	0.11	0.21	0.21	0.55	1.55	11.29	7.81	2.38	23.03
经验模型	无小浪底	2.97	11.78	5.10	1.28	21.13					
	32-2600	1.12	2.41	1.28	0.78	5.59	1.85	9.37	3.82	0.50	15.54
	42-2600	0.98	1.86	1.02	0.76	4.62	1.99	9.92	4.08	0.52	16.51
	58-2600	0.78	1.72	0.87	0.69	4.06	2.19	10.06	4.23	0.59	17.07
	78.6-2600	0.07	0.04	0.06	0.04	0.21	2.90	11.74	5.04	1.24	20.92

表 6-35　调控流量 2 600 m³/s 下不同降水冲刷时机各方案前 10 年下游河道冲淤及减淤情况(全断面)

模型	方案	全断面累计冲淤量(亿 t)					全断面累计减淤量(亿 t)					水库拦沙量(亿 t)	拦沙减淤比
		小—花	花—高	高—艾	艾—利	小—利	小—花	花—高	高—艾	艾—利	小—利		
水动力学模型	无小浪底	1.99	15.09	9.17	3.33	29.58							
	32-2600	1.19	4.77	0.10	-0.25	5.81	0.80	10.32	9.07	3.58	23.77	33.72	1.42
	42-2600	1.09	3.13	0.05	-0.30	3.97	0.90	11.95	9.12	3.63	25.60	36.50	1.43
	58-2600	0.44	2.48	0.09	-0.27	2.74	1.55	12.60	9.08	3.60	26.83	38.91	1.45
	78.6-2600	-0.28	-2.67	-1.57	-1.82	-6.34	2.27	17.75	10.74	5.15	35.91	56.45	1.57
经验模型	无小浪底	3.56	15.23	6.74	2.35	27.88							
	32-2600	0.74	1.89	0.91	0.56	4.10	2.82	13.34	5.83	1.79	23.78	33.72	1.42
	42-2600	0.55	1.21	0.57	0.45	2.78	3.01	14.02	6.17	1.90	25.10	36.50	1.45
	58-2600	0.23	0.98	0.29	0.33	1.83	3.33	14.25	6.45	2.02	26.05	38.91	1.49
	78.6-2600	-0.98	-2.74	-1.52	-1.45	-6.69	4.54	17.97	8.26	3.80	34.57	56.45	1.63

况来看,不同降水冲刷时机 32 亿 m³、42 亿 m³、58 亿 m³、78.6 亿 m³4 个方案下游河道累计减淤量为 8.24 亿 t、8.59 亿 t、8.98 亿 t、13.65 亿 t;其中高村以下河段分别减淤 3.30 亿 t、3.47 亿 t、3.65 亿 t、5.78 亿 t,表现出冲刷时机越晚,主槽全河段以及高村以下河段减淤稍有增大。

从两个模型计算成果来看,对于前 10 年而言,调控流量采用 2 600 m³/s 情况下,不同降水冲刷时机 32 亿 m³、42 亿 m³、58 亿 m³、78.6 亿 m³ 4 个方案水库拦沙量为33.72 亿 ~ 56.45 亿 t,随降水冲刷时机的推迟而依次增大。从全下游全断面的冲淤情况来看,水动力学模型计算不同降水冲刷时机 32 亿 m³、42 亿 m³、58 亿 m³ 方案分别淤积 5.81 亿 t、3.97 亿 t、2.74 亿 t,78.6 亿 m³ 方案则冲刷 6.34 亿 t;经验模型计算不同降水冲刷时机 32 亿 m³、42 亿 m³、58 亿 m³ 方案分别淤积 4.10 亿 t、2.78 亿 t、1.83 亿 t,78.6 亿 m³ 方案则冲刷 6.69 亿 t。两个模型冲淤性质上保持一致。从减淤角度分析,水动力学模型计算 4 个方案全下游减淤量在 23.77 亿 ~ 35.91 亿 t,经验模型计算 4 个方案全下游减淤量在 23.78 亿 ~ 34.57 亿 t。从主槽的减淤情况来看,水动力学模型计算 4 个方案全下游主槽减淤量在 6.69 亿 ~ 12.88 亿 t,经验模型计算 4 个方案全下游减淤量在 8.24 亿 ~ 13.65 亿 t,从各河段主槽的减淤效果来看,水动力学模型计算 4 个方案高村以下河段减淤量占全下游减淤量的 34.5% ~ 44.2%,经验模型计算 4 个方案高村以下河段减淤量占全下游减淤量的 40.0% ~ 42.3%。从全下游拦沙减淤比来看,水动力学模型计算不同降水冲刷时机 32 亿 m^3、42 亿 m^3、58 亿 m^3、78.6 亿 m^3 4 个方案全下游拦沙减淤比在 1.42 ~ 1.57，经验模型计算全下游拦沙减淤比在 1.42 ~ 1.63。

综上所述，根据两个模型前 10 年下游的计算结果，调控流量 2 600 m^3/s 情况下，就调水效果而言，不同降水冲刷时机 32 亿 m^3、42 亿 m^3、58 亿 m^3 方案大流量所挟带的沙量明显多于 78.6 亿 m^3 方案，32 亿 m^3、42 亿 m^3、58 亿 m^3 则差别不大，连续大流量洪水所挟带的沙量 32 亿 m^3、42 亿 m^3、58 亿 m^3 方案也均比 78.6 亿 m^3 方案要多，体现了连续大流量输送更多泥沙的特性。因此，从水沙搭配来看，32 亿 m^3、42 亿 m^3、58 亿 m^3 要好于 78.6 亿 m^3 方案。从全下游全断面的减淤情况来看，32 亿 m^3、42 亿 m^3、58 亿 m^3 方案的减淤量要小于 78.6 亿 m^3 方案，但 78.6 亿 m^3 方案水库拦沙量要大于 32 亿 m^3、42 亿 m^3、58 亿 m^3 方案。从全下游拦沙减淤比来看，32 亿 m^3、42 亿 m^3、58 亿 m^3 方案明显小于 78.6 亿 m^3 方案。从下游河道主槽的冲淤和减淤方面看，4 个方案全河段及高村以下河段均表现为冲刷；减淤方面，32 亿 m^3、42 亿 m^3、58 亿 m^3 方案下游河道全河段及高村以下河段的减淤量依次减小。

6.2.2.2　拦沙后期计算成果分析

1）拦沙后期各方案运用年限

拦沙后期各方案运用年限统计见表 6-36。

表 6-36　拦沙后期各方案运用年限统计

方案	拦沙后期运用年限（年）	
	水动力学模型	经验模型
32-3700-13	1 ~ 21	1 ~ 22
42-3700-13	1 ~ 21	1 ~ 21
58-3700-13	1 ~ 20	1 ~ 21
78.6-3700-13	1 ~ 13	1 ~ 12

从表 6-36 中可以看出，各方案拦沙后期结束的时间不同，降水冲刷时机为 32 亿 m^3、42 亿 m^3、58 亿 m^3 和 78.6 亿 m^3 的各方案拦沙后期运用年限分别为 21 ~ 22 年、21 年、20 ~ 21 年和 12 ~ 13 年。降水冲刷时机越早，水库拦沙后期时间越长，但 32 亿 m^3、42 亿 m^3 和 58 亿 m^3 方案拦沙年限相差不大，而 78.6 亿 m^3 的方案拦沙后期明显比其他方案要短。

2）水库运用情况对比分析

A. 水库调水情况对比分析

统计各方案水库拦沙后期调节情况见表 6-37、表 6-38。根据数学模型计算的结果，水动力学模型计算的 4 个方案的最长拦沙年限为 21 年，经验模型计算的 4 个方案的最长拦沙年限为 22 年。水库运用最长的拦沙年限统计见表 6-39 和表 6-40。

(1)出库流量小于600 m^3/s 的天数。

统计主汛期出库流量小于600 m^3/s 天数,不同降水冲刷时机32亿 m^3、42亿 m^3、58亿 m^3 和78.6亿 m^3 的各方案的年均天数分别为5.5～5.62 d、5.23～5.71 d、4.95～6.1 d和6.76～8.55 d。由此可见,整个拦沙后期,各方案对供水和发电的满足程度差别不大,降水冲刷时机较晚的方案出库流量小于600 m^3/s 的天数略多。因为降水冲刷较晚的方案水库淤积快,降水冲刷较早的进入正常运用期以后,水库调节能力降低,因此对供水和发电需要的流量满足程度略差。

(2)花园口流量大于等于2 600 m^3/s 的情况分析。

方式二不同降水冲刷时机方案,花园口流量大于等于2 600 m^3/s 的情况,冲刷时机分别为32亿 m^3、42亿 m^3、58亿 m^3 和78.6亿 m^3 的方案,年均天数分别为21.19～22.32 d、21.38～22.77 d、21.29～21.91 d和19.05～21.18 d;年均出库沙量分别为4.28亿～4.41亿t、4.35亿～4.44亿t、4.12亿～4.32亿t和3.57亿～3.75亿t。由此可见,32亿 m^3、42亿 m^3 和58亿 m^3 3个方案大于等于2 600 m^3/s 天数和出库沙量较78.6亿 m^3 方案的多。

(3)花园口流量大于4 000 m^3/s 的情况分析。

从花园口流量大于4 000 m^3/s 的天数看,降水冲刷时机较晚的78.6亿 m^3 的方案的天数相对略少,年均为0.86～0.9 d,其他3个方案的天数基本接近,年均为1.32～1.43 d。从该流量级出库沙量看,冲刷时机为78.6亿 m^3 的方案出库沙量略少,为0.92亿～0.94亿t;降水冲刷时机分别为32亿 m^3、42亿 m^3 和58亿 m^3 的方案该流量级出库沙量较多,分别为1.39亿～1.5亿t、1.39亿～1.49亿t和1.33亿～1.38亿t,这3个方案差别不大。

(4)花园口流量为800～2 600 m^3/s 的情况分析。

不同降水冲刷时机32亿 m^3、42亿 m^3、58亿 m^3 和78.6亿 m^3 的各方案800～2 600 m^3/s 流量级年均天数分别为10.81～10.86 d、10.41～10.76 d、12.09～12.33 d和15.55～15.62 d,相应出库沙量分别为0.58亿～0.7亿t、0.58亿～0.69亿t、0.65亿～0.79亿t和0.98亿～1.36亿t。由此可见,不利流量级的天数和出库挟带的沙量,32亿 m^3 和42亿 m^3 基本相当,58亿 m^3 略多,78.6亿 m^3 方案最多。

(5)花园口流量大于等于2 600 m^3/s 流量的连续天数情况。

不同降水冲刷时机32亿 m^3、42亿 m^3、58亿 m^3 和78.6亿 m^3 的各方案,连续4 d以上和连续6 d以上大流量天数,各方案基本接近,42亿 m^3 方案最多,78.6亿 m^3 的方案最少。

B.水库淤积量和排沙比

分别按照各方案水库拦沙后期完成年限和最长拦沙后期统计入出库级配、排沙比和库区淤积量情况见表6-41、表6-42。

从统计的最长拦沙后期的出库细沙级配结果看,不同冲刷时机4个方案,水动力学模型平均出库细沙级配的范围为55.63%～57.58%,经验模型为58.96%～59.62%,因此在拦沙后期的最长年限内，各个方案降水冲刷时机的不同对水库拦粗排细的效果影响不大。

表 6-37　各方案流量调节统计（拦沙后期，水动力学模型）

项目			32-2600-8		42-2600-8		58-2600-8		78.6-2600-8	
			1～21 年		1～21 年		1～20 年		1～13 年	
			总计	年均	总计	年均	总计	年均	总计	年均
出库流量 <600 m³/s 天数(d)			118	5.62	120	5.71	117	5.85	67	5.15
花园口流量 ≥ 2 600 m³/s		天数(d)	445	21.19	449	21.38	437	21.85	277	21.31
		天数占主汛期(%)	25.84	25.84	26.07	26.07	26.65	26.65	25.98	25.98
		出库水量(亿 m³)	1 177.5	56.07	1 185	56.43	1 152.3	57.62	695.88	53.53
		出库沙量(亿 t)	92.7	4.41	93.32	4.44	86.53	4.33	33.07	2.54
		沙量占主汛期(%)	83.13	83.13	82.61	82.61	83.43	83.43	77.95	77.95
花园口流量 >4 000 m³/s		天数(d)	30	1.43	30	1.43	29	1.45	8	0.62
		天数占主汛期(%)	1.74	1.74	1.74	1.74	1.77	1.77	0.75	0.75
		出库水量(亿 m³)	141.34	6.73	141.25	6.73	137.95	6.9	36.64	2.82
		出库沙量(亿 t)	29.23	1.39	29.09	1.39	27.84	1.39	9.03	0.69
		沙量占主汛期(%)	26.22	26.22	25.76	25.76	26.84	26.84	21.29	21.29
800 m³/s ≤花园口流量 <2 600 m³/s		天数(d)	227	10.81	226	10.76	227	11.35	144	11.08
		天数占主汛期(%)	13.18	13.18	13.12	13.12	13.84	13.84	13.51	13.51
		出库水量(亿 m³)	220.57	10.5	220.25	10.49	208.73	10.44	141.91	10.92
		出库沙量(亿 t)	12.14	0.58	12.23	0.58	10.15	0.51	4.97	0.38
		沙量占主汛期(%)	10.89	10.89	10.83	10.83	9.78	9.78	11.71	11.71
花园口流量 ≥2 600 m³/s	单独 1 d	天数(d)	9	0.43	10	0.48	12	0.6	8	0.62
		次数(次)	9	0.43	10	0.48	12	0.6	8	0.62
		水量(亿 m³)	26.25	1.25	27.43	1.31	33.17	1.66	23.57	1.81
	4 d 以上	天数(d)	391	18.62	398	18.95	383	19.15	242	18.62
		次数(次)	48	2.29	47	2.24	44	2.2	27	2.08
		水量(亿 m³)	1 117.6	53.22	1 138.6	54.22	1 094.8	54.74	657.96	50.61
	6 d 以上	天数(d)	356	16.95	359	17.1	357	17.85	234	18
		次数(次)	40	1.9	38	1.81	38	1.9	25	1.92
		水量(亿 m³)	1 022.8	48.7	1 032.9	49.19	1 023.2	51.16	636.95	49

表6-38　各方案流量调节统计(拦沙后期,经验模型)

项目			32-2600-8		42-2600-8		58-2600-8		78.6-2600-8	
			1～22年		1～21年		1～21年		1～12年	
			总计	年均	总计	年均	总计	年均	总计	年均
出库流量<600 m^3/s天数(d)			121	5.5	115	5.48	109	5.19	55	4.58
花园口流量≥2 600 m^3/s	天数(d)		491	22.32	478	22.76	465	22.14	294	24.5
	天数占主汛期(%)		27.22	27.22	27.76	27.76	27	27	29.88	29.88
	出库水量(亿m^3)		1 263.44	57.43	1 238.77	58.99	1 203.16	57.29	729.92	60.83
	出库沙量(亿t)		94.17	4.28	85.62	4.08	85.53	4.07	27.65	2.3
	沙量占主汛期(%)		75.39	75.39	76.47	76.47	74.41	74.41	68.47	68.47
花园口流量>4 000 m^3/s	天数(d)		31	1.41	27	1.29	27	1.29	4	0.33
	天数占主汛期(%)		1.72	1.72	1.57	1.57	1.57	1.57	0.41	0.41
	出库水量(亿m^3)		144.31	6.56	134.33	6.4	133.85	6.37	18.47	1.54
	出库沙量(亿t)		33.02	1.5	30.01	1.43	29.12	1.39	5.34	0.45
	沙量占主汛期(%)		26.44	26.44	26.8	26.8	25.33	25.33	13.22	13.22
800 m^3/s≤花园口流量<2 600 m^3/s	天数(d)		239	10.86	187	8.9	216	10.29	94	7.83
	天数占主汛期(%)		13.25	13.25	10.86	10.86	12.54	12.54	9.55	9.55
	出库水量(亿m^3)		221.79	10.08	165.76	7.89	211.28	10.06	74.8	6.23
	出库沙量(亿t)		15.5	0.7	11.42	0.54	14.73	0.7	3.82	0.32
	沙量占主汛期(%)		12.41	12.41	10.2	10.2	12.82	12.82	9.46	9.46
花园口流量≥2 600 m^3/s	单独1 d	天数(d)	13	0.59	12	0.57	15	0.71	10	0.83
		次数(次)	13	0.59	12	0.57	15	0.71	10	0.83
		水量(亿m^3)	41.79	1.9	38.82	1.85	48.58	2.31	29.17	2.43
	4 d以上	天数(d)	445	20.23	441	21	421	20.05	265	22.08
		次数(次)	54	2.45	54	2.57	50	2.38	29	2.42
		水量(亿m^3)	1 240.02	56.36	1 223.05	58.24	1 165.09	55.48	706.91	58.91
	6 d以上	天数(d)	417	18.95	408	19.43	401	19.1	253	21.08
		次数(次)	47	2.14	46	2.19	45	2.14	26	2.17
		水量(亿m^3)	1 157.44	52.61	1 123.95	53.52	1 107.39	52.73	676.55	56.38

表 6-39　各方案流量调节统计(最长拦沙后期,水动力学模型)

项目			32-2600-8		42-2600-8		58-2600-8		78.6-2600-8	
			1~21 年		1~21 年		1~21 年		1~21 年	
			总计	年均	总计	年均	总计	年均	总计	年均
出库流量<600 m^3/s 天数(d)			118	5.62	120	5.71	128	6.1	142	6.76
花园口流量≥2 600 m^3/s	天数(d)		445	21.19	449	21.38	447	21.29	400	19.05
	天数占主汛期(%)		25.84	25.84	26.07	26.07	25.96	25.96	23.23	23.23
	出库水量(亿 m^3)		1 177.47	56.07	1 184.96	56.43	1 178.93	56.14	1 043.47	49.69
	出库沙量(亿 t)		92.7	4.41	93.32	4.44	90.72	4.32	78.68	3.75
	沙量占主汛期(%)		83.13	83.13	82.61	82.61	80.71	80.71	73.36	73.36
花园口流量>4 000 m^3/s	天数(d)		30	1.43	30	1.43	29	1.38	19	0.9
	天数占主汛期(%)		1.74	1.74	1.74	1.74	1.68	1.68	1.1	1.1
	出库水量(亿 m^3)		141.34	6.73	141.25	6.73	137.95	6.57	86.37	4.11
	出库沙量(亿 t)		29.23	1.39	29.09	1.39	27.84	1.33	19.8	0.94
	沙量占主汛期(%)		26.22	26.22	25.76	25.76	24.77	24.77	18.46	18.46
800 m^3/s≤花园口流量<2 600 m^3/s	天数(d)		227	10.81	226	10.76	259	12.33	328	15.62
	天数占主汛期(%)		13.18	13.18	13.12	13.12	15.04	15.04	19.05	19.05
	出库水量(亿 m^3)		220.57	10.5	220.25	10.49	252.44	12.02	377.45	17.97
	出库沙量(亿 t)		12.14	0.58	12.23	0.58	13.75	0.65	20.67	0.98
	沙量占主汛期(%)		10.89	10.89	10.83	10.83	12.23	12.23	19.27	19.27
花园口流量≥2 600 m^3/s	单独 1 d	天数(d)	9	0.43	10	0.48	13	0.62	15	0.71
		次数(次)	9	0.43	10	0.48	13	0.62	15	0.71
		水量(亿 m^3)	26.25	1.25	27.43	1.31	35.78	1.7	42.31	2.01
	4 d 以上	天数(d)	391	18.62	398	18.95	389	18.52	339	16.14
		次数(次)	48	2.29	47	2.24	45	2.14	41	1.95
		水量(亿 m^3)	1 117.61	53.22	1 138.63	54.22	1 113.63	53.03	969.06	46.15
	6 d 以上	天数(d)	356	16.95	359	17.1	363	17.29	303	14.43
		次数(次)	40	1.9	38	1.81	39	1.86	33	1.57
		水量(亿 m^3)	1 022.79	48.7	1 032.91	49.19	1 042.05	49.62	864.59	41.17

表 6-40　各方案流量调节统计(最长拦沙后期,经验模型)

项目			32-2600-8		42-2600-8		58-2600-8		78.6-2600-8	
			1~22 年		1~22 年		1~22 年		1~22 年	
			总计	年均	总计	年均	总计	年均	总计	年均
出库流量 <600 m³/s 天数(d)			121	5.5	115	5.23	109	4.95	188	8.55
花园口流量 ≥ 2 600 m³/s		天数(d)	491	22.32	501	22.77	482	21.91	466	21.18
		天数占主汛期(%)	27.22	27.22	27.77	27.77	26.72	26.72	25.83	25.83
		出库水量(亿 m³)	1 263.44	57.43	1 287.02	58.5	1 238.38	56.29	1 178.64	53.57
		出库沙量(亿 t)	94.17	4.28	95.78	4.35	90.63	4.12	78.54	3.57
		沙量占主汛期(%)	75.39	75.39	75.82	75.82	73.53	73.53	63.42	63.42
花园口流量 >4 000 m³/s		天数(d)	31	1.41	29	1.32	29	1.32	19	0.86
		天数占主汛期(%)	1.72	1.72	1.61	1.61	1.61	1.61	1.05	1.05
		出库水量(亿 m³)	144.31	6.56	141.41	6.43	140.19	6.37	77.6	3.53
		出库沙量(亿 t)	33.02	1.5	32.85	1.49	30.29	1.38	20.25	0.92
		沙量占主汛期(%)	26.44	26.44	26	26	24.58	24.58	16.35	16.35
800 m³/s ≤花园口流量 <2 600 m³/s		天数(d)	239	10.86	229	10.41	266	12.09	342	15.55
		天数占主汛期(%)	13.25	13.25	12.69	12.69	14.75	14.75	18.96	18.96
		出库水量(亿 m³)	221.79	10.08	192.77	8.76	261.55	11.89	339.54	15.43
		出库沙量(亿 t)	15.5	0.7	15.27	0.69	17.49	0.79	29.84	1.36
		沙量占主汛期(%)	12.41	12.41	12.09	12.09	14.19	14.19	24.09	24.09
花园口流量 ≥2 600 m³/s	单独 1 d	天数(d)	13	0.59	14	0.64	16	0.73	19	0.86
		次数(次)	13	0.59	14	0.64	16	0.73	19	0.86
		水量(亿 m³)	41.79	1.9	44.45	2.02	50.97	2.32	52.88	2.4
	4 d 以上	天数(d)	445	20.23	460	20.91	431	19.59	410	18.64
		次数(次)	54	2.45	56	2.55	51	2.32	47	2.14
		水量(亿 m³)	1 240.02	56.36	1 278.85	58.13	1 199.54	54.52	1 130.84	51.4
	6 d 以上	天数(d)	417	18.95	427	19.41	411	18.68	385	17.5
		次数(次)	47	2.14	48	2.18	46	2.09	41	1.86
		水量(亿 m³)	1 157.44	52.61	1 179.75	53.62	1 141.85	51.9	1 057.1	48.05

拦沙后期结束后,各方案都已经淤满,水库淤积量差别不大,因此各方案排沙比也基本相当。不同冲刷时机 32 亿 m³、42 亿 m³、58 亿 m³ 和 78.6 亿 m³ 各方案年排沙比分别为 64.22% ~65.64%、64.4% ~66.37%、64.39% ~64.87% 和 62.39% ~65.36%,水库累计淤积量分别为 76.37 亿 ~77.09 亿 m³、75.96 亿 ~76.11 亿 m³、76.13 亿 ~78.29 亿 m³ 和 77.53 亿 ~79.06 亿 m³。

表 6-41 水库入出库级配、排沙比和淤积量(拦沙后期)

项目		水动力学模型				经验模型			
		32-2600-8	42-2600-8	58-2600-8	78.6-2600-8	32-2600-8	42-2600-8	58-2600-8	78.6-2600-8
		1~21 年	1~21 年	1~20 年	1~13 年	1~22 年	1~21 年	1~21 年	1~12 年
入库级配(%)	细沙	55.25	55.25	55.19	54.9	55.44	55.25	55.25	54.79
	中沙	23.92	23.92	23.94	23.92	23.88	23.92	23.92	24.02
	粗沙	20.83	20.83	20.87	21.18	20.68	20.83	20.83	21.18
出库级配(%)	细沙	55.63	55.63	56.48	64.26	59.19	59.73	59.13	72.72
	中沙	23.08	22.95	22.62	18.95	21.22	20.96	21.29	14.18
	粗沙	21.29	21.42	20.89	16.78	19.59	19.3	19.58	13.1
主汛期排沙比(%)		69.09	69.99	67.41	42.38	72.79	69.38	71.22	41.19
年排沙比(%)		64.22	64.4	62.33	40.19	65.64	62.48	64.07	38.74
主汛期出库沙量(亿 t)		5.31	5.38	5.19	3.26	5.68	5.33	5.47	3.36
水库累计淤积量(亿 m^3)		76.37	76.11	76.89	78.87	77.09	78.92	76.6	78.94

表6-42　水库入出库级配、排沙比和淤积量(最长拦沙后期)

项目		水动力学模型				经验模型			
		32-2600-8	42-2600-8	58-2600-8	78.6-2600-8	32-2600-8	42-2600-8	58-2600-8	78.6-2600-8
		1～21年	1～21年	1～21年	1～21年	1～22年	1～22年	1～22年	1～22年
入库级配(%)	细沙	55.25	55.25	55.25	55.25	55.44	55.44	55.44	55.44
	中沙	23.92	23.92	23.92	23.92	23.88	23.88	23.88	23.88
	粗沙	20.83	20.83	20.83	20.83	20.68	20.68	20.68	20.68
出库级配(%)	细沙	55.63	55.63	55.88	57.58	59.19	58.96	59.25	59.62
	中沙	23.08	22.95	22.77	22.22	21.22	21.37	21.27	20.85
	粗沙	21.29	21.42	21.35	20.2	19.59	19.67	19.48	19.52
主汛期排沙比(%)		69.09	69.99	69.65	66.46	72.79	73.61	71.82	72.17
年排沙比(%)		64.22	64.4	64.39	62.39	65.64	66.37	64.87	65.36
主汛期出库沙量(亿t)		5.31	5.38	5.35	5.11	5.68	5.74	5.6	5.63
水库累计淤积量(亿m^3)		76.37	76.11	76.13	79.06	77.09	75.96	78.29	77.53

C. 水库降水冲刷情况分析

统计了各方案水库发生降水冲刷的次数、天数和泄空天数，见表6-43、表6-44。由表可知，水库运用到最长拦沙后期，不同冲刷时机32亿 m^3、42亿 m^3、58亿 m^3 和78.6亿 m^3 的各方案年均分别发生降水冲刷0.67～0.77次、0.62～0.82次、0.48～0.73次和0.43～0.45次；年均发生天数分别为7.1～7.86 d、6.9～7.91 d、5.95～7.45 d和3.05～3.9 d；降水冲刷过程中水库年均泄空的天数分别为4.43～6.91 d、4.38～6.91 d、3.67～6.5 d和2.19～2.45 d。由此可见，降水冲刷时机越早，发生降水冲刷的次数、天数及泄空天数也越多。

表6-43　水库降水冲刷情况统计(拦沙后期)

项目		32-2600-8		42-2600-8		58-2600-8		78.6-2600-8	
		总计	年均	总计	年均	总计	年均	总计	年均
水动力学模型成果	拦沙后期年限	1～21年		1～21年		1～20年		1～13年	
	次数(次)	14	0.67	13	0.62	10	0.5	0	0
	天数(d)	149	7.1	145	6.9	125	6.25	0	0
	泄空天数(d)	93	4.43	92	4.38	77	3.85	0	0
经验模型成果	拦沙后期年限	1～22年		1～21年		1～21年		1～12年	
	次数(次)	17	0.77	16	0.76	14	0.67	2	0.17
	天数(d)	173	7.86	169	8.05	160	7.62	4	0.33
	泄空天数(d)	152	6.91	148	7.05	143	6.81	3	0.25

表6-44　水库降水冲刷情况统计(最长拦沙后期)

项目		32-2600-8		42-2600-8		58-2600-8		78.6-2600-8	
		总计	年均	总计	年均	总计	年均	总计	年均
水动力学模型成果	拦沙后期年限	1～21年		1～21年		1～21年		1～21年	
	次数(次)	14	0.67	13	0.62	10	0.48	9	0.43
	天数(d)	149	7.1	145	6.9	125	5.95	82	3.9
	泄空天数(d)	93	4.43	92	4.38	77	3.67	46	2.19
经验模型成果	拦沙后期年限	1～22年		1～22年		1～22年		1～22年	
	次数(次)	17	0.77	18	0.82	16	0.73	10	0.45
	天数(d)	173	7.86	174	7.91	164	7.45	67	3.05
	泄空天数(d)	152	6.91	152	6.91	143	6.5	54	2.45

D. 水库发电情况分析

表6-45、表6-46为各方案年均发电量统计表，水库拦沙后期完成最长年限，降水冲刷时机为32亿 m^3、42亿 m^3、58亿 m^3 和78.6亿 m^3 的各方案的年均发电量分别为41.5亿～

47.83 亿 kWh、41.89 亿 ~48.22 亿 kWh、42.39 亿 ~48.68 亿 kWh、43.81 亿 ~49.62 亿 kWh。由此可见,降水冲刷时机越早,发电量越少,但总体而言各方案发电量相差不大。

表 6-45　水库各方案年均发电量统计(拦沙后期)

模型	项目	方案			
		32-2600-8	42-2600-8	58-2600-8	78.6-2600-8
水动力学模型	拦沙后期年限	1 ~21 年	1 ~21 年	1 ~20 年	1 ~13 年
	年均发电量(亿 kWh)	47.83	48.22	48.86	49.49
经验模型	拦沙后期年限	1 ~22 年	1 ~21 年	1 ~21 年	1 ~12 年
	年均发电量(亿 kWh)	41.5	42.02	42.37	44.16

表 6-46　水库各方案年均发电量统计(最长拦沙后期)

模型	项目	方案			
		32-2600-8	42-2600-8	58-2600-8	78.6-2600-8
水动力学模型	拦沙后期年限	1 ~21 年	1 ~21 年	1 ~21 年	1 ~21 年
	年均发电量(亿 kWh)	47.83	48.22	48.68	49.62
经验模型	拦沙后期年限	1 ~22 年	1 ~22 年	1 ~22 年	1 ~22 年
	年均发电量(亿 kWh)	41.5	41.89	42.39	43.81

3)下游情况对比分析

1968 系列方式二调控流量 2 600 m^3/s 下不同降水冲刷时机方案 32 亿 m^3、42 亿 m^3、58 亿 m^3、78.6 亿 m^3 水库拦沙期年限分别为 21 年、21 年、20 年和 13 年,32 亿 m^3 和 42 亿 m^3 方案拦沙期年限最长,78.6 亿 m^3 方案拦沙期年限最短。

拦沙期阶段下游河道各河段冲淤计算成果见表 6-47、表 6-48。

1968 系列方式二调控流量 2 600 m^3/s 下不同降水冲刷时机方案水库运用最长拦沙年限(21 年)进入下游的水沙条件统计见表 6-49、表 6-50,各方案水库运用最长拦沙年限(21 年)下游河道各河段冲淤计算成果则见表 6-51、表 6-52。

根据水动力学模型水库运用最长拦沙年限(21 年)的计算成果(见表 6-51、表 6-52),从全断面的冲淤情况来看,无小浪底水库下游河道累计淤积 70.05 亿 t,不同降水冲刷时机 32 亿 m^3、42 亿 m^3、58 亿 m^3、78.6 亿 m^3 4 个方案全下游淤积量分别为 17.95 亿 t、18.73 亿 t、20.25 亿 t、20.48 亿 t。从全断面的减淤情况来看,不同降水冲刷时机 32 亿 m^3、42 亿 m^3、58 亿 m^3、78.6 亿 m^3 4 个方案下游河道累计减淤量为 52.09 亿 t、51.32 亿 t、49.80 亿 t、49.58 亿 t;和前 10 年有所相反,前 21 年表现出冲刷时机早,下游减淤稍有增多。从拦沙减淤比来看,不同降水冲刷时机 32 亿 m^3、42 亿 m^3、58 亿 m^3、78.6 亿 m^3 4 个方案的拦沙减淤比分别为 1.31、1.32、1.36、1.45,表现出冲刷时机早,拦沙减淤比相对小一些。从主槽的冲淤情况来看,无小浪底水库下游河道累计淤积 18.17 亿 t,不同降水冲刷时机 32 亿 m^3、42 亿 m^3、58 亿 m^3、78.6 亿 m^3 4 个方案下游河道全河段冲淤量分别为 3.15 亿 t、3.21 亿 t、3.80 亿 t、5.33 亿 t;其中高村以下河段冲淤量分别为 2.52 亿 t、1.92 亿 t、3.01 亿 t、3.46 亿 t。

表 6-47　不同冲刷时机各方案拦沙期下游河道冲淤及减淤情况(水动力学模型)

方案	年限(年)	主槽累计冲淤量(亿 t)					主槽年均减淤量(亿 t)					年均拦沙(亿 t)	拦沙减淤比
		花以上	花—高	高—艾	艾—利	利以上	花以上	花—高	高—艾	艾—利	利以上		
无小浪底	1~13	0.14	4.90	1.85	1.17	8.06							
无小浪底	1~20	1.90	9.42	3.11	2.98	17.41							
无小浪底	1~21	1.81	9.61	3.38	3.37	18.17							
32-2600	1~21	0.41	0.22	1.40	1.12	3.15	0.07	0.45	0.09	0.11	0.72		
42-2600	1~21	0.37	0.92	1.24	0.68	3.21	0.07	0.41	0.10	0.13	0.71		
58-2600	1~20	0.64	0.32	1.50	0.90	3.36	0.06	0.45	0.08	0.10	0.69		
78.6-2600	1~13	-0.85	-3.84	-1.52	-2.19	-8.40	0.08	0.67	0.26	0.26	1.27		

方案	年限(年)	滩地累计冲淤量(亿 t)					滩地年均减淤量(亿 t)					年均拦沙(亿 t)	拦沙减淤比
		花以上	花—高	高—艾	艾—利	利以上	花以上	花—高	高—艾	艾—利	利以上		
无小浪底	1~13	1.79	12.18	7.21	3.10	24.28							
无小浪底	1~20	3.49	27.25	15.42	5.79	51.95							
无小浪底	1~21	2.56	27.51	15.43	6.37	51.87							
32-2600	1~21	1.56	8.36	3.07	1.82	14.81	0.05	0.91	0.59	0.22	1.77		
42-2600	1~21	2.08	8.08	3.13	2.22	15.51	0.02	0.93	0.59	0.20	1.74		
58-2600	1~20	2.04	8.89	3.03	1.22	15.18	0.07	0.92	0.62	0.23	1.84		
78.6-2600	1~13	0.08	0.04	0.44	0.44	1.00	0.13	0.93	0.52	0.20	1.78		

方案	年限(年)	全断面累计冲淤量(亿 t)					全断面年均减淤量(亿 t)					年均拦沙(亿 t)	拦沙减淤比
		花以上	花—高	高—艾	艾—利	利以上	花以上	花—高	高—艾	艾—利	利以上		
无小浪底	1~13	1.93	17.08	9.06	4.28	32.35							
无小浪底	1~20	5.38	36.66	18.53	8.77	69.34							
无小浪底	1~21	4.38	37.12	18.81	9.74	70.05							
32-2600	1~21	1.97	8.57	4.47	2.94	17.95	0.11	1.36	0.68	0.32	2.47	3.25	1.31
42-2600	1~21	2.46	9.00	4.37	2.90	18.73	0.09	1.34	0.69	0.33	2.45	3.23	1.32
58-2600	1~20	2.68	9.21	4.52	2.12	18.53	0.14	1.37	0.70	0.33	2.54	3.44	1.35
78.6-2600	1~13	-0.77	-3.80	-1.09	-1.75	-7.41	0.21	1.61	0.78	0.46	3.06	4.15	1.36

表6-48　不同冲刷时机各方案拦沙期下游河道冲淤及减淤情况(经验模型)

方案	年限(年)	主槽累计冲淤量(亿t)					主槽累计减淤量(亿t)					年均拦沙(亿t)	拦沙减淤比
		花以上	花—高	高—艾	艾—利	利以上	花以上	花—高	高—艾	艾—利	利以上		
无小浪底	1～13	0.49	3.45	2.34	1.25	7.53							
无小浪底	1～20	1.89	8.57	2.75	1.94	15.15							
无小浪底	1～21	1.95	9.26	3.05	2.14	16.40							
32-2600	1～21	0.43	0.94	0.63	0.37	2.37	0.07	0.40	0.12	0.08	0.67		
42-2600	1～21	0.52	0.98	0.71	0.42	2.63	0.07	0.39	0.11	0.08	0.65		
58-2600	1～20	0.47	1.11	0.82	0.37	2.77	0.07	0.37	0.10	0.08	0.62		
78.6-2600	1～13	-1.30	-2.98	-1.36	-1.58	-7.22	0.14	0.50	0.28	0.22	1.14		

方案	年限(年)	滩地累计冲淤量(亿t)					滩地年均减淤量(亿t)					年均拦沙(亿t)	拦沙减淤比
		花以上	花—高	高—艾	艾—利	利以上	花以上	花—高	高—艾	艾—利	利以上		
无小浪底	1～13	3.02	13.70	5.48	2.28	24.48							
无小浪底	1～20	7.19	25.00	10.20	6.79	49.18							
无小浪底	1～21	7.26	24.79	10.12	6.79	48.96							
32-2600	1～21	0.90	7.34	1.98	1.19	11.41	0.30	0.83	0.39	0.27	1.79		
42-2600	1～21	1.27	7.79	2.04	1.21	12.31	0.29	0.81	0.38	0.27	1.75		
58-2600	1～20	1.24	7.67	1.83	1.16	11.90	0.30	0.87	0.42	0.28	1.87		
78.6-2600	1～13	0.05	0.13	0.34	0.06	0.58	0.23	1.04	0.40	0.17	1.84		

方案	年限(年)	全断面累计冲淤量(亿t)					全断面年均减淤量(亿t)					年均拦沙(亿t)	拦沙减淤比
		花以上	花—高	高—艾	艾—利	利以上	花以上	花—高	高—艾	艾—利	利以上		
无小浪底	1～13	3.51	17.15	7.82	3.53	32.01							
无小浪底	1～20	9.08	33.57	12.95	8.73	64.33							
无小浪底	1～21	9.21	34.05	13.17	8.93	65.36							
32-2600	1～21	1.33	8.28	2.61	1.56	13.78	0.38	1.23	0.50	0.35	2.46	3.25	1.32
42-2600	1～21	1.79	8.77	2.75	1.63	14.94	0.35	1.20	0.50	0.35	2.40	3.23	1.34
58-2600	1～20	1.71	8.78	2.65	1.53	14.67	0.37	1.24	0.52	0.36	2.49	3.44	1.39
78.6-2600	1～13	-1.25	-2.85	-1.02	-1.52	-6.64	0.37	1.54	0.68	0.39	2.98	4.15	1.40

表 6-49　调控流量 2 600 m^3/s 不同降水冲刷时机各方案最长拦沙年限(21 年)下游河道来水来沙条件统计

阶段	方案	小黑武年均来水量(亿 m^3)			小黑武年均来沙量(亿 t)			小黑武流量≥2 600 m^3/s			小黑武流量≥3 700 m^3/s			小黑武流量＞4 000 m^3/s		
		主汛期	非汛期	全年	主汛期	非汛期	全年	年均天数(d)	年均水量(亿 m^3)	年均沙量(亿 t)	年均天数(d)	年均水量(亿 m^3)	年均沙量(亿 t)	年均天数(d)	年均水量(亿 m^3)	年均沙量(亿 t)
1～21	无小浪底	113.4	168.0	281.4	8.50	0.63	9.13	13	40.9	3.33	3	14.3	1.50	2	11.3	1.17
	32-2600	112.1	167.1	279.2	5.78	0.11	5.89	33	100.8	4.68	18	63.2	2.82	3	13.2	1.69
	42-2600	112.4	166.8	279.2	5.78	0.12	5.90	33	100.6	4.65	18	63.0	2.86	3	13.2	1.65
	58-2600	112.9	166.3	279.2	5.78	0.12	5.90	32	99.4	4.54	17	61.8	2.79	3	12.7	1.64
	78.6-2600	111.9	167.3	279.2	5.60	0.12	5.72	31	93.8	4.00	17	58.9	2.31	3	10.4	1.23

表 6-50　调控流量 2 600 m^3/s 不同降水冲刷时机各方案最长拦沙年限(21 年)下游河道连续大流量水沙条件统计

项目	方案	连续 4 d 及以上				连续 5 d 及以上				连续 6 d 及以上			
		次数(次)	天数(d)	水量(亿 m^3)	沙量(亿 t)	次数(次)	天数(d)	水量(亿 m^3)	沙量(亿 t)	次数(次)	天数(d)	水量(亿 m^3)	沙量(亿 t)
小黑武流量≥2 600 m^3/s	32-2600	66	642	1 967.6	67.75	60	618	1 899.5	58.31	55	593	1 825.9	55.26
	42-2600	62	631	1 932.9	71.41	58	615	1 889.3	61.28	55	600	1 844.0	59.11
	58-2600	66	641	1 963.0	71.31	59	613	1 883.2	59.83	54	588	1 815.0	57.42
	78.6-2600	59	582	1 792.6	60.10	54	562	1 736.1	49.55	49	537	1 657.8	37.93
小黑武流量≥3 700 m^3/s	32-2600	26	311	1 101.3	26.08	25	307	1 087.5	22.58	21	287	1 019.1	21.42
	42-2600	26	310	1 095.7	24.92	24	302	1 068.1	20.47	21	287	1 017.2	20.26
	58-2600	26	315	1 114.9	28.16	24	307	1 087.3	24.83	21	292	1 035.4	23.56
	78.6-2600	27	309	1 075.9	19.27	25	301	1 045.3	13.16	21	281	977.4	9.23
小黑武流量＞4 000 m^3/s	32-2600	2	14	84.8	11.14	1	10	58.1	7.14	1	10	58.1	7.14
	42-2600	2	14	84.7	10.38	1	10	58.2	7.41	1	10	58.2	7.41
	58-2600	2	14	84.6	11.03	1	10	58.0	7.15	1	10	58.0	7.15
	78.6-2600	1	4	26.6	2.78	0	0	0	0	0	0	0	0

表 6-51　调控流量 2 600 m^3/s 不同降水冲刷时机各方案最长拦沙年限(21 年)下游河道冲淤及减淤情况(主槽和滩地)

模型	方案	主槽累计冲淤量(亿 t)					主槽累计减淤量(亿 t)				
		花以上	花—高	高—艾	艾—利	利以上	花以上	花—高	高—艾	艾—利	利以上
水动力学模型	无小浪底	1.81	9.61	3.38	3.37	18.17					
	32-2600	0.41	0.22	1.40	1.12	3.15	1.40	9.39	1.99	2.25	15.03
	42-2600	0.37	0.92	1.24	0.68	3.21	1.44	8.68	2.14	2.69	14.95
	58-2600	0.53	0.26	1.83	1.18	3.80	1.28	9.35	1.56	2.19	14.38
	78.6-2600	0.90	0.97	1.99	1.47	5.33	0.91	8.64	1.40	1.90	12.85
经验模型	无小浪底	1.95	9.26	3.05	2.14	16.40					
	32-2600	0.43	0.94	0.63	0.37	2.37	1.52	8.32	2.42	1.77	14.03
	42-2600	0.52	0.98	0.71	0.42	2.63	1.43	8.28	2.34	1.72	13.77
	58-2600	0.54	1.07	0.81	0.49	2.91	1.41	8.19	2.24	1.65	13.49
	78.6-2600	0.41	2.11	0.54	0.38	3.44	1.54	7.15	2.51	1.76	12.96

模型	方案	滩地累计冲淤量(亿 t)					滩地累计减淤量(亿 t)				
		花以上	花—高	高—艾	艾—利	利以上	花以上	花—高	高—艾	艾—利	利以上
水动力学模型	无小浪底	2.56	27.51	15.43	6.37	51.87					
	32-2600	1.56	8.36	3.07	1.82	14.81	1.01	19.16	12.35	4.56	37.08
	42-2600	2.08	8.08	3.13	2.22	15.51	0.48	19.44	12.29	4.16	36.37
	58-2600	1.14	10.36	3.04	1.92	16.46	1.43	17.15	12.39	4.46	35.43
	78.6-2600	1.01	9.00	3.08	2.06	15.15	1.55	18.51	12.34	4.31	36.71
经验模型	无小浪底	7.26	24.79	10.12	6.79	48.96					
	32-2600	0.90	7.34	1.98	1.19	11.41	6.36	17.45	8.14	5.60	37.55
	42-2600	1.27	7.79	2.04	1.21	12.31	5.99	17.00	8.08	5.58	36.65
	58-2600	1.42	8.05	1.96	1.16	12.59	5.84	16.74	8.16	5.63	36.37
	78.6-2600	1.74	7.14	2.25	1.57	12.70	5.52	17.65	7.87	5.22	36.26

表 6-52　调控流量 2 600 m^3/s 下不同降水冲刷时机各方案最长拦沙年限(21 年)下游河道冲淤及减淤情况(全断面)

模型	方案	全断面累计冲淤量(亿 t)					全断面累计减淤量(亿 t)					年均拦沙(亿 t)	拦沙减淤比
		花以上	花—高	高—艾	艾—利	利以上	花以上	花—高	高—艾	艾—利	利以上		
水动力学模型	无小浪底	4.38	37.12	18.81	9.74	70.05							
	32-2600	1.97	8.57	4.47	2.94	17.95	2.40	28.55	14.34	6.80	52.09	68.15	1.31
	42-2600	2.46	9.00	4.37	2.90	18.73	1.92	28.12	14.44	6.84	51.32	67.81	1.32
	58-2600	1.67	10.62	4.87	3.09	20.25	2.71	26.50	13.94	6.65	49.80	67.83	1.36
	78.6-2600	1.91	9.97	5.07	3.53	20.48	2.47	27.15	13.74	6.22	49.58	71.64	1.45
经验模型	无小浪底	9.21	34.05	13.17	8.93	65.36							
	32-2600	1.33	8.28	2.61	1.56	13.78	7.88	25.77	10.56	7.37	51.58	68.15	1.32
	42-2600	1.79	8.77	2.75	1.63	14.94	7.42	25.28	10.42	7.30	50.42	67.81	1.34
	58-2600	1.95	9.12	2.77	1.65	15.49	7.26	24.93	10.40	7.28	49.87	67.83	1.36
	78.6-2600	2.15	9.25	2.79	1.95	16.14	7.06	24.80	10.38	6.98	49.22	71.64	1.46

从主槽的减淤情况来看,不同降水冲刷时机 32 亿 m^3、42 亿 m^3、58 亿 m^3、78.6 亿 m^3 4 个方案下游河道累计减淤量为 15.03 亿 t、14.95 亿 t、14.38 亿 t、12.85 亿 t;其中高村以下河段分别减淤 4.24 亿 t、4.83 亿 t、3.75 亿 t、3.30 亿 t ,分别占全河段减淤量的 28.2%、32.3%、26.1%、25.7%,表现出降水冲刷时机早,主槽全河段以及高村以下河段减淤稍有增大。

根据经验模型水库运用最长拦沙年限 21 年的计算成果,见表 6-51、表 6-52。从全断面的冲淤情况来看,无小浪底水库下游河道累计淤积 65.36 亿 t,不同降水冲刷时机 32 亿 m^3、42 亿 m^3、58 亿 m^3、78.6 亿 m^3 4 个方案全下游淤积量分别为 13.78 亿 t、14.94 亿 t、15.49 亿 t、16.14 亿 t。从全断面的减淤情况来看,不同降水冲刷时机 32 亿 m^3、42 亿 m^3、58 亿 m^3、78.6 亿 m^3 4 个方案下游河道累计减淤量为 51.58 亿 t、50.42 亿 t、49.87 亿 t、49.22 亿 t;和前 10 年有所相反,前 21 年表现出冲刷时机早,下游减淤稍有增多。从拦沙减淤比来看,不同降水冲刷时机 32 亿 m^3、42 亿 m^3、58 亿 m^3、78.6 亿 m^3 4 个方案的拦沙减淤比分别为 1.32、1.34、1.36、1.46,表现出冲刷时机早,拦沙减淤比相对小一些。从主槽的冲淤情况来看,无小浪底水库下游河道累计淤积 16.40 亿 t,不同降水冲刷时机 32 亿 m^3、42 亿 m^3、58 亿 m^3、78.6 亿 m^3 4 个方案下游河道全河段冲淤量分别为 2.37 亿 t、2.63 亿 t、2.91 亿 t、3.44 亿 t;其中高村以下河段冲淤量分别为 1.00 亿 t、1.13 亿 t、1.30 亿 t、0.92 亿 t。从主槽的减淤情况来看,不同降水冲刷时机 32 亿 m^3、42 亿 m^3、58 亿 m^3、78.6 亿 m^3 4 个方案下游河道累计减淤量为 14.03 亿 t、13.77 亿 t、13.49 亿 t、12.96 亿 t;其中高村以下河段分别减淤 4.19 亿 t、4.06 亿 t、3.89 亿 t、4.27 亿 t ,分别占全河段减淤量的 29.9%、29.5%、28.8%、32.9%,表现出降水冲刷时机早,主槽全河段以及高村以下河段减淤量稍有增大。

从两个模型计算成果来看,对于水库运用最长拦沙年限前 21 年而言,调控流量采用

2 600 m^3/s 情况下,不同降水冲刷时机 32 亿 m^3、42 亿 m^3、58 亿 m^3、78.6 亿 m^3 4 个方案水库拦沙量在 67.81 亿 ~71.64 亿 t。从全下游全断面的冲淤情况来看,水动力学模型计算不同降水冲刷时机 32 亿 m^3、42 亿 m^3、58 亿 m^3 和 78.6 亿 m^3 方案分别淤积 17.95 亿 t、18.73 亿 t、20.25 亿 t 和 20.48 亿 t;经验模型计算不同降水冲刷时机 32 亿 m^3、42 亿 m^3、58 亿 m^3 和 78.6 亿 m^3 方案分别淤积 13.78 亿 t、14.94 亿 t、15.49 亿 t 和 16.14 亿 t。两个模型冲淤性质上保持一致。从减淤角度分析,水动力学模型计算 4 个方案全下游减淤量在 49.58 亿 ~52.09 亿 t,经验模型计算 4 个方案全下游减淤量在 49.22 亿 ~51.58 亿 t。从主槽的减淤情况来看,水动力学模型计算 4 个方案全下游主槽减淤量在 12.85 亿 ~15.03 亿 t,经验模型计算 4 个方案全下游减淤量为 12.96 亿 ~14.03 亿 t,从各河段主槽的减淤效果来看,水动力学模型计算 4 个方案高村以下河段减淤量占全下游减淤量的 33.0% ~44.1%,经验模型计算 4 个方案高村以下河段减淤量占全下游减淤量的 33.0% ~34.5%。从全下游拦沙减淤比来看,水动力学模型计算不同降水冲刷时机 32 亿 m^3、42 亿 m^3、58 亿 m^3、78.6 亿 m^3 4 个方案全下游拦沙减淤比在 1.31 ~1.45,经验模型计算全下游拦沙减淤比在 1.32 ~1.46。

综上所述,根据两个模型水库运用最长拦沙年限 21 年下游的计算结果,调控流量 2 600 m^3/s 的情况下,就进入下游的水沙条件而言,不同降水冲刷时机 32 亿 m^3、42 亿 m^3、58 亿 m^3、78.6 亿 m^3 4 个方案小黑武流量大于 2 600 m^3/s 和 3 700 m^3/s 的天数和水量依次减小,表现出降水冲刷时机早,其进入下游的水沙搭配要好一些。从进入下游连续大流量洪水的情况来看,不同降水冲刷时机 32 亿 m^3、42 亿 m^3、58 亿 m^3 方案小黑武流量大于 3 700 m^3/s 连续 4 ~6 d 的次数、天数和水量比 78.6 亿 m^3 方案明显要多。从拦沙期下游全断面的减淤情况来看,降水冲刷时机早一些,下游减淤效果好一些。从全下游拦沙减淤比来看,表现出降水冲刷时机早,拦沙减淤比相对小一些。从下游河道主槽的冲淤和减淤方面看,不论全河段还是高村以下河段,均表现出冲刷时机早,减淤效果要稍好一些。

6.2.3 冲刷时机的选取

采用调控上限流量为 3 700 m^3/s 和 2 600 m^3/s 的不同冲刷时机的对比分析可知,两个调控上限流量表现出相同的规律,水库降水冲刷时机越早,降水冲刷的次数越多,库区淤积越慢,拦沙后期越长,综合利用效益越好。在整个拦沙后期,冲刷时机为 78.6 亿 m^3 的方案由于其过早的淤满,使得水库各方面效益均不如冲刷时机为 32 亿 m^3、42 亿 m^3 和 58 亿 m^3 的方案,基于目前的计算结果,冲刷时机为 32 亿 m^3、42 亿 m^3 和 58 亿 m^3 方案各方面比较差别不大,但由于库区淤积量达 32 亿 m^3 时,水库坝前淤积面高程仅为 200 m,库区淤积三角洲顶点在距坝约 10 km 处,尚未到达坝前,不具备降水冲刷恢复库容的条件。库区淤积量达 42 亿 m^3 和 58 亿 m^3 时,坝前淤积面分别为 221 ~222 m 和 232 ~235 m,相应年限为第 4 年和第 9 年。虽然降水冲刷时机 42 亿 m^3 方案和 58 亿 m^3 方案各方面差别不大,但仍具有水库降水冲刷时机越早,拦沙后期越长,综合利用效益越好的性质,从另一方面讲,等库区淤积量达 58 亿 m^3 后再开始降水冲刷,若难以遇到可冲刷水库恢复库容的大水,则水库综合利用效益将会受到影响。因此,推荐降水冲刷时机选用 42 亿 m^3 的方案。

根据下游河道冲淤计算成果,采用调控流量 3 700 m^3/s 和 2 600 m^3/s 论证降水冲刷时机所反映的规律基本一致。从前 10 年下游河道减淤情况看,降水冲刷时机越晚,全下游及高村以下河段主槽和全断面减淤量呈增加的趋势,水库拦沙减淤比呈增大趋势;从整个拦沙后期下游河道减淤情况看,降水冲刷时机越晚,全下游及高村以下河段主槽和全断面减淤量呈减小的趋势,水库拦沙减淤比呈增大趋势。

从下游河道平滩流量变化看,冲刷时机为 42 亿 m^3 时,拦沙后期下游河道整体平滩流量基本能维持在 4 000 m^3/s 以上,所以选择水库淤积 42 亿 m^3 时开始进行降水冲刷是合适的。

6.3　本章小结

采用调控上限流量为 3 700 m^3/s 和 2 600 m^3/s 的不同冲刷时机的对比分析可知,两个调控上限流量表现出相同的规律,水库降水冲刷时机越早,降水冲刷的次数越多,库区淤积越慢,拦沙后期越长,综合利用效益越好。在库区淤积量达 42 亿 m^3 之前,水库坝前淤积面较低,尚不具备降低水位冲刷恢复库容的条件,因此选定冲刷时机为水库淤积 42 亿 m^3 开始进行降水冲刷。

小浪底水库坝前水位不宜骤升骤降,当库水位在 250 ~ 275 m 时,连续 24 h 下降最大幅度不应大于 4 m;当库水位在 250 m 以下时,连续 24 h 下降最大幅度不应大于 3 m;当库水位连续下降时,7 d 内最大下降幅度不应大于 15 m。库水位在 260 m 以上连续 24 h 的上升幅度不应大于 5.0 m。分析小浪底水库减淤要求的拦沙库容和调水调沙库容、防洪要求的防洪库容和综合利用要求的调节库容,以及枢纽的设计思想,综合考虑小浪底水库拦沙期最低运用水位 210 m,正常运用期最低运用水位 230 m。

第 7 章　不同水库运用方式对水库冲淤形态影响研究

7.1　运用方式研究基础

拦沙后期水库蓄水量较拦沙初期相对为少，摆脱了拦沙初期蓄水体大的制约，有条件进一步优化水库运用方式。根据目前的认识，拦沙后期，水库运用主要按两类方式考虑，即逐步抬高拦粗排细运用（简称方式一，下同）和多年调节泥沙、相机降水冲刷调水调沙运用（简称方式二，下同）。

7.1.1　方式一的代表方案和主要调节指标

方式一是拦粗排细运用方式，利用黄河下游河道大水输沙、泥沙越细输沙能力越大，且有一定输送大于 0.05 mm 粗沙能力的特性，所以水库保持低壅水、合理的拦粗排细，实现下游河道减淤。拦沙后期主汛期水库蓄水量按照拦粗排细的运用要求控制，库水位在一个较小的范围内有升降变化，但总趋势是逐步升高的，滩槽淤积面同时逐步上升，当坝前淤积面淤至 245 m，再淤滩刷槽运用，形成高滩深槽，之后利用槽库容拦粗排细调节运用。此运用方式的研究是在原设计阶段"逐步抬高，拦粗排细"运用方式研究的基础上进一步优化。

方式一的指导思想是尽量"拦粗排细"，在小浪底水库防洪减淤运用方式研究时，按此指导思想考虑不同需水量、不同造峰流量拟订了 4 个方案进行研究比较。通过水库、下游的水动力学模型和经验模型对各方案进行计算和比较。从水库调节分析，方案 1 最符合方式一的指导思想，但造峰流量是 5 000 m^3/s，且流量大于 2 000 m^3/s，出库流量等于入库流量，再加上伊洛河来水，鉴于目前下游河床边界条件，将人为发生漫滩。所以，目前方案 1 暂不能被采用。方案 2、方案 3、方案 4 相比，因为方式一的核心问题是水库通过低壅水，控制水库排沙比 60% 左右，相应水库蓄水量为 3 亿 m^3 左右，"拦粗排细"运用，减少下游河道淤积。所以，认为方案 3 最具有代表性，即方案 3 为方式一的代表方案。方式一代表方案的主要调节指标如下。

7.1.1.1　**每年 7 月 11 日至 9 月 30 日**

（1）当入库流量加黑石关、武陟流量小于 4 000 m^3/s 时，进行调水调沙调度。

①当入库流量小于 400 m^3/s 时，小浪底水库补水，出库流量为 400 m^3/s。

②当入库流量大于 400 m^3/s 且小于 2 600 m^3/s 时，出库流量为 400 m^3/s，水库以蓄水为主。

③当入库流量大于等于 2 600 m^3/s 时，出库流量等于入库流量。

④当可调水量大于等于 3 亿 m^3 时，水库凑泄小黑武流量为 3 700 m^3/s，直至预留 2

亿 m^3 可调水量。

⑤当水库淤积量大于等于79亿 m^3 时，先泄空水库蓄水，之后水库进行敞泄排沙，直至淤积量小于等于76亿 m^3 时恢复以上调节运用，在泄水过程中，小黑武流量不大于下游河道的主槽平滩流量（前2年为3 700 m^3/s，之后为4 000 m^3/s，下同）。

⑥控制运用水位不高于254 m，拦沙期最低运用水位210 m，正常运用期最低运用水位230 m。

（2）当入库流量加黑石关、武陟流量大于等于4 000 m^3/s 时，进行防洪调度。

防洪调度运用按国家防汛抗旱总指挥部国汛〔2005〕11号文件批复的《黄河中下游近期洪水调度方案》执行，具体调度指令如下：

①当入库流量加黑石关、武陟流量为4 000～8 000 m^3/s 时，具体调度指令为：

a. 潼关含沙量大于等于200 kg/m^3，小浪底水库出库流量按入库流量下泄。

b. 潼关含沙量小于200 kg/m^3，若伊洛河来水流量小于下游主槽平滩流量，小浪底水库按控制花园口站流量等于下游主槽平滩流量运用；当伊洛河来水流量大于等于下游主槽平滩流量时，小浪底出库流量控制为400 m^3/s，且控制水库最高运用水位不超过254 m，若水位超过254 m，出库流量按入库流量加500 m^3/s 放水至水位低于254 m。

②当入库流量加黑石关、武陟流量大于8 000 m^3/s 时，具体调度指令为：

a. 入库流量加黑石关、武陟流量小于等于10 000 m^3/s，水位小于等于254 m，若入库流量不超过水库相应泄洪能力，按入库流量下泄；若入库流量超过水库相应泄洪能力，按敞泄滞洪运用；水位大于254 m时，凑泄花园口流量等于10 000 m^3/s，直到水库水位降至254 m。

b. 入库流量加黑石关、武陟流量大于10 000 m^3/s，若黑石关、武陟流量小于9 000 m^3/s，按控制花园口流量10 000 m^3/s 运用；若黑石关、武陟流量大于等于9 000 m^3/s，按出库流量1 000 m^3/s 下泄。

7.1.1.2 每年10月1～31日

当入库流量加黑石关、武陟流量小于4 000 m^3/s 时，水库按下游供水、灌溉需求流量泄水，见表7-1；当入库流量加黑石关、武陟流量大于等于4 000 m^3/s 时，进行防洪运用，运用方式同7月11日至9月30日。

表7-1 供水、灌溉等要求小浪底水库10月至次年7月10日下泄流量

时间	10月	11月	12月	1月	2月	3月	4月	5月	6月	7月上旬
流量（m^3/s）	400	400	410	350	390	650	850	700	650	800

7.1.1.3 每年11月1日至次年5月31日

每年11月至次年5月水库按下游供水、灌溉需求蓄水调节径流，见表7-1，控制运用水位不高于275 m。

7.1.1.4 每年6月1～30日

根据来水情况，首先满足下游供水、灌溉需求流量600 m^3/s，以6月30日水库水位不超过 254 m 为前提，有条件的情况下预留 8 亿 m^3 左右的蓄水量；当水库有多余的蓄水量时，按下游平滩流量造峰，冲刷黄河下游河道。

7.1.1.5　**每年 7 月 1～10 日**

（1）当入库流量加黑石关和武陟流量小于 4 000 m^3/s 时，水库将 6 月底预留的可调水量逐渐泄放至剩余 2 亿 m^3，以满足 7 月上旬供水、灌溉需要。若遇特别枯水年，则不再预留 2 亿 m^3，直至水库可调水量泄完。即当可调节的蓄水量小于 2 亿 m^3 时，若入库流量大于等于 800 m^3/s，出库流量等于 800 m^3/s，否则补水使出库流量等于 800 m^3/s，直至蓄水泄空后出库流量等于入库流量；当可调节的蓄水量大于等于 2 亿 m^3 时，若入库流量大于等于 800 m^3/s，则出库流量等于入库流量，否则补水使出库流量等于 800 m^3/s，直至蓄水泄空后出库流量等于入库流量。

（2）当入库流量加黑石关和武陟流量大于等于 4 000 m^3/s 时进行防洪运用，运用方式同 7 月 11 日至 9 月 30 日。

7.1.2　方式二的代表方案及主要调节指标

运用方式一，库水位变幅小，滩槽同步上升，再降低水位敞泄排沙冲刷，从而形成高滩深槽。这样运用存在以下不利因素：一是，根据官厅、三门峡等已建水库淤积物特性分析，淤积物的干容重随泥沙淤积厚度的增加而变大，即淤积深度越深，其干容重越大，淤积体长时间受力固结，泥沙颗粒与颗粒之间已不是没有联系的松散状态，而是固结成整体，这样抗冲性能大，不容易被水流冲刷，所以，从恢复库容来说，水库若长时间先淤后冲，不如水库运用到一定时间后，冲淤交替为好。二是，龙羊峡、刘家峡两库联合运用后，汛期入库水量大幅度减少，加之上中游地区工农业用水的增长，汛期中常洪水出现概率日趋减少，因此当水库淤积量较大时再降水冲刷恢复库容的做法风险较大。因此，变化了的水沙条件迫切需要相应的水库运用方式。

方式二运用重点考虑高村以下河段的减淤，增大高村以下河道挟沙能力、减少淤积和维持中水河槽的关键是要用一定持续时间的较大流量输沙，即不仅要利用大水输沙，而且还必须具备一定的水量，也只有这样才能较好地避免冲河南淤山东；当坝前淤积面和水库的淤积量达到一定数值后，根据预报，入库流量较大且大流量持续历时满足要求时，水库短时间降低库水位运用，利用溯源冲刷和沿程冲刷恢复库容是公认的有效措施。所以，拦沙后期将相机选择有一定持续时间的较大流量适当降低水位冲刷恢复库容，下游河道可以"多来多排"。在一般水沙条件下水库适当蓄水，逐步抬高水位拦粗排细调水调沙运用。库区有冲有淤，淤滩冲槽同步进行。这样运用既拦沙又调水调沙，可以充分利用水库拦沙库容，延长拦沙运用年限，并且使进入下游河道的水沙过程更加合理，有利于下游河道特别是高村以下河段的减淤。这一调水调沙运用的思路是"多年调节泥沙，相机降水冲刷"，利用水库有限的拦沙库容，取得较长时间、较大的防洪减淤效益。

根据小浪底水库拦沙后期运用特点，可分三个阶段运用。拦沙后期第一阶段，为拦沙初期结束（水库淤积量达到 21 亿～22 亿 m^3）至水库淤积量达 42 亿 m^3 之前，该阶段水库仍以拦沙为主。拦沙后期第二阶段为水库淤积总量达 42 亿 m^3 以后至水库淤积总量为 75.5 亿 m^3，此阶段水库拦沙、降低水位冲刷恢复库容交替进行，库区有冲有淤，是合理延长水库拦沙后期年限的关键阶段。拦沙后期第二阶段结束之后至整个拦沙期结束（坝前滩面高程达254 m）为第三阶段，这个阶段拦沙容积已不多，实际是拦沙期向正常运用期的过渡阶段。

在小浪底水库减淤运用方式研究过程中，通过对冲刷时机、调控流量以及调控库容的计算分析，推荐冲刷时机为42 亿 m^3，调控上限流量3 700 m^3/s，调控库容13 亿 m^3 的方案为方式二代表方案。方式二代表方案的主要调节指标如下。

7.1.2.1　拦沙后期第一阶段调节指令

方式二拦沙后期第一阶段是累计淤积量未达到42 亿 m^3 的运用阶段，具体的调节指令如下。

1）7 月 1 ~ 10 日调节指令

（1）当入库流量加黑石关和武陟流量小于4 000 m^3/s 时。

水库将6 月底预留的可调水量逐渐泄放至2 亿 m^3，以满足7 月上旬供水、灌溉需要；若遇枯水年份，则不再预留2 亿 m^3，补水直至可调水量泄完。即当可调水量小于2 亿 m^3 时，若入库流量大于等于800 m^3/s，出库流量等于800 m^3/s，否则补水使出库流量等于800 m^3/s，直至蓄水泄空后出库流量等于入库流量；当可调节的蓄水量大于等于2 亿 m^3 时，若入库流量大于等于800 m^3/s，则出库流量等于入库流量，否则补水使出库流量等于800 m^3/s，直至蓄水泄空后出库流量等于入库流量。7 月 1 ~ 10 日调节指令执行流程见图7-1（箭头连线：纵向代表“是”，横向代表“否”，下同）。

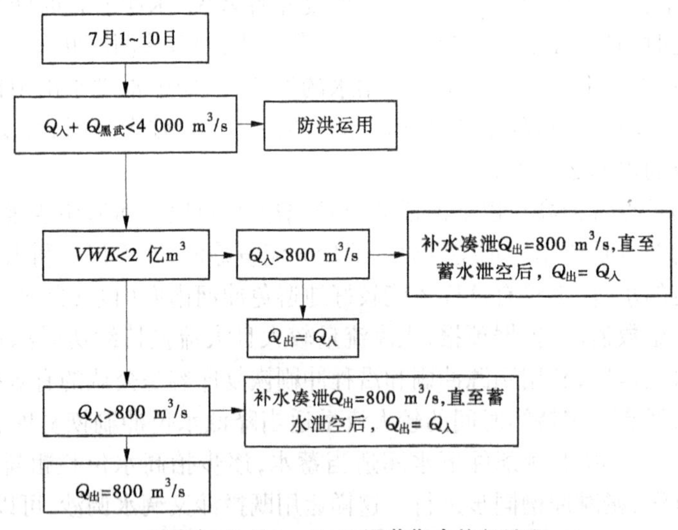

图7-1　7 月 1 ~ 10 日调节指令执行流程

（2）当入库流量加黑石关和武陟流量大于等于4 000 m^3/s 时。

进行防洪运用，具体调节指令同方式一，指令执行流程见图7-2。

2）7 月 11 日至9 月 10 日

主汛期调节流程见图7-3，具体调节指令如下：

（1）当入库流量加黑石关和武陟流量小于4 000 m^3/s 时。

①当水库可调节水量大于等于13 亿 m^3 时，水库蓄满造峰，凑泄花园口流量大于等于

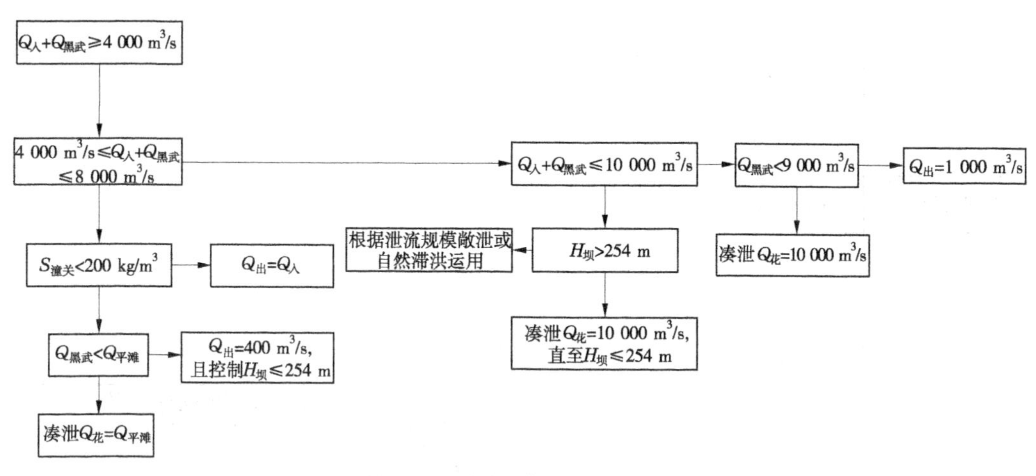

图7-2　水库拦沙后期第一阶段防洪运用调节指令流程

3 700 m³/s。即当入库流量加黑石关、武陟流量大于等于3 700 m³/s时，出库流量按入库流量下泄；当入库流量加黑石关、武陟流量小于3 700 m³/s时，水库凑泄花园口流量为3 700 m³/s，若凑泄5 d后，水库可调水量仍大于2亿m³，水库凑泄花园口断面流量为下游主槽平滩流量，直至水库可调水量等于2亿m³，若最后一天凑泄流量不足2 600 m³/s，则凑泄造峰调节结束，当日改为蓄水，出库流量等于400 m³/s；若水库可调水量预留2亿m³后，水库造峰流量不足5 d，则不再预留，水库继续造峰，满足5 d要求，但水库水位不得低于210 m；当水库造峰结束后，相邻日期入库流量加黑石关、武陟流量大于等于2 600 m³/s，则出库流量按入库流量下泄，直到入库流量加黑武流量小于2 600 m³/s时，水库开始蓄水，出库流量等于400 m³/s。

②当潼关、三门峡平均流量大于等于2 600 m³/s且水库可调节水量大于等于6亿m³时，水库相机凑泄造峰，凑泄花园口流量大于等于3 700 m³/s。即当入库流量加黑石关、武陟流量大于等于3 700 m³/s时，出库流量按入库流量下泄；当入库流量加黑石关、武陟流量小于3 700 m³/s时，水库凑泄花园口流量为3 700 m³/s，若凑泄5 d后，水库可调水量仍大于2亿m³，水库凑泄花园口断面流量为下游主槽平滩流量，直至水库可调水量等于2亿m³，若最后一天凑泄流量不足2 600 m³/s，则凑泄造峰调节结束，当日蓄水，出库流量等于400 m³/s；若水库可调水量预留2亿m³后，水库造峰流量不足5 d，则不再预留，水库继续造峰，满足5 d要求，但水库水位不得低于210 m；当水库造峰结束后，相邻日期入库流量加黑武流量大于等于2 600 m³/s，则出库流量按入库流量下泄，直到入库流量加黑武流量小于2 600 m³/s时，水库开始蓄水，出库流量等于400 m³/s。

③当水库可调节水量小于6亿m³时，小浪底出库流量仅满足机组调峰发电需要，出库流量为400 m³/s。

④当潼关、三门峡平均流量小于2 600 m³/s，小浪底水库可调节水量大于等于6亿m³且小于13亿m³时，出库流量仅满足机组调峰发电需要，出库流量为400 m³/s。

⑤当预报入库流量大于等于2 600 m³/s且含沙量大于等于200 kg/m³时，若水库蓄水量大于2亿m³，提前两天按花园口不超过下游主槽平滩流量泄水至2亿m³后，出库流

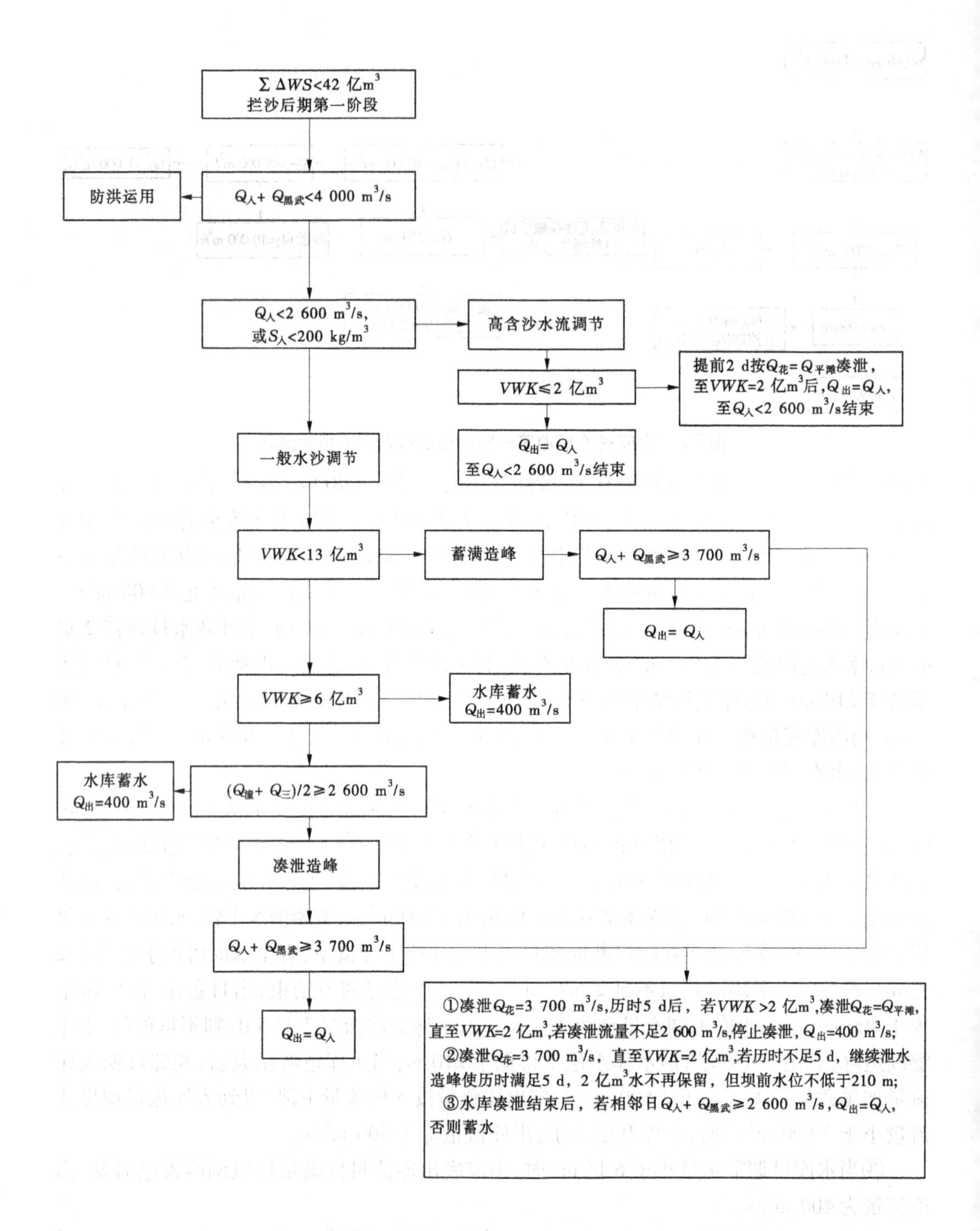

图 7-3　拦沙后期第一阶段 7 月 11 日至 9 月 10 日调节指令执行流程

量等于入库流量，直至入库流量小于 2 600 m³/s 后恢复调节；若水库蓄水量小于等于 2 亿 m³，出库流量等于入库流量，直至入库流量小于 2 600 m³/s 后恢复调节。

(2)当入库流量加黑石关和武陟流量大于等于4 000 m³/s时。

入库流量加黑石关和武陟流量大于等于4 000 m³/s时,进行防洪运用,调节指令同7月1～10日防洪调度指令。

3)9月11～30日

调节指令执行流程见图7-4,具体调节指令如下:

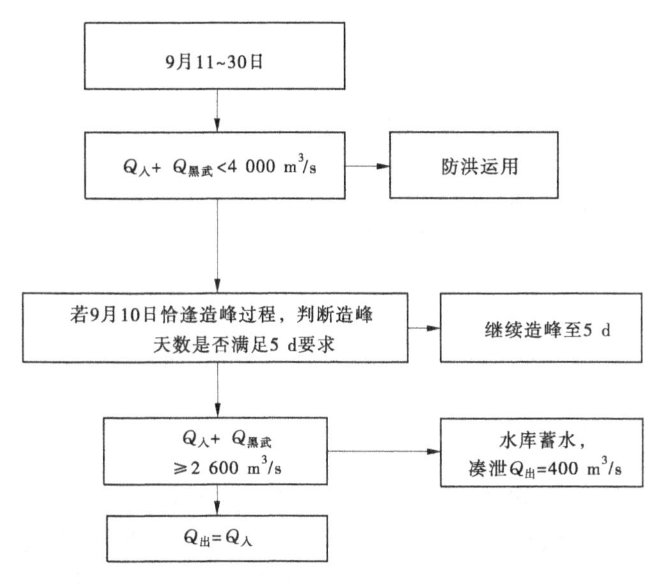

图7-4　拦沙后期第一阶段9月11～30日调节指令执行流程

(1)当入库流量加黑石关、武陟流量小于4 000 m³/s时。

①当水库在9月10日执行的造峰过程不足5 d时,则在9月11日开始继续造峰至5 d。

②当入库流量加黑石关、武陟流量大于等于2 600 m³/s时,出库流量按入库流量下泄;当入库流量加黑石关、武陟流量小于2 600 m³/s时,不再造峰,水库提前蓄水,即凑泄出库流量为400 m³/s,满足发电、供水要求。

(2)当入库流量加黑石关、武陟流量大于等于4 000 m³/s时,进行防洪运用,调节指令同7月1～10日防洪调度指令。

4)10月1～31日

调节指令执行流程见图7-5,具体调节指令如下:当入库流量加黑石关、武陟流量小于4 000 m³/s时,水库按下游供水、灌溉需求流量400 m³/s泄水,为满足防洪要求,保持坝前水位不超过265 m;当入库流量加黑石关、武陟流量大于等于4 000 m³/s时,进行防洪运用,调节指令同7月1日至10日防洪调度指令。

5)11月1日至次年5月31日

调节指令执行流程见图7-6,具体调节指令如下:每年11月至次年5月水库按下游供水、灌溉需求调节径流,见表7-1,控制水位不高于275 m。

6)6月1～30日

调节指令执行流程见图7-7,具体调节指令如下:根据来水情况,首先满足下游供水、

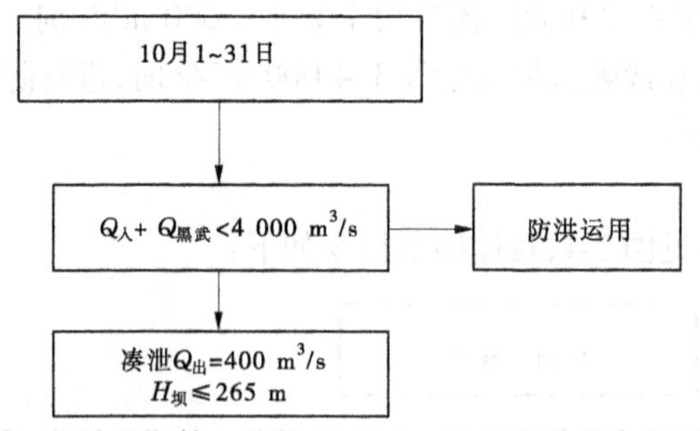

图 7-5　拦沙后期第一阶段 10 月 1 ~ 31 日调节指令执行流程

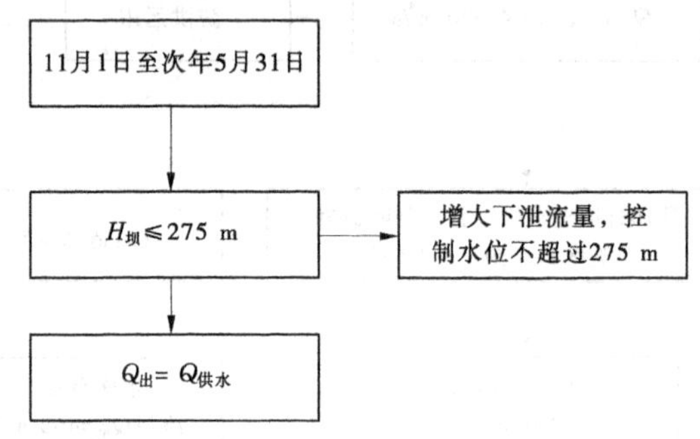

图 7-6　拦沙后期第一阶段 11 月 1 日至次年 5 月 31 日调节指令执行流程

灌溉需求流量 600 m^3/s,以 6 月 30 日水库水位不超过 254 m 为前提,在有条件的情况下预留 8 亿 m^3 左右的蓄水量(8 亿 m^3 水基本能满足 7 月上旬供水、灌溉要求);当水库有多余的蓄水量时,按下游主槽平滩流量造峰,冲刷下游河道。

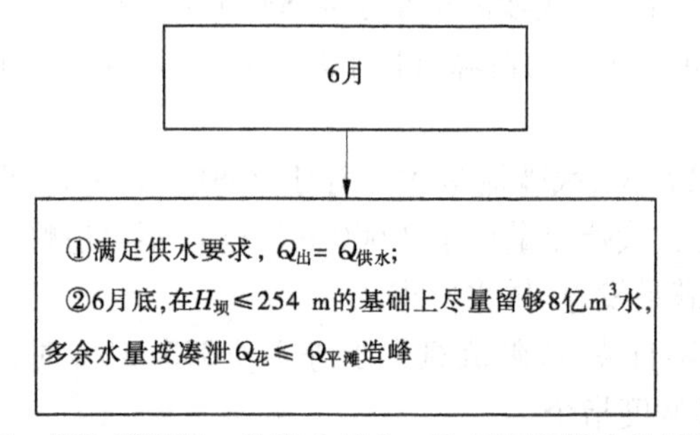

图 7-7　拦沙后期第一阶段 6 月 1 ~ 30 日调节指令执行流程

7.1.2.2　拦沙后期第二阶段调节指令

拦沙后期第二阶段,即水库累计淤积量为 42 亿 ~ 75.5 亿 m^3 的运用阶段,与第一阶段的主要区别是水库主汛期开始进行上游来大水时相机降低水位冲刷排沙,其他调节指令与第一阶段基本相同,具体调节指令如下。

1)7 月 1 ~ 10 日

与第一阶段调节指令相同。

2)7 月 11 ~ 10 日

主汛期调节指令执行流程见图 7-8,具体调节指令如下:

(1)当入库流量加黑石关和武陟流量小于 4 000 m^3/s 时。

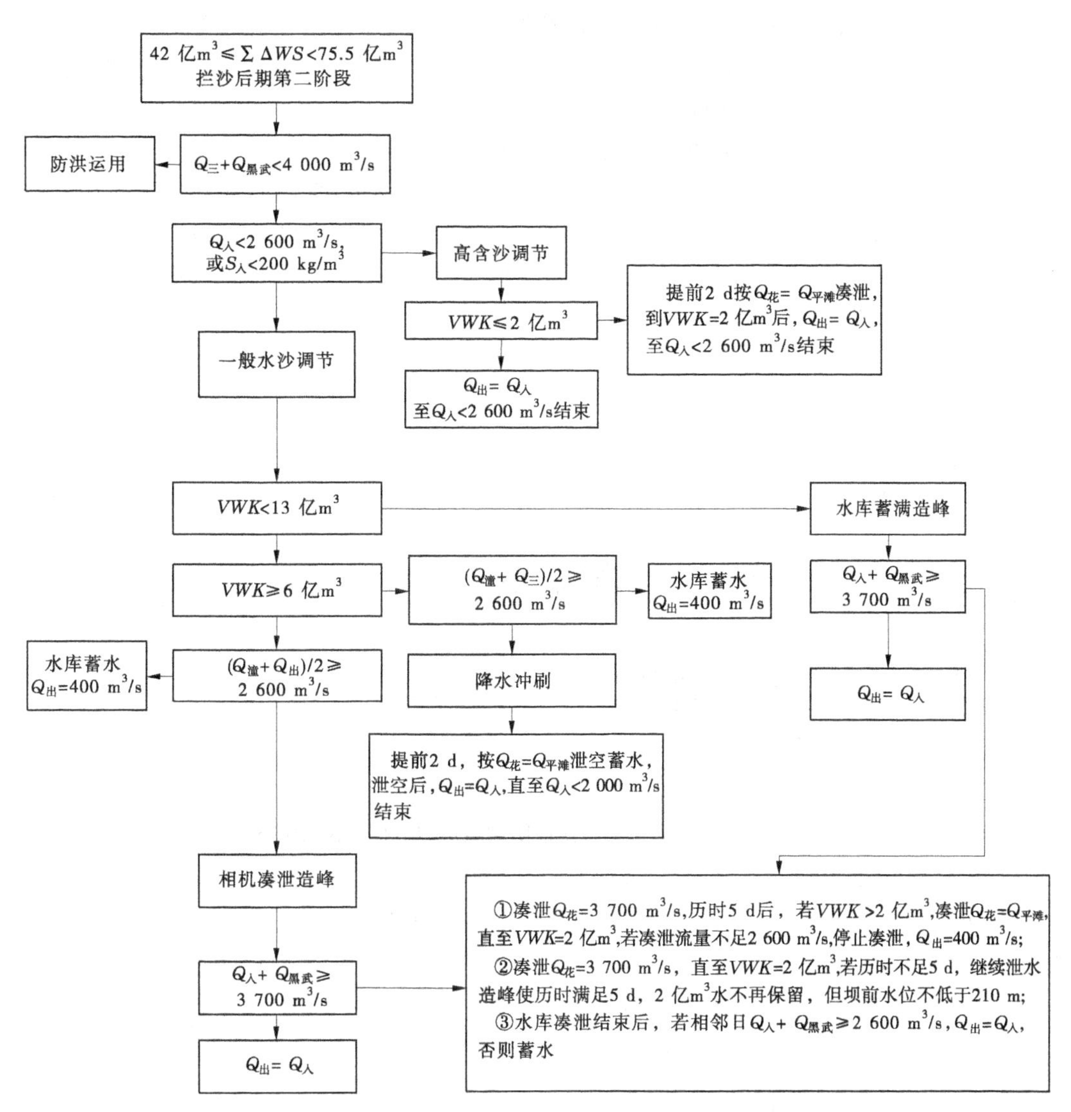

图7-8　进入拦沙后期第二阶段以后7月11日至9月10日调节指令执行流程

①当水库可调节水量大于等于13亿m³时，水库蓄满造峰，凑泄花园口流量大于等于3 700 m³/s。具体调节与第一阶段相同。

②当潼关、三门峡平均流量大于等于2 600 m³/s且水库可调节水量大于等于6亿m³时，水库相机凑泄造峰，凑泄花园口流量大于等于3 700 m³/s。具体调节与第一阶段相同。

③当潼关、三门峡平均流量大于等于2 600 m³/s且水库可调节水量小于6亿m³时，水库降低水位泄水冲刷，提前2 d泄水，利用大水排沙冲刷恢复库容，待洪水过后（入库流量小于2 000 m³/s）再恢复调水运用。在凑泄造峰和防洪调度过程中遇到此条，则执行此条。

④当潼关、三门峡平均流量小于2 600 m³/s且小浪底水库可调节水量小于6亿m³时，出库流量等于400 m³/s，满足机组调峰发电要求。

⑤当潼关、三门峡平均流量小于2 600 m³/s，小浪底水库可调节水量大于等于6亿m³

且小于 13 亿 m^3 时,出库流量仅满足机组调峰发电需要,出库流量等于 400 m^3/s。

⑥当预报入库流量大于等于 2 600 m^3/s 且含沙量大于等于 200 kg/m^3 时,执行高含沙洪水调节,具体调节与第一阶段相同。

(2)入库流量加黑石关、武陟流量大于等于 4 000 m^3/s 时。

入库流量加黑石关、武陟流量大于等于 4 000 m^3/s 时,进入防洪运用,调节指令基本同第一阶段,主要区别在于,当入库流量加黑石关、武陟流量为 4 000 ~ 8 000 m^3/s,潼关含沙量小于 200 kg/m^3 时,若水库正在执行降水冲刷指令,则继续进行降水冲刷。

水库防洪调节指令执行流程见图 7-9。

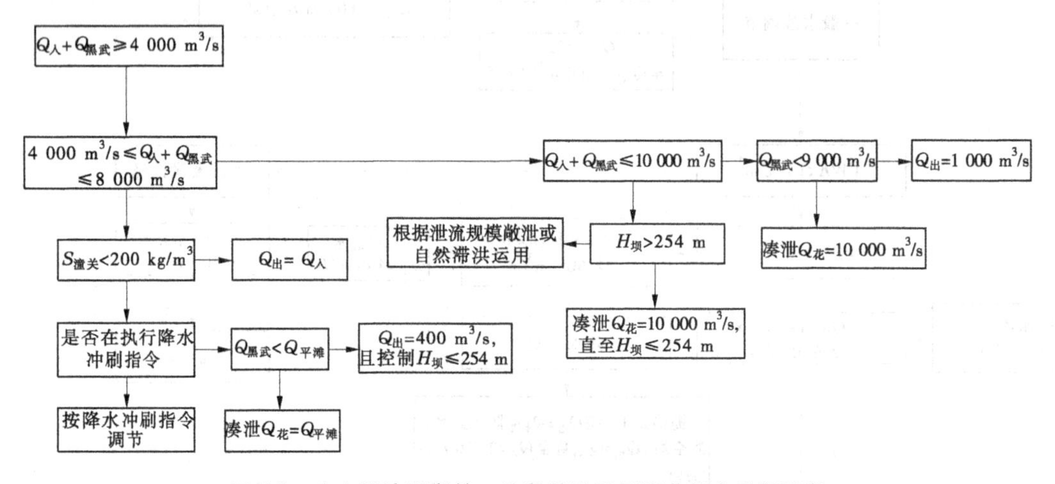

图 7-9　水库拦沙后期第二阶段防洪运用调节指令执行流程

3)9 月 11 ~ 30 日

指令执行流程见图 7-10,具体调节基本与第一阶段相同,主要区别在于,当入库流量加黑石关和武陟流量小于 4 000 m^3/s 时,若水库在 9 月 10 日执行降水冲刷,则在 9 月 11 日开始继续执行降水冲刷,直至入库流量小于 2 000 m^3/s 后恢复蓄水。

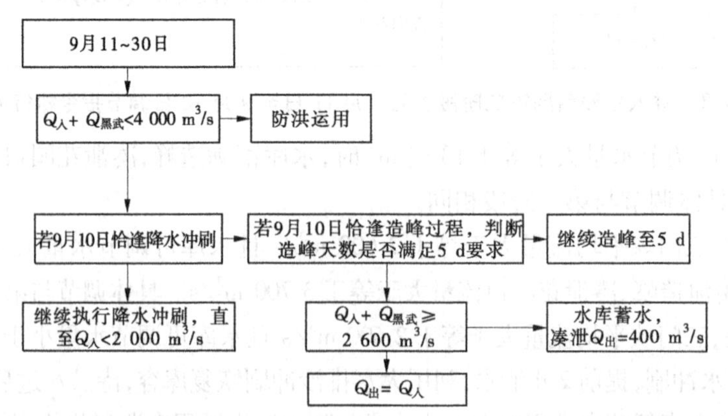

图 7-10　拦沙后期第二阶段 9 月 11 ~ 30 日调节指令执行流程

4)10 月至次年 6 月

运用方式与第一阶段相同。

7.1.2.3 拦沙后期第三阶段调节指令

水库淤积量大于等于75.5亿m^3至拦沙后期结束为第三阶段，当水库淤积量大于等于79亿m^3时，先泄空水库蓄水，之后水库进行敞泄排沙，直至淤积量小于等于76亿m^3，在泄水过程中，小黑武流量不大于下游河道的平滩流量。

其他与第二阶段调节指令相同。

7.2 数学模型计算成果分析研究

采用水库水文学模型和水动力学模型，对方式一和方式二的代表方案进行分析计算。

7.2.1 计算边界条件

7.2.1.1 水库水沙系列及地形边界条件

采用的起始地形条件为2007年10月实测地形，1997年9月至2007年10月，库区累计淤积泥沙23.95亿m^3。设计水沙条件采用2020年水平减沙量5亿t，平水平沙的1968系列作为入库水沙条件。

7.2.1.2 水库库容和泄流规模

本次计算采用的起始库容曲线为2007年10月小浪底水库实测库容曲线，各高程干、支流库容见表7-2。水库泄流规模采用限制泄流曲线，各高程相应泄量见表7-3。

表7-2 小浪底水库2007年10月实测库容曲线

高程(m)	干流库容(亿m^3)	支流库容(亿m^3)	总库容(亿m^3)
175	0	0	0
180	0	0	0
185	0	0	0
190	0.09	0.03	0.12
195	0.71	0.20	0.91
200	1.55	0.62	2.17
205	2.61	1.26	3.87
210	3.86	2.14	6.00
215	5.29	3.20	8.49
220	6.88	4.44	11.32
225	8.71	6.02	14.73
230	11.23	8.03	19.26
235	14.69	10.59	25.28
240	18.69	13.64	32.33
245	23.08	17.16	40.24
250	27.76	21.22	48.98
255	32.62	25.75	58.37
260	37.78	30.72	68.50
265	43.26	36.17	79.43
270	49.02	42.12	91.14
275	55.03	48.57	103.60

表 7-3　小浪底水利枢纽泄水建筑物限制运用时的泄流曲线

水位 (m)	各建筑物泄量(m^3/s)										
	1号排沙洞	2号排沙洞	3号排沙洞	1号孔板洞	2号孔板洞	3号孔板洞	1号明流洞	2号明流洞	3号明流洞	正常溢洪道	合计
200	419	419	419	1 146	1 076	1 076	139				4 694
205	441	441	441	1 193	1 122	1 122	376				5 136
210	461	461	461	1 239	1 167	1 167	730	12			5 698
215	481	481	481	1 283	1 211	1 211	1 060	182			6 390
220	500	500	500	1 326	1 255	1 255	1 280	452			7 068
225	500	500	500	1 367	1 297	1 297	1 465	727	0		7 653
230	500	500	500	1 407	1 338	1 338	1 624	952	139		8 298
235	500	500	500	1 446	1 376	1 376	1 774	1 130	392		8 994
240	500	500	500	1 484	1 414	1 414	1 914	1 280	687		9 693
245	500	500	500	1 521	1 452	1 452	2 045	1 394	931		10 295
250	500	500	500	1 557	1 489	1 489	2 174	1 495	1 122		10 826
255	500	500	500		1 524	1 524	2 289	1 594	1 286		9 717
260	500	500	500		1 559	1 559	2 404	1 693	1 430	152	10 297
265	500	500	500		1 591	1 591	2 500	1 789	1 563	1 038	11 572
270	500	500	500		1 623	1 623	2 593	1 883	1 684	2 405	13 311
275	500	500	500		1 654	1 654	2 680	1 973	1 796	4 050	15 307

7.2.2　数学模型计算成果

7.2.2.1　不同运用方式水库形成高滩深槽的年限

水库坝前滩面高程达 254 m,意味着水库拦沙期完成,不同运用方式小浪底水库拦沙后期运用年限见表 7-4。从表 7-4 中可以看出,两个模型计算结果,拦沙后期运用年限的长度方式一为 11 年,方式二为 16 ~ 18 年,加上水库实际运用的 8 年,则方式一的整个拦沙期为 19 年,方式二的整个拦沙期为 24 ~ 26 年,方式二的水库拦沙期比方式一延长了 5 ~ 7年。一般而言,方式二的调控库容大,在蓄水状态下比方式一淤积速度快,但方式一除下游供水需要泄水和强迫排沙外,一般情况下水库蓄水维持 2 亿 ~ 3 亿 m^3,没有来大水降低库水位冲刷恢复库容的机会,使得库区持续拦沙淤积速度较快;而方式二遇到合适的水沙条件时,水库提前泄水降低水位冲刷库区淤积物恢复库容,把前期淤积的相当一部分泥沙冲刷排出,使得水库多年调节泥沙,库容重复利用,所以淤积速度反而慢,拦沙期也得到了延长。

表 7-4　水库拦沙后期运用年限统计

方案	形成高滩的年限(年)	
	水动力学模型	经验模型
方式一	11	11
方式二	18	16

7.2.2.2　不同运用方式干流高滩深槽形态的塑造

图 7-11 为按照方式一运用方式第 5 年、第 10 年和第 18 年库区纵剖面淤积形态套绘图。由图 7-11 可知，前 10 年，干流淤积面持续抬升，坝前滩面高程约 250 m，槽底高程约 247 m。水库拦沙库容淤满后开始降低水位运用形成滩槽。水库运用 18 年，坝前滩面高程达到 254 m，槽底高程约为 230 m。

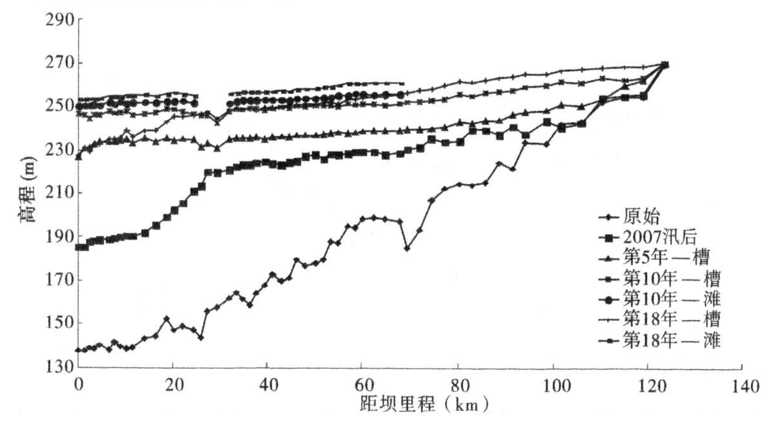

图 7-11　库区淤积形态(方式一，干流)

图 7-12 为按照方式二运用方式运用第 5 年、第 10 年和第 18 年库区纵剖面淤积形态套绘图。由图 7-12 可知，方式二运用，水库小水时蓄水拦沙运用，库区淤积抬升，大水时降低水位冲刷恢复库容，主槽下切，因此库区淤积形态与方式一在运用过程中有比较明显的差别，水库运用 10 年，坝前滩面约为 240 m，槽底高程约为 225 m，水库运用 18 年，坝前滩面高程达到 254 m，槽底高程约为 226 m。

图 7-13 为按照不同运用方式水库运用第 18 年的干流淤积纵剖面套绘图。由图 7-13 可知，按照两种方式运用，淤积形态差别不大，基本都形成了高滩深槽淤积形态，坝前滩面高程都达到 254 m。但深槽的河床高程有所不同，坝前 30 km 范围内，方式一河槽纵剖面较方式二高 5 ~ 10 m。

7.2.2.3　不同运用方式支流淤积形态

图 7-14 ~ 图 7-23 分别给出了水库按照不同运用方式运用后第 5 年、第 10 年和第 18 年(拦沙后期结束)的大峪河(距坝约 4.23 km)、畛水河(距坝约 17.03 km)、西阳河(距坝约 39.38 km)、亳清河(距坝约 56.95 km)4 条支流的纵剖面图。由图可以看出，支流沟口的高程随着干流滩面的淤积高程而逐步抬高，两种运用方式，支流淤积形态和倒锥体比较没有明显的差别，在支流沟口处形成高度约 4 m 的拦门沙坎，拦门沙坎后的支流库容由泥

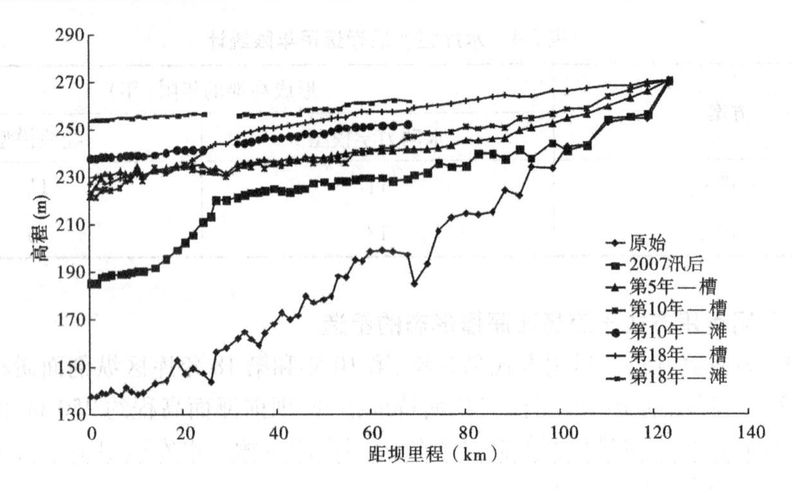

图 7-12　库区淤积形态(方式二,干流)

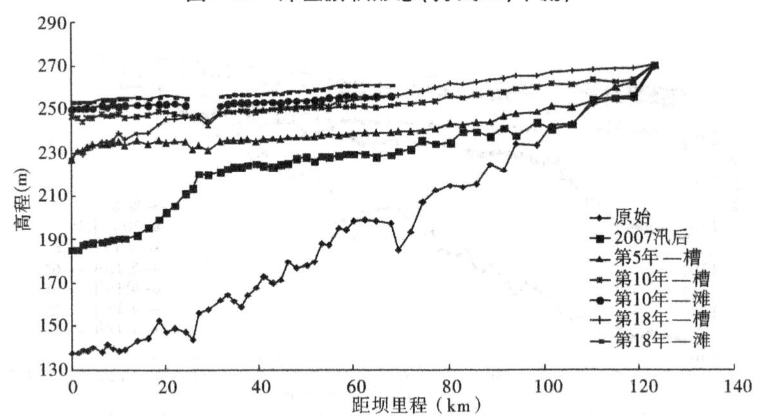

图 7-13　库区淤积形态(方式一、方式二套绘,干流)

沙淤积填充。距离坝址越近,支流口门淤积抬升高度越高,拦门沙坎也越高。

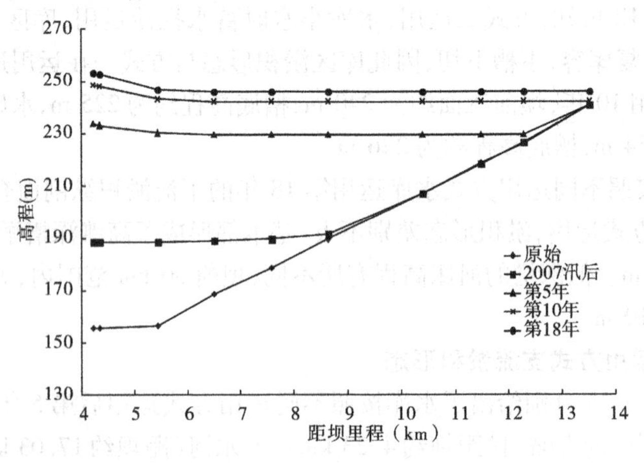

图 7-14　支流大峪河淤积形态(方式一)

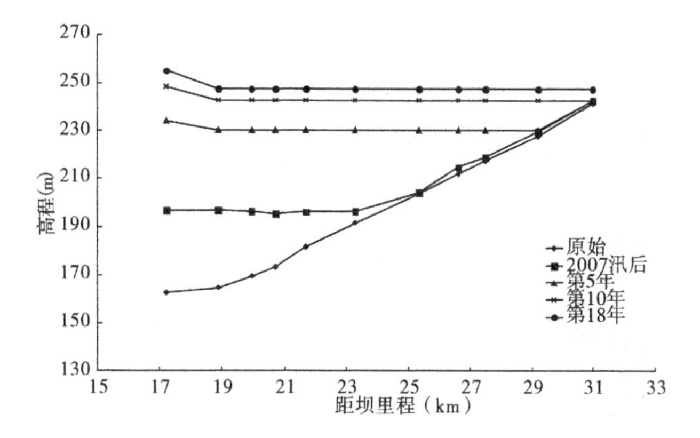

图7-15 支流畛水河淤积形态(方式一)

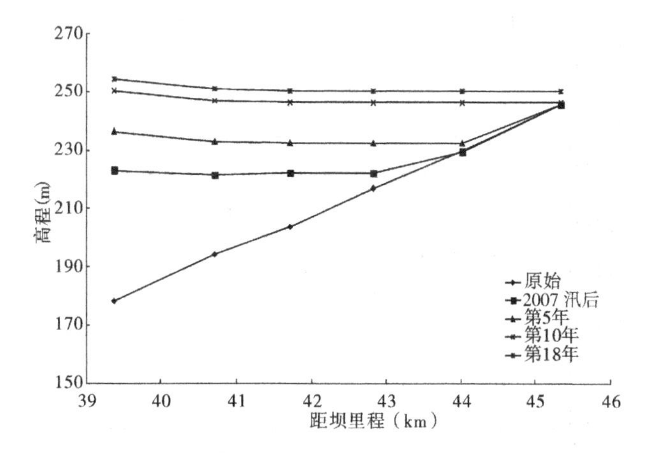

图7-16 支流西阳河淤积形态(方式一)

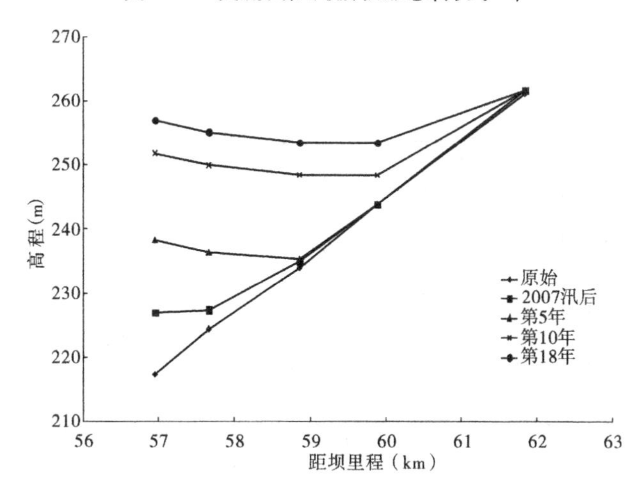

图7-17 支流亳清河淤积形态(方式一)

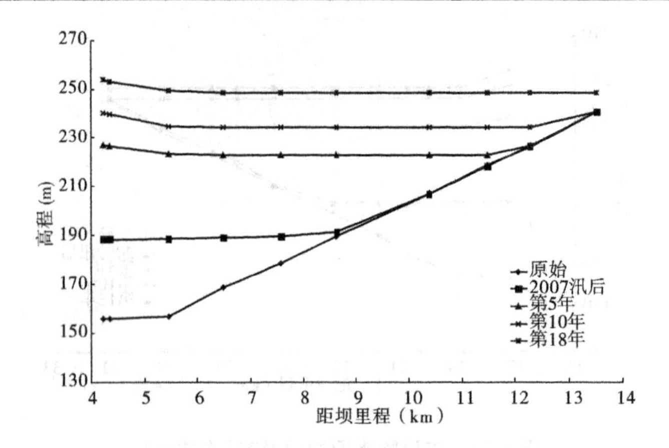

图 7-18　支流大峪河淤积形态(方式二)

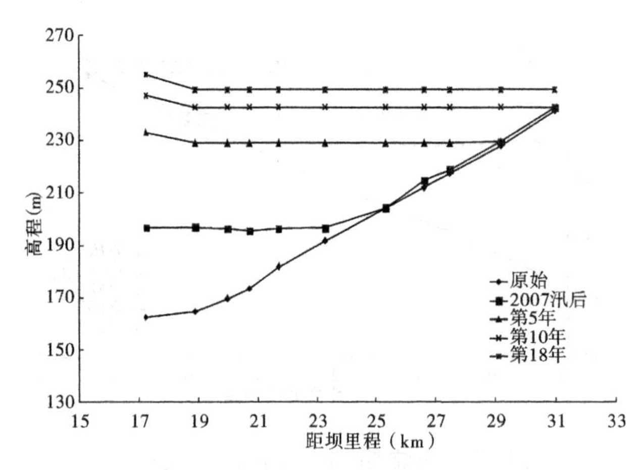

图 7-19　支流畛水河淤积形态(方式二)

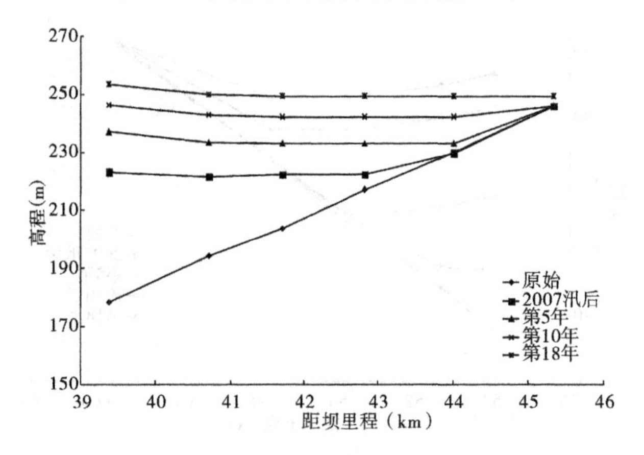

图 7-20　支流西阳河淤积形态(方式二)

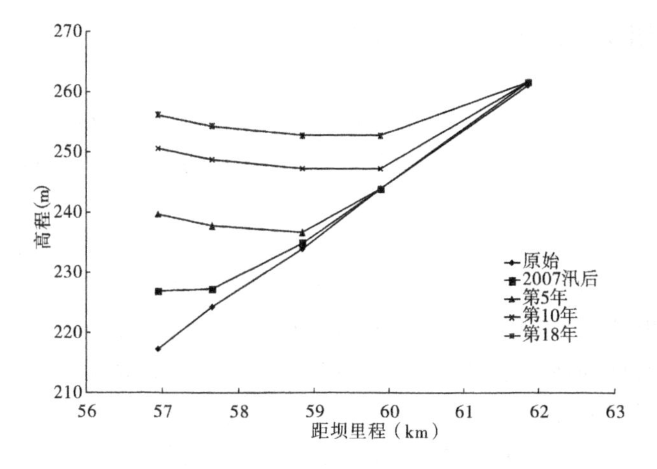

图7-21　支流亳清河淤积形态(方式二)

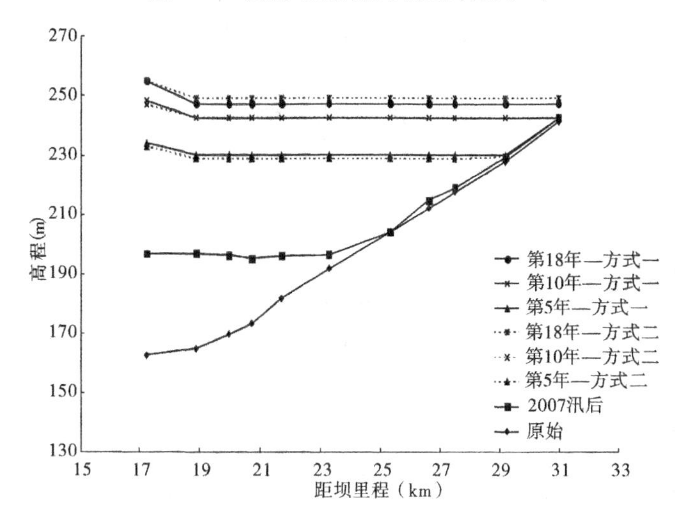

图7-22　支流畛水河淤积形态(方式一、方式二套绘)

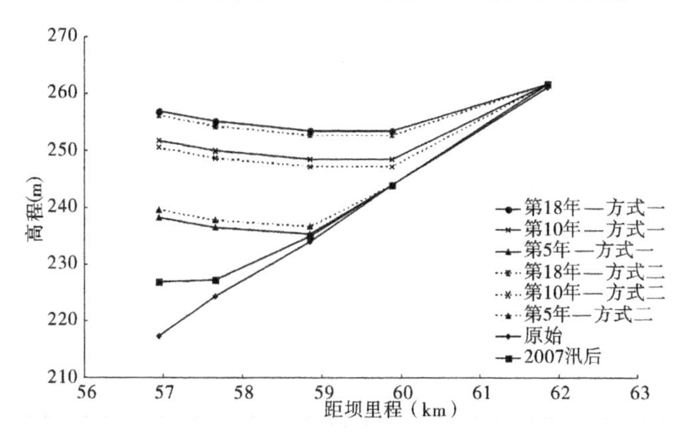

图7-23　支流亳清河淤积形态(方式一、方式二套绘)

7.2.2.4　不同运用方式对水库库容的影响分析

1）支流无效库容

在小浪底水库逐年淤积过程中，支流沟口将形成拦门沙坎，支流逐步呈现倒锥体淤积形态，水库设计中，拦门沙坎上游、拦门沙坎顶高程以下的库容不参与水库调节运用，称为无效库容。

两种运用方式支流无效库容变化过程见表7-5和图7-24。从无效库容的变化过程看，水库运用前3年，由于方式二尚不具备降水冲刷的条件，其全库区淤积量较方式一大，无效库容增加也略快；第4年后，方式二具有降水冲刷的机会，而方式一持续淤积，因此方式二支流无效库容增加速率较方式一有所降低；第9年，来水流量较大时，方式二降低水库水位利用大流量冲刷库区，而方式一继续淤积，因此其支流无效库容方式一发展明显比方式二快。方式一运用到第11年拦沙期完成，其无效库容达3.18亿 m^3，而后增加缓慢，至第18年无效库容达3.29亿 m^3。方式二到第18年才冲淤平衡，无效库容达3.21亿 m^3。由此可见，就支流无效库容发展来看，方式二较方式一发展慢，更有利于水库长期有效库容的利用。

表7-5　不同运用方案支流无效库容统计

年序	支流无效库容（亿 m^3）	
	方式一	方式二
0	0.10	0.10
1	0.85	0.93
2	1.05	1.31
3	1.55	1.67
4	1.79	1.80
5	1.94	1.91
6	2.08	2.03
7	2.19	2.18
8	2.48	2.45
9	2.78	2.54
10	2.90	2.55
11	3.18	2.59
12	3.20	2.61
13	3.21	2.67
14	3.30	3.00
15	3.30	3.02
16	3.30	3.07
17	3.29	3.09
18	3.29	3.21

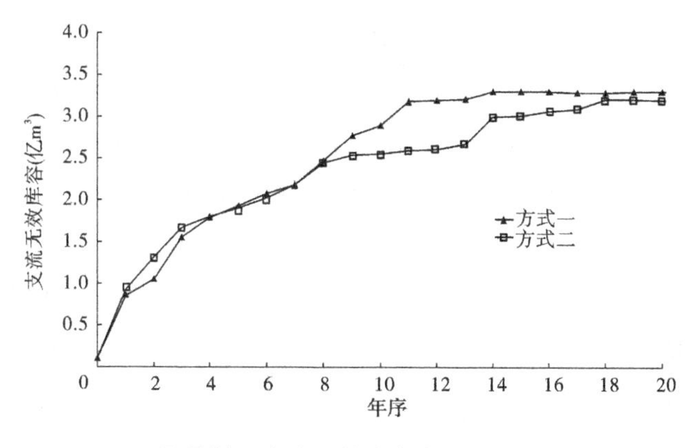

图 7-24　支流无效库容变化过程线

2) 不同运用方式水库库容

表 7-6 和图 7-25 ~ 图 7-27 给出了按照不同运用方式水库库容(扣除了支流无效库容)历年变化情况。由图、表可以看出,水库运用前 3 年,方式一和方式二都没有降水冲刷的机遇,方式二比方式一库区蓄水量大,库区淤积量多,所以水库库容略小,第 4 年后,方式二开始具有降水冲刷的机会,其中,第 9 年(为 1976 年)来水来沙较丰,方式二降水冲刷恢复库容,而方式一则持续淤积,到第 9 年末,方式二总库容较方式一多 13.23 亿 m^3,而后方式二的干支流库容均大于方式一,直至方式二拦沙期结束;方式一第 11 年拦沙期完成,库区总库容为 46.17 亿 m^3(其中干流库容为 22.39 亿 m^3,支流库容为 23.78 亿 m^3);方式二到第 18 年拦沙后期完成,库区总库容为 47.84 亿 m^3(其中干流库容为 24.89 亿 m^3,支流库容为 22.95 亿 m^3)。两种运用方式拦沙期后,库区冲淤交替出现,库区干支库容差别不大。

表 7-6　不同运用方式水库库容(扣除了支流无效库容)

年序	方式一水库库容(亿 m^3)			方式二水库库容(亿 m^3)		
	干流	支流	总库容	干流	支流	总库容
0	55.85	47.90	103.75	55.85	47.90	103.75
1	52.26	44.41	96.67	50.75	44.80	95.55
2	48.59	43.36	91.95	47.08	42.32	89.40
3	44.22	39.44	83.66	43.32	39.28	82.60
4	40.85	37.67	78.52	40.99	38.19	79.18
5	39.71	36.43	76.14	39.52	36.92	76.44
6	37.06	34.81	71.87	36.92	35.14	72.06
7	34.89	33.89	68.78	34.77	33.87	68.64
8	31.47	31.22	62.69	31.25	31.50	62.75
9	28.26	28.05	56.31	38.91	30.63	69.54
10	26.26	26.92	53.18	35.57	30.63	66.20

续表 7-6

年序	方式一水库库容(亿 m³)			方式二水库库容(亿 m³)		
	干流	支流	总库容	干流	支流	总库容
11	22. 39	23. 78	46. 17	33. 80	30. 13	63. 93
12	24. 36	23. 14	47. 50	29. 84	29. 96	59. 80
13	22. 95	22. 99	45. 94	28. 51	29. 25	57. 76
14	23. 32	22. 68	46. 00	25. 54	26. 10	51. 64
15	23. 54	22. 67	46. 21	29. 02	25. 83	54. 85
16	24. 88	22. 67	47. 55	25. 02	25. 46	50. 48
17	23. 11	22. 68	45. 79	23. 72	25. 00	48. 72
18	23. 97	22. 68	46. 65	24. 89	22. 95	47. 84

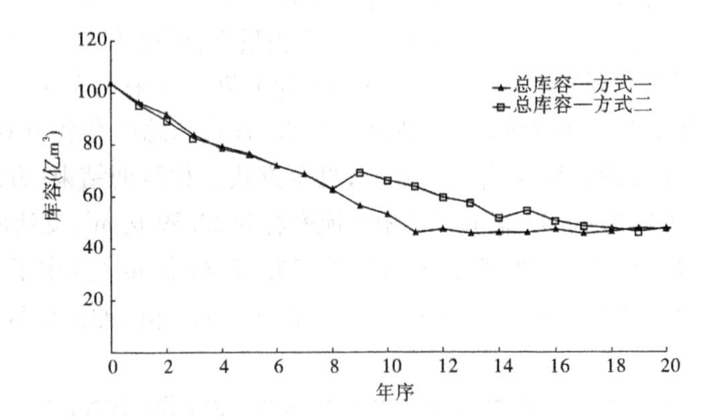

图 7-25　水库总库容变化过程线(扣除了支流无效库容)

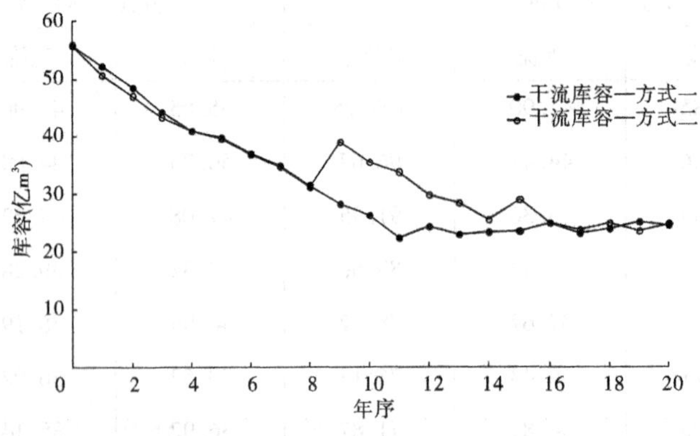

图 7-26　水库干流库容变化过程线

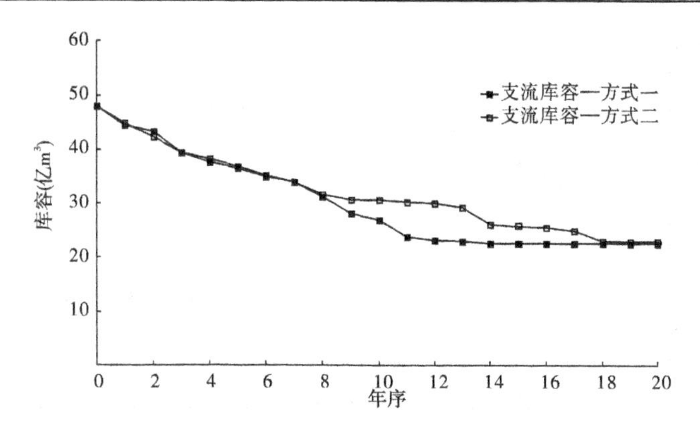

图 7-27　水库支流库容变化过程线(扣除了支流无效库容)

7.3　实体模型试验研究

采用前期水沙偏枯的 1990 系列的前 20 年水沙过程,分别对方式一和方式二两种运用方式进行了实体模型试验。

7.3.1　不同运用方式形成高滩深槽年限

分别对两种方式试验过程中历年坝前滩面高程变化过程进行了统计,见表 7-7,以坝前滩面高程达到 254 m 为指标确定各方式拦沙期结束时期,从表 7-7 中可以看出,方式一的拦沙期结束在第 15 年,方式二的拦沙期结束在第 16 年,方式一比方式二提前一年完成拦沙期。图 7-28 为两种方式坝前滩面高程变化图。

表 7-7　两种方式坝前滩面高程变化　(单位:m)

年序	1	2	3	4	5	6	7	8	9	10
方式一	214.7	213.3	222.8	224.1	229.2	235.9	236.8	238.0	239.5	240.3
方式二	192.6	204.5	220.3	227.3	227.7	238.9	241.3	241.6	242.9	243.5
年序	11	12	13	14	15	16	17	18	19	20
方式一	242.9	244.6	251.9	253.5	254.2	254.5	254.2	254.2	254.5	254.8
方式二	248.2	248.4	252.3	252.7	253.7	254.1	254.2	254.1	254.3	254.6

7.3.2　不同运用方式水库干流高滩深槽形态的塑造

通过对比两种方式的干流地形可以发现,方式二在水库实施降水冲刷之前的第 12 年汛后,滩槽淤积面均较高,且高于方式一同期的淤积地形。方式一至第 17 年运用水位一度降至 230 m,库区产生自下而上的溯源冲刷。第 17 年 7 ~ 9 月来水量接近 20 年系列的平均值,且低水位运行历时相对较短,对库区冲刷远不及方式二中第 19 年的冲刷量。第 17 年过后,两种方式同期库区累积淤积量的差值进一步加大,库区淤积面高差亦增加。

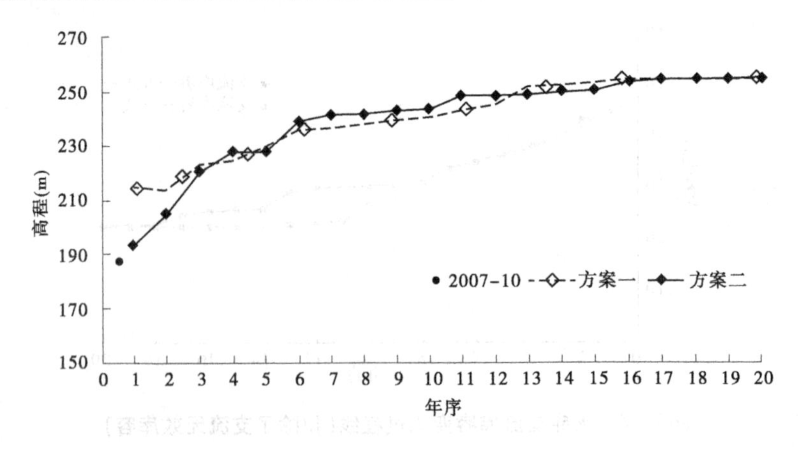

图 7-28　两种方式坝前滩面高程变化

方式二第 13 年与第 19 年的相机排沙,河槽得以较大幅度的冲刷。

20 年系列之后,两者滩面高程相近,而河槽却有较大的差别。方式二借助第 19 年水量较大的年份,大幅度降低运用水位,较长时期稳定在 230 m,有利的流量过程与较低的侵蚀基面,使库区产生大幅度冲刷,河槽得以较为充分扩展。第 20 年为小水小沙年,库区淤积量不大,河槽略有回淤,20 年之后,方式二呈现出高滩深槽的淤积形态。而方式一在经历了第 17 年的降水冲刷之后,在第 18 年的 7 月中下旬有短暂的低水位运用,但由于流量较小,对库区作用不明显。第 19 年仅在 7 月底 8 月初水位较低,其他时段水位均较高,在库区上段产生沿程冲刷而下段处于淤积状态。

图 7-29 为两种方式第 20 年沿程深泓点高程对比。20 年系列试验之后,河槽纵比降方式二明显大于方式一。图 7-30 为第 20 年汛后两种方式横断面对比图。

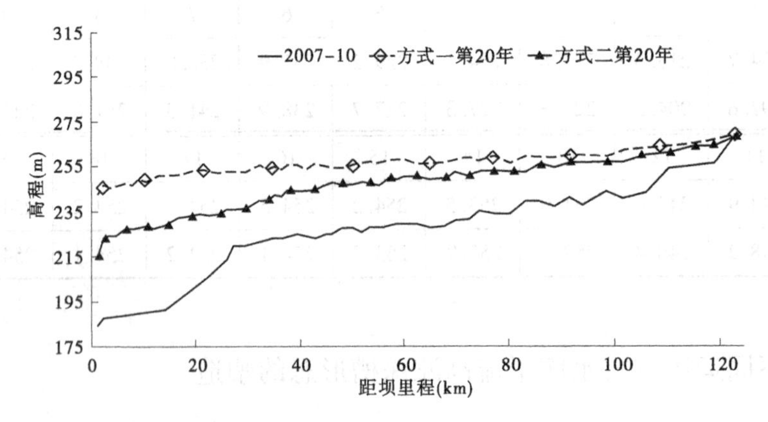

图 7-29　方式一与方式二 20 年汛后纵剖面对比

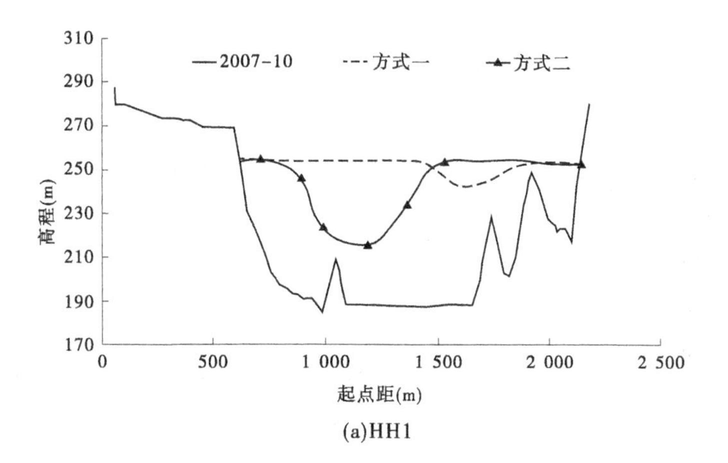

(a)HH1

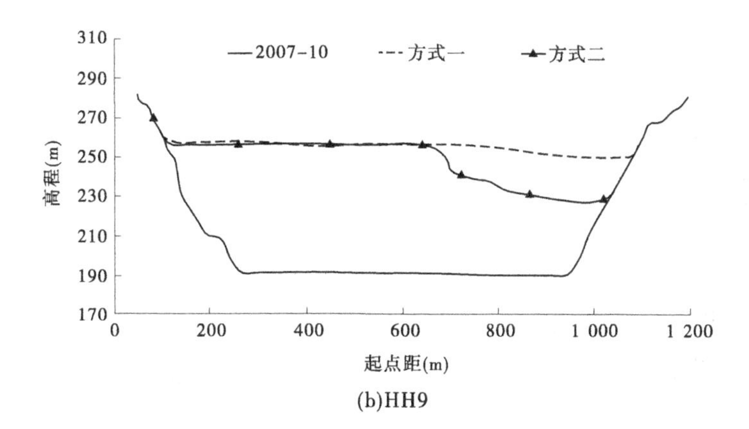

(b)HH9

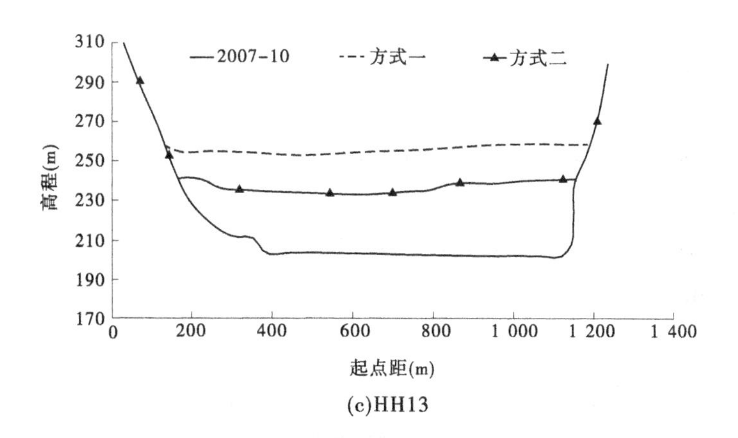

(c)HH13

图7-30　方式一与方式二第20年汛后横断面对比

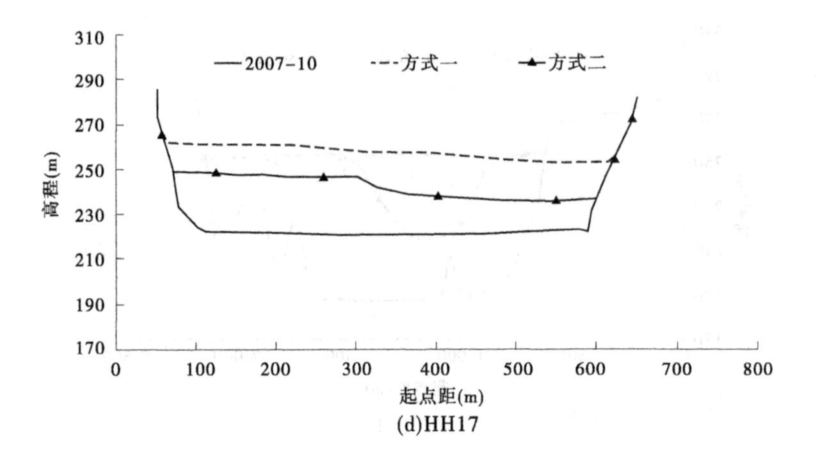

(d)HH17

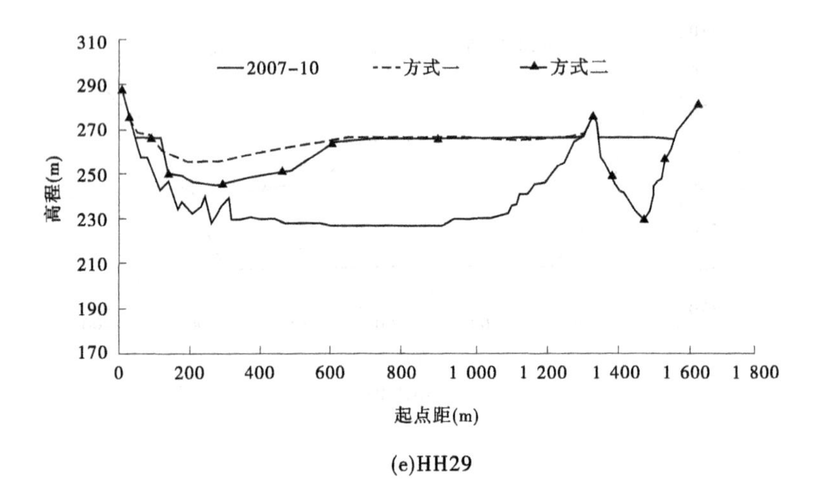

(e)HH29

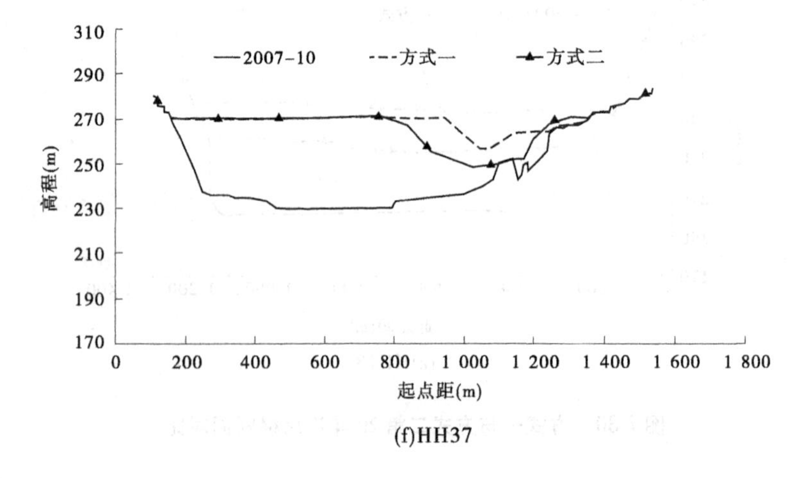

(f)HH37

续图 7-30

7.3.3　不同运用方式水库支流淤积形态

图 7-31、图 7-32 给出两种方式典型支流滩地纵剖面与口门 01 断面的套绘图。

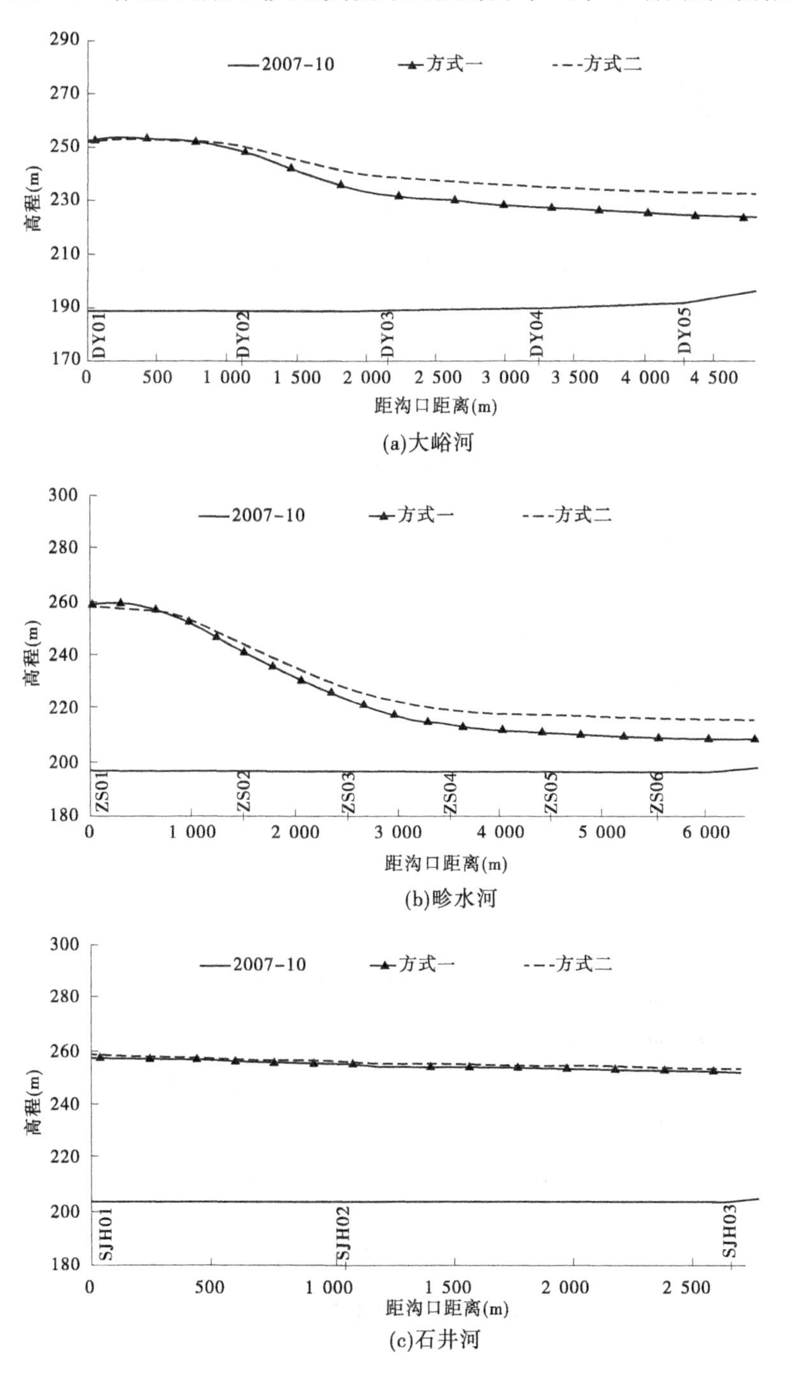

(a)大峪河

(b)畛水河

(c)石井河

图 7-31　方式一与方式二第 20 年汛后典型支流纵剖面套绘

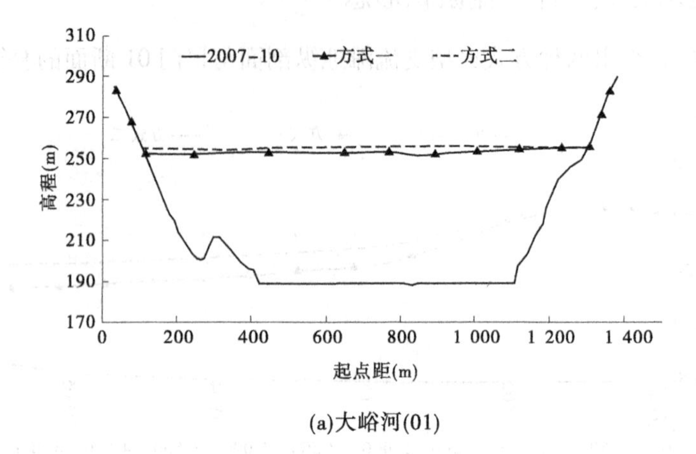

(a)大峪河(01)

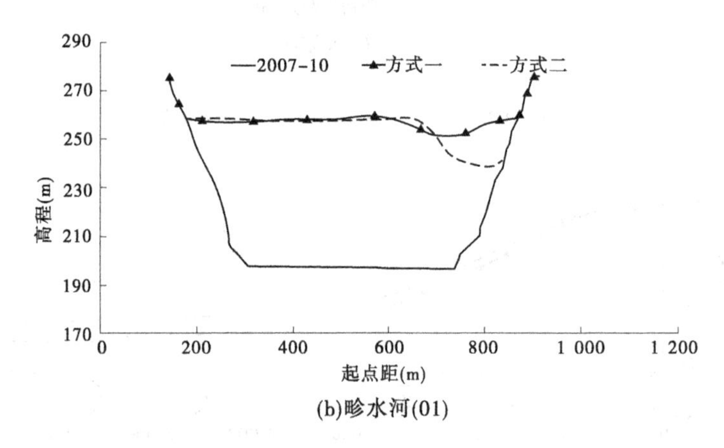

(b)畛水河(01)

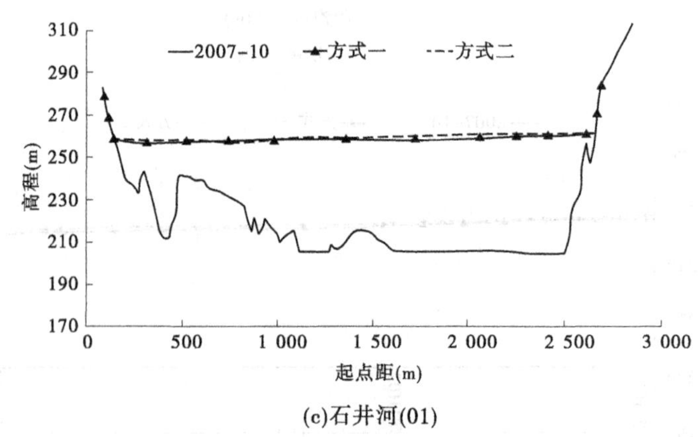

(c)石井河(01)

图 7-32　方式一与方式二第 20 年汛后典型支流横断面套绘

支流大峪河与畛水河，两种方式支流口门处高程滩面高程基本相同，支流内部方式二略高于方式一。例如：畛水河01断面滩地高程均接近258 m，而畛水河03断面两者高差达5 m左右。

方式二第18年及第19年进行的相机排沙，部分支流河槽相应产生冲刷。支流畛水河01断面冲刷出宽度近200 m，最深近20 m的河槽。支流河槽贯通了干流与支流库容，有利于支流库容的利用，而且有利于干流浑水倒灌。

支流畛水河原始库容大（17.5亿 m^3），275 m高程回水长（20 km以上），沟口断面狭窄（约600 m），而畛水河上游地形开阔，距口门约3 km处，河谷宽度为口门宽度的4倍以上。方式一与方式二系列年试验结果均显示，支流畛水河干支流淤积面高差大。

7.3.4 不同运用方式对水库库容的影响分析

表7-8为20年系列试验之后方式一与方式二各级高程库容的对比（方式二减方式一）。图7-33给出了两种方式20年后的干流、支流与总库容曲线对比。

表7-8 方式一与方式二系列年试验第20年各级高程库容对比

高程 (m)	干流 (亿 m^3)	支流（亿 m^3）			总库容 (亿 m^3)
		左岸支流	右岸支流	支流总和	
210	0	0	0	0	0
215	0	0	0	0	0
220	0.060	0	-0.200	-0.200	-0.140
225	0.220	-0.030	-0.310	-0.340	-0.120
230	0.440	-0.220	-0.580	-0.800	-0.360
235	0.720	-0.560	-0.810	-1.370	-0.650
240	1.050	-1.080	-1.030	-2.110	-1.060
245	1.556	-1.480	-1.330	-2.810	-1.254
250	2.252	-1.720	-1.510	-3.230	-0.978
255	3.194	-1.840	-1.620	-3.460	-0.266
260	4.433	-2.010	-1.634	-3.644	0.789
265	5.070	-1.710	-1.780	-3.490	1.580
270	5.197	-1.760	-1.910	-3.670	1.527
275	5.162	-1.845	-1.841	-3.686	1.476

两种方式相比，总库容除260 m高程以上方式二大于方式一之外，其他各级高程方式二均不大于方式二；干流库容各级高程方式二均不小于方式一；支流库容各级高程方式二均不大于方式一。

表7-9统计了两种方式库容特征值，275 m高程库容，方式二及方式一分别为53.629

亿 m^3 及 52.153 亿 m^3，其中干流库容分别为 21.225 亿 m^3 及 16.064 亿 m^3，支流库容分别为 32.404 亿 m^3 及 36.089 亿 m^3。方式二与方式一相比，干流库容多 5.161 亿 m^3，支流库容少 3.685 亿 m^3，总库容多 1.476 亿 m^3。

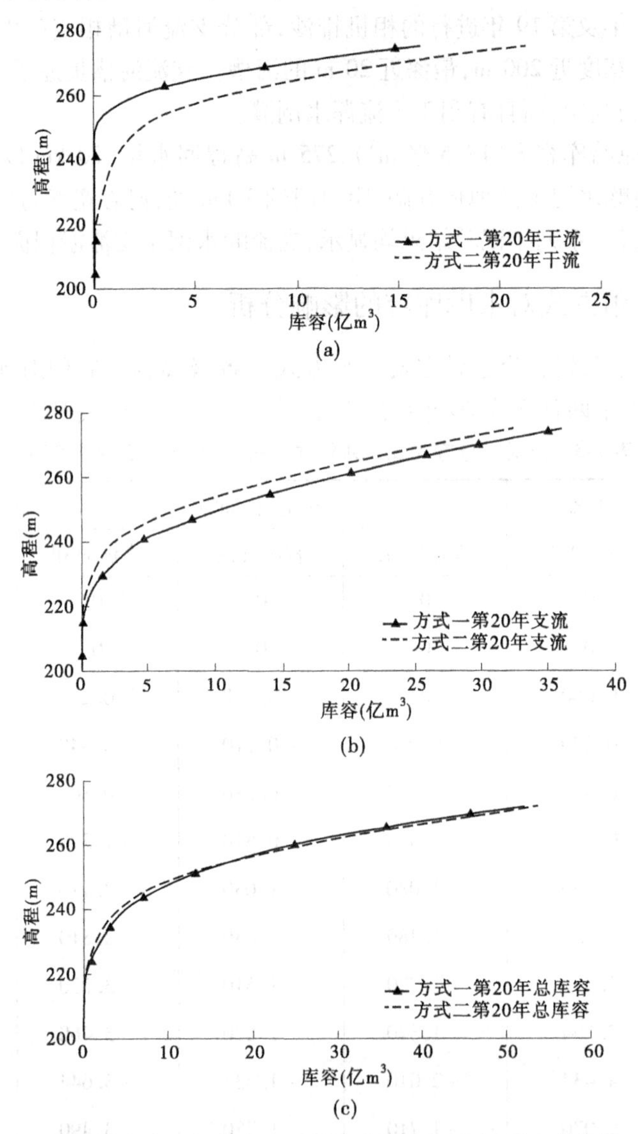

图 7-33　方式一与方式二系列年试验第 20 年汛后库容曲线

254 m 高程以上库容，方式二及方式一分别为 40.458 亿 m^3 及 38.410 亿 m^3，其中干流库容分别为 17.579 亿 m^3 及 15.396 亿 m^3，支流库容分别为 22.879 亿 m^3 及 23.014 亿 m^3。方式二与方式一相比，干流库容多 2.183 亿 m^3，支流库容少 0.135 亿 m^3，总库容多 2.048 亿 m^3。

若扣除支流沟口高程以下的不可利用库容，254 m 高程以上防洪库容，方式二及方式一分别为 40.121 亿 m^3 及 38.013 亿 m^3，方式二更接近设计防洪库容。

表7-9　方式一与方式二系列年试验第20年库容特征值对比　（单位：亿 m^3）

项目	275 m高程以下库容			254 m高程以上库容			254 m高程以上防洪库容		
	干	支	总	干	支	总	干	支	总
方式一	16.064	36.089	52.153	15.396	23.014	38.410	15.396	22.617	38.013
方式二	21.225	32.404	53.629	17.579	22.879	40.458	17.579	22.542	40.121
差值	5.161	-3.685	1.476	2.183	-0.135	2.048	2.183	-0.075	2.108

注：差值为方式二减方式一。

7.4　拦沙后期推荐运用方式

运用方式一，库水位变幅小，滩槽同步上升，形成高滩高槽后再降低水位敞泄排沙冲刷，从而形成高滩深槽。存在两个不利因素，一是淤积物的干容重随泥沙淤积厚度的增加而变大，淤积体长时间受力固结，抗冲性能大，不易被水流冲刷。二是汛期有利于输沙的中常洪水出现的概率日趋减少，水库淤积量较大时再降水冲刷恢复库容风险较大。因此，水库若长时间先淤后冲，不如水库运用到一定时间后，冲淤交替为好。运用方式二吸收了运用方式一的拦粗排细和出库流量两极分化的思想，考虑当前水沙条件下库区滩槽形成的需要，在水库淤积量达到42亿 m^3 之后相机降低水位冲刷排沙，有利于高滩深槽同步形成和有效库容的保持。数学模型计算和实体模型试验都证明了这一点。

从支流库容的利用效果看，数学模型计算结果表明两种运用方式差别不大，实体模型试验结果表明运用方式二优于运用方式一。

因此，考虑库区泥沙冲淤及淤积形态，从有利于高滩深槽的形成、有效库容保持和支流库容充分利用的角度考虑，推荐小浪底水库采用运用方式二运用。

7.5　本章小结

采用数学模型和实体模型对逐步抬高拦粗排细的运用方式（方式一）和多年调节泥沙、相机降水冲刷调水调沙的运用方式（方式二）进行分析论证。两种运用方式，方式一主汛期水库蓄水量按照拦粗排细的运用要求控制，库水位在一个较小的范围内有升降变化，但总趋势是逐步升高的，滩槽淤积面同时逐步上升，当坝前淤积面淤至245 m，再降低库水位冲刷下切，形成高滩深槽，之后利用槽库容拦粗排细调节运用，水库持续淤积，拦沙期较短。方式二小水时蓄水拦沙，拦粗排细运用，大水时降低水位排沙或冲刷恢复库容，库区冲淤交替进行，滩槽同步形成，水库库容可以重复利用，拦沙期较方式一延长。两个数学模型计算的1968系列结果表明，水库形成高滩的年限方式一为11年，方式二为16～18年，由于降水冲刷恢复库容，方式二比方式一延长了水库拦沙期5～7年。实体模型试验的1990系列具有相同的性质，由于该系列前期来水较枯，方式二降水冲刷恢复库容机会相对较少，即便如此，水库形成高滩的年限的长度方式一为15年，方式二为16年，方式二比方式一延长水库拦沙期1年。

数学模型计算结果表明,两种运用方式第18年水库都形成了滩槽淤积形态,坝前滩面高程都达到254 m,但深槽的河床高程有所不同,坝前30 km范围内方式一河槽纵剖面较方式二高5~10 m。支流淤积形态没有十分明显的差别,支流沟口的高程随着干流滩面的淤积高程而逐步抬高,在支流沟口处形成高度约4 m的拦门沙坎,拦门沙坎后的支流库容由泥沙淤积填充。在水库运用过程中,方式一淤积速度较方式二快,其支流无效库容也发展相对较快,但最终两种运用方式支流无效库容差别不大。方式一至第11年完成拦沙期,其无效库容为3.18亿m^3,有效库容为46.17亿m^3(其中干流库容为22.39亿m^3,支流库容为23.78亿m^3);方式二至第18年拦沙后期完成,其无效库容为3.21亿m^3,有效库容为47.84亿m^3(其中干流库容为24.89亿m^3,支流库容为22.95亿m^3)。两种运用方式拦沙期完成后,库区冲淤交替出现,库区干支库容差别不大。

实体模型试验20年成果表明,两方式相比,支流口门处高程和滩面高程基本相同,拦门沙坎高度方式二略小于方式一。水库总库容方式二和方式一分别为53.629亿m^3和52.153亿m^3,其中干流库容分别为21.225亿m^3及16.064亿m^3,支流库容分别为32.404亿m^3及36.089亿m^3。方式二与方式一相比,干流库容多5.161亿m^3,支流库容少3.685亿m^3,总库容多1.476亿m^3。

第 8 章　水库拦沙库容和有效库容论证

8.1　理论与经验分析

8.1.1　水库淤积形态

8.1.1.1　库区干流淤积形态计算方法

水库淤积纵剖面一般呈下凹形，有多级坡降，从库尾至坝前坡降沿程变小，淤积物组成沿程变细。水库淤积纵剖面形态与来水来沙条件、河床边界条件、水库运用方式等因素有关。对于天然河床为砂卵石覆盖层，纵比降大的山区河流，水库蓄水后，由于水位升高，河谷相对增宽，过水断面面积增大，流速减小，导致挟沙能力降低，使一部分泥沙在库区落淤产生淤积，进而形成新的河道，其河床和滩地纵剖面比降显著减小。

小浪底水库与三门峡水库首尾相连，水沙条件基本相同，故其河床淤积纵剖面的形成将类似三门峡水库潼关以下库区。所不同的主要是砂卵石推移质在水库尾部段的淤积以及水库上半段狭谷河段两岸边壁糙率对淤积比降的影响。三门峡水库自 1974 年蓄清排浑运用以来，库区河床纵剖面比降较为稳定，大体上可分上下两段，上段（潼关—老灵宝）65 km，比降 2.2‱～2.4‱，平均约 2.3‱，下段（老灵宝—大坝）60 km，比降平均约 1.7‱；潼关—大坝库段比降平均为 2.0‱～2.2‱。

除三门峡水库外，还分析了黄河干、支流上的盐锅峡、青铜峡、天桥、巴家咀等水库以及其他多沙河流的官厅、闹德海等水库的淤积形态资料，见表 8-1。

表 8-1　已建水库淤积形态特征

<table>
<tr><td colspan="2" rowspan="3">项目</td><td colspan="2">三门峡水库（潼关以下）</td><td colspan="3">青铜峡水库</td><td colspan="2">盐锅峡水库</td></tr>
<tr><td colspan="2">悬移质淤积段</td><td colspan="2">悬移质淤积段</td><td rowspan="2">推移质淤积段</td><td rowspan="2">悬移质淤积段</td><td rowspan="2">推移质淤积段</td></tr>
<tr><td>下段</td><td>上段</td><td>下段</td><td>上段</td></tr>
<tr><td colspan="2">库段长度（km）</td><td>60</td><td>65</td><td>17.2</td><td>5.0</td><td>6.0</td><td>22</td><td>6.6</td></tr>
<tr><td colspan="2">河槽比降（‱）</td><td>1.7</td><td>2.3</td><td>1.7</td><td>3.2</td><td>6.6</td><td>1.7</td><td>4.6</td></tr>
<tr><td colspan="2">河床质泥沙中数粒径 D_{50}（mm）</td><td>0.084</td><td>0.124</td><td>0.081</td><td>0.175</td><td>夹砾卵石</td><td>0.072</td><td>0.384</td></tr>
<tr><td rowspan="2">造床流量河槽</td><td>造床流量（m^3/s）</td><td colspan="2">6 410</td><td colspan="2">4 500</td><td></td><td>3 500</td><td></td></tr>
<tr><td>水面宽（m）</td><td>515</td><td>730</td><td colspan="2">450</td><td></td><td>450</td><td></td></tr>
</table>

续表 8-1

项目		三门峡水库(潼关以下)		青铜峡水库			盐锅峡水库	
		悬移质淤积段		悬移质淤积段		推移质淤积段	悬移质淤积段	推移质淤积段
		下段	上段	下段	上段			
滩地比降(‰)		1.1		1.0			1.0	
汛期平均	Q(m^3/s)	2 140		1 200			955	
	ρ(kg/m^3)	56		6.3			0.41	
	d_{50}(mm)	0.034		0.037			0.025	
水下边坡系数		20		20			10	
水上边坡系数		8		10			6	

项目		三盛公水库	官厅水库(三角洲)			闸德海水库	巴家咀水库	刘家峡水库(三角洲)
		悬移质淤积段	悬移质淤积段		推移质淤积段	悬移质淤积段	悬移质淤积段	悬移质淤积段
			下段	上段				
库段长度(km)		30	9.8	4.3	6.0	18.5	12.5	22
河槽比降(‰)		1.5~1.7	2.0	2.8	8.8	6.8	3.6	4
河床质泥沙中数粒径 D_{50}(mm)		0.070~0.095	0.098	0.15	粗砂夹砾卵石	0.077	0.254	
造床流量河槽	造床流量(m^3/s)	5 320	542			274	205	4 460
	水面宽(m)	540	270			220	168	400
滩地比降(‰)			2.0			3.5	2.2	
汛期平均	Q(m^3/s)	1 690	49.3			12.4	6.5	1 310
	ρ(kg/m^3)	5.8	28.4			38.8	356	4.2
	d_{50}(mm)	0.022	0.029			0.044	0.031	0.05
水下边坡系数		15	15			6	5	13
水上边坡系数		7	7			5	4	5

综合分析已建水库淤积形态,建立了水库淤积形态计算方法,以此计算分析小浪底水库的淤积形态是可靠的。

1)河床纵比降计算

(1)按来水来沙条件和河床边界条件的综合影响计算输沙平衡河床纵比降。

水流连续公式：

$$Q = BhV \tag{8-1}$$

水流阻力公式：

$$V = \frac{1}{n}h^{2/3}i^{1/2} \tag{8-2}$$

水流挟沙力公式：

$$\rho = K\frac{V^3}{gh\omega} \tag{8-3}$$

由式(8-1)～式(8-3)联解得

$$i = K'\frac{Q_{S出}^{0.5}\omega^{0.5}n^2}{B^{0.5}h^{1.33}} \tag{8-4}$$

为了计算简便，将 $\omega = f(d_{50}^2)$ 代入，得

$$i = K_0\frac{Q_{S出}^{0.5}d_{50}n^2}{B^{0.5}h^{1.33}} \tag{8-5}$$

式中，K_0 为经验系数，根据实际资料分析，与汛期平均来沙系数 $\left(\frac{\rho}{Q}\right)_{入}$ 成反比关系，来沙系数为来水含沙量与来水流量之比，$kg \cdot s/m^6$；Q 为流量，m^3/s；ρ 为含沙量，kg/m^3；$Q_{S出}$ 为出库输沙率，t/s；d_{50} 为悬移质泥沙中数粒径，mm；B、h 分别为河槽水面宽及平均水深，m，按汛期（排沙期）平均流量计算；n 为曼宁糙率系数。

$K_0 \sim \left(\frac{\rho}{Q}\right)_{入}$ 关系见表 8-2。在实际应用时，还要用实测资料验证，根据实际情况调整。需要指出的是，若水库汛期（排沙期）排全年泥沙，则来沙系数要用汛期（排沙期）出库含沙量与流量之比计算，汛期出库输沙率用全年来沙量除以汛期（排沙期）时间秒数求得，即汛期（排沙期）要将来沙排出，还要将非汛期蓄水拦沙留下的淤积物冲刷排出，以保持年内泥沙冲淤平衡。

表 8-2　河床纵比降计算式(8-5)系数 K_0 与来沙系数关系

$\left(\frac{\rho}{Q}\right)_{入}$	<0.001	0.001～0.004	0.004～0.007	0.007～0.01	0.01～0.04	0.04～0.10	0.10～0.20	0.20～0.40	0.40～0.60	0.60～1.4	1.4～2.8	2.8～6.2	6.2～10
K_0	980	840	510	310	176	140	112	84	62	45	34	22	17

（2）按侵蚀基准面升高的影响计算输沙平衡河床纵比降。

侵蚀基准面上升愈高，影响范围愈远，沿程泥沙淤积的水力分选作用愈显著，河床纵比降沿程变化也愈显著。即使总体来水来沙条件不变，但水库运用使水沙过程及河床边界条件变化，因此水库输沙平衡河床纵剖面形态要发生变化。

①根据三门峡、盐锅峡、青铜峡、官厅等水库资料，河床纵比降沿程变化与河床淤积物组成沿程变化有同步关系。对于水库河床纵剖面比降沿程变化有以下计算式：

对于淤积物颗粒较粗的河床：

$$i = i_0 e^{-0.022L_1 - 0.0109L_n} \tag{8-6}$$

对于淤积物颗粒较细的河床：

$$i = i_0 e^{-0.0322L_1 - 0.0126L_n} \tag{8-7}$$

式中，L_1 为水库尾部段（砂卵石或粗沙推移质淤积段）长度，km；L_n 为距水库尾部段（砂卵石或粗沙推移质淤积段）起始断面（水库淤积末端）的距离，km；i_0 为库区天然河道比降。

所谓淤积物颗粒较粗，是指受砂卵石或粗沙推移质淤积影响较大；所谓淤积物颗粒较细，是指受砂卵石或粗沙推移质影响小。

②从侵蚀基准面升高对库区河床淤积物组成的影响来计算比降，有以下关系：

$$i = 0.001D_{50}^{0.7} \tag{8-8}$$

式中，D_{50} 为河床质泥沙中数粒径，mm。

③从河流纵剖面上下河段比降相关关系来计算比降：

$$i_{下} = 0.054i_{上}^{-0.67} \tag{8-9}$$

（3）库区滩面淤积比降。

滩面比降与水库运用的造滩水流条件有关，若主要是滞洪运用淤积形成滩地，与滞洪流量有关，洪水流量愈大，比降愈小；若主要是主汛期拦沙淤积形成滩地，与主汛期平均流量有关，比降也与流量成反比关系。分析实际资料，可以得出下面的计算公式：

$$i_{滩} = \frac{50 \times 10^{-4}}{\overline{Q}_{洪}^{0.44}} \tag{8-10}$$

式中，$\overline{Q}_{洪}$ 为滞洪淤积造滩洪峰平均流量，或为主汛期拦沙淤积造滩平均流量，m^3/s。

2）河床纵剖面形态计算

（1）水库淤积长度：

$$L_{淤} = 0.485\left(\frac{H_{淤}}{i_0}\right)^{1.1} \tag{8-11}$$

式中，$L_{淤}$ 为水库淤积长度，m；$H_{淤}$ 为坝前（坝区大漏斗域进口断面）淤积厚度，m。

（2）库区分段淤积物中数粒径和分段库长关系。

库区河床淤积物组成与水库侵蚀基准面升高有密切关系，受水力分选作用影响，库区淤积物由上而下沿程变细。

坝前段河床淤积物中数粒径按下式计算：

$$\lambda_D = \frac{D_1}{D_0} = 0.059 \times 10^{-4}\frac{1}{(i_0)^{1.86}(H_{淤})^{1.14}} \tag{8-12}$$

式中，D_1 为坝前段河床淤积物中数粒径，mm；D_0 为原河道河床淤积物中数粒径，mm。

水力分选对库区淤积物的影响，根据三门峡、盐锅峡、青铜峡、官厅等水库资料，关系见表 8-3。

表 8-3　水库分段淤积物和分段库长关系

库段项目	悬移质淤积段			推移质淤积段
	坝前段	第二段	第三段	尾部段
淤积物中数粒径 D_{50}(mm)	D_1（按式(8-12)计算）	$D_2 = 1.34D_1$	$D_3 = 1.11D_2$ $D_3 = 1.54D_2$	$D_{尾} = (0.5 \sim 0.6)D_0$
库段长度(km)	$L_1 = 0.26L_{淤}$	$L_2 = 0.26L_{淤}$	$L_3 = 0.36L_{淤}$ $L_3 = 0.48L_{淤}$	$L_4 = 0.12L_{淤}$

表 8-3 中：对于尾部段为悬移质泥沙淤积的水库，第三段即为尾部段，其淤积物 $D_3 = 1.11D_2$，库段长度 $L_3 = 0.48L_{淤}$。对于尾部段主要为推移质淤积的水库，第三段为悬移质淤积物，$D_3 = 1.54D_2$，库段长度 $L_3 = 0.36L_{淤}$，第四段为水库尾部段（推移质淤积段），$D_{尾} = (0.5 \sim 0.6)D_0$，库段长度 $L_4 = 0.12L_{淤}$。

（3）河床淤积物中数粒径沿程变化计算。

根据三门峡、盐锅峡、青铜峡、官厅等水库河床淤积物实测资料，可得河床淤积物中数粒径沿程变化的计算公式。

对于从推移质淤积的水库尾部段起始断面起算：

$$D_i = D_a e^{-0.0422L_i} \tag{8-13}$$

式中，D_i 为距尾部段起始断面距离 L_i 处的淤积物中数粒径，mm；D_a 为尾部段起始断面原河床淤积物中数粒径，mm。

对于从泥沙淤积的沙质河床起始断面起算：

$$D_i = D_a e^{-0.0109L_i} \tag{8-14}$$

式中，D_i 为距水库泥沙淤积的沙质河床起始断面距离 L_i 处的淤积物中数粒径，mm；D_a 为水库泥沙淤积的沙质河床起始断面淤积物中数粒径，mm。

3）库区糙率计算

库区糙率计算有多种方法，根据小浪底水库具体情况，主要方法有以下三种：

（1）库区综合糙率系数要考虑河床淤积物和河谷形态的影响，在狭谷段还要考虑岸壁糙率影响。

根据已建水库的实测水面线、河床断面、河床组成、河谷形态和岸壁组成，推求得到不同库段的综合糙率计算关系，如表 8-4 所示。

表 8-4　库区综合糙率系数计算关系

$n = -a\lg\frac{B}{h} + b$						
宽深比	河床组成					
	细沙河床	中沙河床	粗沙河床	粗沙夹少量细砾	粗沙夹少量砾卵石	细颗粒砂卵石河床
$\frac{B}{h} < 135$	$a = 0.0267$ $b = 0.07$	$a = 0.0285$ $b = 0.0747$	$a = 0.0305$ $b = 0.015$	$a = 0.0325$ $b = 0.0853$	$a = 0.0345$ $b = 0.0906$	$a = 0.0426$ $b = 0.112$
$\frac{B}{h} \geqslant 135$	$n = 0.013$	$n = 0.014$	$n = 0.015$	$n = 0.016$	$n = 0.017$	$n = 0.021$

（2）方宗岱等分析黄河上、中、下游干流河段水文站断面的糙率系数与河槽宽浅、窄深形态的资料，建立了综合糙率系数与河相系数关系的计算式：

$$n = 0.0507\left(\frac{\sqrt{B}}{h}\right)^{0.61} \tag{8-15}$$

韩其为等也用三门峡水库天然河道各小河段的资料、葛洲坝库区各小河段资料、向家坝水库天然河道资料、长江中游宜昌—陈家湾卵石夹沙河床的资料，建立综合糙率系数与河相系数关系的计算式：

$$n = 0.045\left(\frac{\sqrt{B}}{h}\right)^{0.575} \tag{8-16}$$

（3）豪登—爱因斯坦式：

$$n = \left(\frac{P_s n_s^{3/2} + P_w n_w^{3/2}}{P}\right)^{\frac{2}{3}} \tag{8-17}$$

式中，n 为综合糙率系数；n_s 为河床糙率系数，沙质河床糙率系数按 $n_s = 0.052D_{50}^{1/6}$ 计算，砂卵石河床糙率系数按 $n_s = 0.051D_{50}^{1/6}$ 计算，D_{50} 为粒径，m；n_w 为岸壁糙率，小浪底库区干流河谷岸壁为山岩石壁，较平整，少林草，经八里胡同和宝山水文站断面计算，取 $n_w = 0.10$；P_s、P_w、P 分别为河床湿周、岸壁湿周、总湿周长度，m。

4）河槽形态计算

库区淤积形态，从横断面上看，具有高滩深槽的特征，它由明渠河槽和调蓄河槽两部分组成，明渠河槽为水库河道性水流河槽，调蓄河槽为水库调水调沙及滞洪、蓄水的壅水水流河槽。

（1）明渠河槽。

①对于库区由悬移质泥沙淤积形成河槽和滩地的新河道，统计分析冲积河流水库和河道的资料，可以自由变化的河道，河槽水力要素按下列概化式计算：

$$\left.\begin{aligned} B &= 38.6Q^{0.31} \\ h &= 0.081Q^{0.44} \\ A &= 3.12Q^{0.75} \\ V &= 0.32Q^{0.25} \end{aligned}\right\} \tag{8-18}$$

如果受到河谷一定的影响，水面宽受到一定的约束，不能完全自由变化，则在保持式中过水断面面积与流量关系和流速与流量关系不变的条件下，调整水面宽和水深，使河槽变窄深，具体的调整变化，依水面宽受约束程度不同而异。

②对于河谷狭窄的库尾段三门峡坝下游的砂卵石推移质淤积的河床，河槽水力要素按下列式计算：

$$\left.\begin{aligned} B &= 24.8Q^{0.28} \\ h &= 0.304Q^{0.33} \\ A &= 7.54Q^{0.61} \\ V &= 0.133Q^{0.39} \end{aligned}\right\} \tag{8-19}$$

（2）调蓄河槽。调蓄河槽是自造床流量塑造的明渠河槽水面宽度处向上起岸坡，两岸岸坡平均采取 1:5（竖:横），直至滩面。

（3）造床流量计算。统计冲积河流的平滩流量（或约 3 年一遇的洪峰流量，或多年洪峰流量均值）与汛期平均流量的关系，求得以平滩流量表示的造床流量的计算式：

$$Q_{造} = 7.7\overline{Q}_{汛}^{0.85} + 90\overline{Q}_{汛}^{0.33} \tag{8-20}$$

在狭窄库段，当河谷宽度小于设计的河槽宽度时，则按实际河谷宽度计算，但保持造床流量过水断面面积相同，加大平均水深。

8.1.1.2　库区支流淤积形态计算方法

小浪底库区支流来水来沙很少，只有短时间暴雨洪水，因此库区支流的泥沙淤积主要是干流倒灌支流淤积。倒灌淤积形态有两个特点：一是在支流河口段形成拦门沙坎及其倒锥体淤积形态，这是干流倒灌支流的泥沙水力分选作用及水流阻力作用产生的结果；二是在倒锥体以远的支流回水区形成接近水平的淤积。

1）倒锥体淤积坡降计算

倒锥体淤积坡降与淤积物组成和口门淤积厚度等有关，根据三门峡、官厅、刘家峡等水库及长江某盲肠河道的资料，倒锥体坡降与淤积物中数粒径的关系如表 8-5 所示。

表 8-5　倒锥体坡降与淤积物中数粒径关系

项目	三门峡水库	官厅水库	长江	刘家峡水库洮河倒灌干流		
	南涧河	妫水河	某盲肠河道	倒锥体上段	倒锥体下段	平均值
淤积物中数粒径 D_{50}（mm）	0.035	0.014	0.040	0.023	0.012	0.016
倒锥体坡降（‱）	65	13.8	75	28.6	9.9	15.2

由表 8-5 中资料，建立倒锥体坡降计算式为

$$i_{倒} = 1.42D_{50}^{1.64} \tag{8-21}$$

式中，D_{50} 为淤积物中数粒径，mm。

当 $D_{50} < 0.008$ mm 时，取 $i_{倒} = 6‱$。

倒灌淤积的拦门沙坎愈高，在倒锥体淤积区域内的淤积颗粒也相对要变粗，粗沙更易在近处落淤，在倒锥体以远的区域的淤积颗粒相对要变细。故倒灌淤积的拦门沙坎愈高，倒锥体淤积区淤积物中数粒径愈粗，倒锥体淤积坡降愈大。

2）倒锥体淤积高差计算

倒锥体淤积高差是指倒锥体以下支流内淤积面低于支流河口拦门沙坎淤积面的高差，支流河口淤积面与干流淤积滩面基本相平（干流狭谷段无滩，则与干流淤积河底基本相平），由表 8-4 的水库和河道资料，得到主要为异重流倒灌淤积形成的支流河口段倒锥体淤积高差的计算式：

$$\Delta H_{倒} = 2.51H_{口门淤}^{0.28} \tag{8-22}$$

式中，$\Delta H_{倒}$ 为支流内淤积面与支流河口拦门沙坎淤积面的高差，m；$H_{口门淤}$ 为支流河口淤积厚度，m。

主要为浑水明流倒灌淤积形成的倒锥体淤积高差，要比主要为异重流倒灌淤积形成的倒锥体淤积高差小。例如，三门峡水库支流南涧河的倒锥体淤积高差为 5 m，官厅水库妫水河的倒锥体淤积高差为 10 m，两者支流河口的淤积厚度相近，而官厅水库妫水河为干流异重流倒灌淤积，三门峡水库南涧河主要为干流浑水明流倒灌淤积，故南涧河的倒锥体淤积高差比妫水河小了一半。因此，对于主要为浑水明流倒灌淤积形成的倒锥体淤积高差的计算，则为

$$\Delta H_{倒} = 1.25H_{口门淤}^{0.28} \tag{8-23}$$

3）库区支流淤积平衡形态计算

（1）支流拉槽冲刷计算。水库逐步抬高主汛期水位拦沙淤积抬高阶段，库区干、支流均为全断面平行淤高。水库降低水位冲刷下切干流河槽后，遇支流洪水亦将逐渐冲刷下切库区支流河槽，使支流来水敞流入干流。

对于库区支流河槽的冲刷下切，用官厅水库降低水位冲刷的资料，得到如下计算式：

$$\Delta h_{冲} = 0.375 \times 10^{-4}\left(\frac{Qi}{D_{50}}\right)^{0.52} \tag{8-24}$$

式中，$\Delta h_{冲}$ 为支流河口断面平均冲刷下切强度，m/d；Q 为流量，m^3/s；i 为水面比降；D_{50} 为河床淤积物中数粒径，mm。

（2）支流河槽形态计算。库区支流天然河床为砂卵石河床，水库拦沙淤积后变为沙质河床明渠，河槽水力要素按式(8-25)或式(8-26)计算。

①较大支流（造床流量 100 m^3/s 以上）：

$$\left.\begin{aligned} B &= 25.8Q^{0.31} \\ h &= 0.121Q^{0.44} \\ A &= 3.122Q^{0.75} \\ V &= 0.32Q^{0.25} \end{aligned}\right\} \tag{8-25}$$

②较小支流（造床流量 100 m^3/s 以下）：

$$\left.\begin{aligned} B &= 14.19Q^{0.31} \\ h &= 0.22Q^{0.44} \\ A &= 3.122Q^{0.75} \\ V &= 0.32Q^{0.25} \end{aligned}\right\} \tag{8-26}$$

支流造床流量塑造的明渠河槽以上为调蓄河槽，调蓄河槽边坡系数亦为 5。

（3）支流淤积比降计算。库区支流淤积比降，是指水库长期运用后支流逐渐形成与自身来水来沙条件相适应的输沙平衡纵剖面比降，它由两部分构成，支流库区尾部段形成砂卵石推移质淤积段，以下为悬移质淤积段。

支流库区尾部段砂卵石推移质淤积比降按原河床比降的 0.3 计算。悬移质淤积段比降按以下关系计算，如图 8-1 所示。

$$\frac{i}{i_0} = f(i_0^{0.56}H_{淤}^{0.68}) \tag{8-27}$$

式中，i_0 为原河道比降；i 为淤积比降；$H_{淤}$ 为支流河口淤积厚度，m。

8.1.1.3　库区干流淤积形态计算分析

水库初期运用拦沙完成后，进入后期正常运用时期，达到悬移质输沙平衡。库区干流和支流砂卵石推移质都分别淤积在库区干、支流尾部段。水库淤积形态主要是由库区悬移质淤积平衡形态和库尾段砂卵石推移质淤积形态两部分组成。

1）淤积形态分析条件

（1）水沙条件。水库非汛期蓄水拦沙，汛期调水调沙，在多年调沙的周期内保持库区冲淤平衡。库区淤积平衡形态取决于汛期水沙条件，设计水沙条件考虑 2020 年水利水保

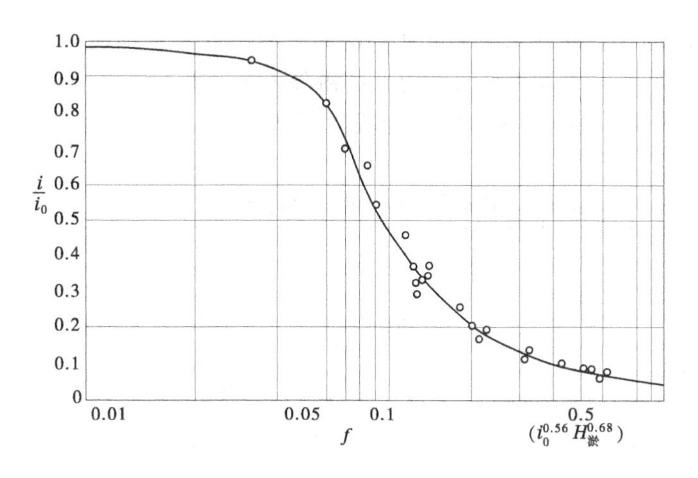

图 8-1　$\frac{i}{i_0} \sim f(i_0^{0.56} H_{淤}^{0.68})$ 关系

措施不同减沙量，系列 1、系列 2 和系列 3 减沙量分别为 4 亿～4. 5 亿 t、5 亿～5. 5 亿 t 和 6 亿～6. 5 亿 t，采用设计水沙系列的汛期平均流量和造床流量作为设计水库淤积平衡形态的水沙条件，如表 8-6 所示。

表 8-6　淤积平衡形态设计水沙条件

设计条件		项目			
		流量(m^3/s)	含沙量 $\rho_{出}$(kg/m^3)	输沙率 $Q_{S出}$(t/s)	悬移质泥沙中数粒径 $d_{50出}$(mm)
系列 1	汛期平均流量	1 437	52	75	0. 037
	造床流量	4 700	119	560	0. 040
系列 2	汛期平均流量	1 325	59	78	0. 036
	造床流量	4 430	191	847	0. 037
系列 3	汛期平均流量	1 325	54	71	0. 037
	造床流量	4 430	130	574	0. 043

注：表中泥沙中数粒径是粒径计法分析的成果。

(2)库区新河道侵蚀基准面高程为死水位 230 m。

(3)水库正常运用期形成高滩深槽平衡形态，坝前滩面平均高程 254 m。

(4)考虑水库尾部段形成推移质淤积 200 年的淤积体，因为水库长期运用，设计长时期的推移质淤积体对水库淤积平衡形态的影响，是偏于安全的，在近期则余地较大。

2)库段划分和库段特征

(1)库段划分。

在汛期死水位 230 m 运用下，各库段河谷约束水流的情况见表 8-7。

在汛期平均流量条件下，任家堆库段以上有河谷约束水流的影响；在造床流量条件下，安窝段以上有河谷约束水流的影响，而近坝段有八里胡同约束水流。三门峡至小浪底河段长 131. 1 km，砂卵石河床，平均坡降 11‱。

水库死水位 230 m，根据坝址处水位流量关系查得计算流量下的自然河道水位，确定水库侵蚀基准面升高值，此即水库形成新平衡河床纵剖面的坝前淤积厚度。按式(8-11)计算系列1、系列2、系列3 水库汛期平均流量和造床流量平均淤积长度分别为126. 8 km、127. 0 km 和 127. 0 km。按表 8-3 中的分段库长关系，计算各系列 4 个库段分段长见表 8-8。

表 8-7　水库运用水位 230 m 时河谷约束水流情况

流量级(m^3/s)		项目	库段					
			坝前段	八里胡同段	石渠段	垣曲段	安窝段—槐中村段	尾部段(砂卵石河床)
(自然河谷)		库段长度(km)	30	4. 1	24. 2	14	40. 5	15
		河谷宽度(m)	1 230	352	790	1 180	415	320
系列 1	(汛期平均)	水面宽(m)	368	368	368	368	368	320
		平均水深(m)	1. 99	1. 99	1. 99	1. 99	1. 99	2. 28
		过水断面面积(m^2)	730	730	730	730	730	730
	(造床流量)	水面宽(m)	531	531	531	531	415	320
		平均水深(m)	3. 34	3. 34	3. 34	3. 34	4. 28	5. 55
		过水断面面积(m^2)	1 775	1 775	1 775	1 775	1 775	1 775
系列 2	(汛期平均)	水面宽(m)	358	358	358	358	358	320
		平均水深(m)	1. 92	1. 92	1. 92	1. 92	1. 92	2. 15
		过水断面面积(m^2)	687	687	687	687	687	687
	(造床流量)	水面宽(m)	521	521	521	521	415	320
		平均水深(m)	3. 26	3. 26	3. 26	3. 26	4. 09	5. 31
		过水断面面积(m^2)	1 698	1 698	1 698	1 698	1 698	1 698
系列 3	1 325 (汛期平均)	水面宽(m)	358	358	358	358	358	320
		平均水深(m)	1. 92	1. 92	1. 92	1. 92	1. 92	2. 15
		过水断面面积(m^2)	687	687	687	687	687	687
	4 430 (造床流量)	水面宽(m)	521	521	521	521	415	320
		平均水深(m)	3. 26	3. 26	3. 26	3. 26	4. 09	5. 31
		过水断面面积(m^2)	1 698	1 698	1 698	1 698	1 698	1 698

注：尾部砂卵石河槽岸坡按 1∶5计。水面宽受河谷限制，则加大水深。

表 8-8　不同设计条件下水库淤积长度及分段情况　(单位：km)

项目	总淤积长度	坝前段	第二段	第三段	尾部段
系列 1	126. 8	33. 0	33. 0	45. 6	15. 2
系列 2	127. 0	33. 0	33. 0	45. 7	15. 3
系列 3	127. 0	33. 0	33. 0	45. 7	15. 3

(2)分段淤积物中数粒径和分段综合糙率系数。

小浪底水库尾部段为粗沙夹砾卵石推移质淤积段,上游段自然河床淤积物中数粒径采用与坝址段自然河床淤积物中数粒径相同,即 D_{50} =10 ~ 12 mm。在推移质淤积段以下的悬移质淤积段的沙质河床起始断面的淤积物中数粒径,参考青铜峡、盐锅峡、官厅等水库资料,并结合黄河中游府谷河段、龙门河段粗沙淤积物情况,淤积物中数粒径 D_{50} =0.30 ~ 0.36 mm,采用 0.36 mm。库尾推移质淤积物和库区悬移质淤积段的分段淤积物中数粒径是采用表 8-3 中的分段淤积物计算方法和式(8-13)及式(8-14)分别计算。

库区分段综合糙率系数,分两级流量考虑,即造床以上和以下流量。采用表 8-3 中方法和式(8-15) ~ 式(8-17)分别计算。

小浪底水库不同系列各库段的综合糙率系数和淤积物中数粒径如表 8-9 所示。

表 8-9 库区分段淤积物及分段综合糙率

项目				库段			
				坝前段	第二段	第三段	尾部段
系列 1	库段长度(km)			33.0	33.0	45.6	15.2
	淤积物中数粒径(mm)		计算	0.075 ~0.108	0.101 ~0.155	0.200 ~0.241	4.95 ~6.67
			采用	0.103	0.142	0.221	5.81
	综合糙率系数 n	造床流量以下	计算	0.012 ~0.013	0.012 ~0.014	0.012 ~0.016	0.014 ~0.022
			采用	0.012	0.013	0.016	0.022
		造床流量以上	计算	0.013 ~0.016	0.015 ~0.016	0.017 ~0.019	0.023 ~0.035
			采用	0.013	0.015	0.018	0.025
系列 2	库段长度(km)			33.0	33.0	45.7	15.3
	淤积物中数粒径(mm)		计算	0.075 ~0.108	0.101 ~0.155	0.200 ~0.241	4.95 ~6.67
			采用	0.103	0.142	0.221	5.81
	综合糙率系数 n	造床流量以下	计算	0.012 ~0.013	0.012 ~0.014	0.012 ~0.016	0.013 ~0.022
			采用	0.012	0.013	0.016	0.022
		造床流量以上	计算	0.013 ~0.016	0.015 ~0.016	0.017 ~0.019	0.022 ~0.035
			采用	0.013	0.015	0.018	0.025
系列 3	库段长度(km)			33.0	33.0	45.7	15.3
	淤积物中数粒径(mm)		计算	0.075 ~0.108	0.101 ~0.155	0.200 ~0.241	4.95 ~6.67
			采用	0.103	0.142	0.221	5.81
	综合糙率系数 n	造床流量以下	计算	0.012 ~0.013	0.012 ~0.014	0.012 ~0.016	0.013 ~0.022
			采用	0.012	0.013	0.016	0.022
		造床流量以上	计算	0.013 ~0.016	0.015 ~0.016	0.017 ~0.019	0.022 ~0.035
			采用	0.013	0.015	0.018	0.025

3）库区干流淤积平衡纵剖面比降

小浪底水库上半段62 km河谷狭窄，河谷宽300～400 m，不能形成高滩地，小水时有犬牙交错小边滩出现，流量较大时即被冲刷；水库下半段69 km，河谷较宽阔，河谷宽800～1 400 m，除八里胡同（4 km长）狭谷段无滩地外，其他库段形成高滩地，主要由水库逐步抬高主汛期水位拦沙和调水调沙运用逐步淤高形成高滩。水库滞蓄洪水淤积时会加快滩地的淤高。在此造滩条件下库区滩地纵比降接近于三门峡水库1962～1964年滞洪淤积时期的河槽淤积比降1.7‰；按主汛期逐步抬高水位拦沙和调水调沙造滩平均流量2 300 m^3/s计算，滩地淤积比降$i = 50 \times 10^{-4} / \overline{Q}_{造滩}^{-0.44} = 1.7‰$。若采用考虑滩地淤积物影响的$i = 0.001 D_{50}^{0.7}$计算，滩地淤积比降为1.63‰～2.01‰。

库区干流河床淤积平衡纵剖面比降，按式（8-5）的水流输沙的水力条件和水流阻力条件综合影响计算河床淤积平衡纵剖面比降和式（8-6）～式（8-8）的淤积物组成与河床比降的关系及式（8-9），综合算得：坝前段$i = 1.65‰～2.40‰$，第二段$i = 2.22‰～3.44‰$，第三段$i = 2.74‰～4.35‰$，尾部段$i = 4.88‰～6.67‰$，如表8-10所示。

表8-10　小浪底水库干流河床纵剖面比降计算　　（‰）

项目		河段			
		坝前段	第二段	第三段	尾部段
系列1	滩地	1.66～1.82			
	河床	1.65～2.40	2.22～3.44	2.74～4.35	4.40～6.67
系列2	滩地	1.66～1.82			
	河床	1.87～2.40	2.52～3.44	3.13～4.35	5.04～6.66
系列3	滩地	1.66～1.82			
	河床	1.81～2.40	2.43～3.44	3.02～4.34	4.88～6.67
规划设计阶段	滩地	1.70			
	河床	2.0	2.9	3.5	6.0

4）库区干流淤积纵剖面形态

根据河谷约束水流的情况，结合分段计算结果，并参考小浪底规划设计成果将库区分成4个库段，即八里胡同至坝前段，库段长33 km；八里胡同至垣曲段，库段长约33 km；垣曲段至槐中村段，库段长约46.6 km；尾部段，库段长15 km。

小浪底规划设计中，采用小浪底水库下半段库区滩地纵比降为1.7‰。河床纵剖面坝前段比降2‰，第二段2.9‰，第三段3.5‰，尾部段6‰，全库区平均比降3.25‰。本次各系列采用各种方法计算各河段滩地和河床比降结果均与规划设计相当，为保持成果一致性，本次依然采用规划设计阶段成果。

5）库区干流横向淤积形态

建库以后，库区将形成新的河槽，其横断面形态与水力要素及河床边界条件有关。

造床流量是设计河槽断面的主要依据。根据选择的水沙系列汛期平均入库流量，求得系列 1、系列 2 和系列 3 造床流量分别为 4 700 m^3/s、4 430 m^3/s 和 4 430 m^3/s。造床流量河槽水面宽、平均水深见表 8-7。

小浪底规划设计阶段采用汛期平均流量 1 240 m^3/s，算得造床流量 4 220 m^3/s，造床流量河槽水面宽 510 m，平均水深 3. 2 m，采用水下边坡为 1∶20，由此得梯形断面水深 3. 7 m，河底宽 360 m。略小于本次计算成果。

在造床流量河槽以上为调蓄河槽，岸坡采用 1∶5。在峡谷库段，实际的河谷宽度小于设计河槽宽度，则按实际河谷断面计算。

水库高滩深槽平衡形态的宽阔横断面和狭谷段横断面如图 8-2 所示（规划设计阶段成果）。坝前断面（冲刷大漏斗进口）滩面高程 254 m，河底高程 226. 3 m，河底宽 360 m；230 m 高程河槽宽 510 m，254 m 高程河槽宽 750 m；死水位 230 m 以下槽深 3. 7 m，水下边坡 1∶20；死水位 230 m 以上槽深 24 m，水上边坡 1∶5，直至滩面。

三门峡水库潼关至大坝库段的河槽形态，见表 8-11，老灵宝以下至坝前的 46 km 库段的河槽形态与小浪底水库 69 km 以下库段的河槽形态相类似，在小浪底水库距坝 69 km 以上为狭谷段，河谷宽小于设计河宽，按实际河谷断面计算。

表 8-11　三门峡水库（潼关—大坝）河槽形态特征

库段	库段长度（km）	汛期常水位（m）	汛期常水位水面宽（m）	汛期常水位以上滩高（m）	水下平均边坡系数	平滩河槽平均宽度（m）
CS1 ~ CS24	46. 42	305. 5 ~ 312. 3	515	12 ~ 9	7 ~ 15	866
CS25 ~ CS33	31. 69	313 ~ 319. 5	585	9 ~ 6	15 ~ 50	1 433
CS34 ~ CS38	17. 96	320. 5 ~ 325	1 090	6 ~ 4	15 ~ 23	1 540
CS39 ~ CS41	6. 08	325. 5 ~ 327	517	4 ~ 3	3 ~ 5	1 107

根据以上分析计算，小浪底水库淤积纵横断面形态见表 8-12 和图 8-2。

表 8-12　小浪底水库干流平衡纵剖面形态设计

（造床流量：4 220 m^3/s；高程系统：黄海）

库段	坝前段		第二段		第三段		尾部段		三门峡坝下尾水断面
库段长度（km）	33. 0		33. 0		46. 6		15. 0		（自然河道）
滩地纵比降（‰）	1. 7		1. 7		无滩		无滩		
河底纵比降（‰）	2. 0		2. 9		3. 5		6. 0		
距坝里程（km）	0	33. 0	33. 0	66. 0	66. 0	112. 6	112. 6	127. 6	131. 1
水位（m）	230. 0	236. 6	236. 6	246. 2	246. 2	263. 3	263. 3	273. 3	282. 9
河底高程（m）	226. 3	232. 9	232. 9	242. 5	242. 5	258. 8	258. 8	267. 8	277. 4
滩面高程（m）	254. 0	259. 6	259. 6	265. 2	265. 2	无滩	无滩	无滩	

注：1. 水库峡谷段小水有犬牙交错边滩。

2. 三门峡大坝距小浪底大坝 131. 1 km，按河槽长度量算。

3. 按造床流量 4 220 m^3/s 计算，峡谷段水面宽受河谷限制，则加大水深满足过水断面面积要求。

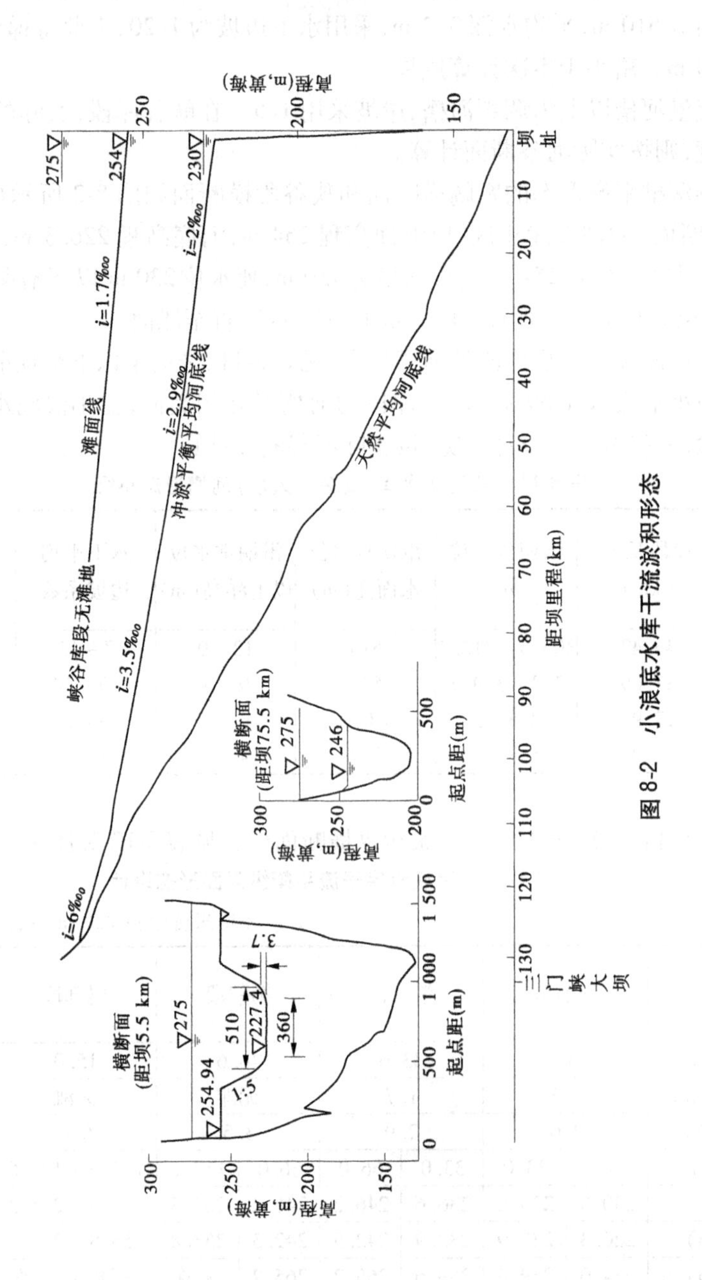

图 8-2　小浪底水库干流淤积形态

8.1.1.4　库区支流淤积形态计算分析

利用前述计算方法,对水库拦沙期库区支流的淤积形态进行预估。支流淤积形态计算的条件是:水库采取逐步抬高主汛期水位拦沙和调水调沙运用方式。

库区支流河口段为倒锥体淤积形态,支流河口淤积面高程与干流淤积滩面高程相同,河口段淤积形成拦门沙坎,形成倒锥体淤积形态与支流内水平淤积面相接,淤积物中数粒径0.022 mm(采用刘家峡水库洮河河口段,官厅水库妫水河河口段,三门峡水库南涧河河口段淤积物中数粒径平均值),倒坡比降为2.6‰,倒锥体淤积面高差为4.0~4.8 m不等。水库拦沙期库区支流淤积形态特征见表8-13。

表8-13　小浪底水库拦沙期库区支流淤积形态特征

支流	项目								
	距坝里程(km)	河口原河底高程(m)	原河道比降(‰)	河口淤积面高程(m)	河口淤积厚度(m)	倒坡比降(‰)	支流内淤积面高程(m)	倒锥体淤积面高差(m)	倒锥体内死水容积(亿 m^3)
大峪河	3.9	140	100	254.7	114.7	26	250	4.70	0.42
白马河	10.4	146		255.8	109.8	26	250.35	4.65	0.08
畛水河	18	152	56	257.1	105.1	26	252.5	4.60	1.26
石井河	22.7	160	120	257.9	97.9	26	253.4	4.50	0.19
东洋河	31.3	164	92	259.3	95.3	26	254.8	4.50	0.28
高沟	33.1	165		259.6	94.6	26	255.1	4.50	0.06
西阳河	41.3	175	106	261.0	86.0	26	256.6	4.40	0.17
太涧河	43.6	178.6		261.4	82.8	26	257.1	4.30	0.10
东河	57.6	193.8	120	263.8	70	26	259.7	4.10	0.18
亳清河	57.7	193.9	72	263.8	69.9	26	259.7	4.10	0.18
板涧河	65.9	205	126	265.2	60.2	26	261.3	3.90	0.08

由表8-13所示,支流因干流倒灌淤积形成河口段拦门沙坎而淤堵的库容共计3亿m^3。

水库拦沙期畛水河淤积形态见图8-3,其他支流有类似形态。

在小浪底水库初期拦沙运用阶段,库区支流河口段拦门沙坎倒锥体以内为水平淤积,没有河槽。水库降低水位冲刷下切干流河床形成高滩深槽后,支流洪水将逐渐冲刷下切支流河口段拦门沙坎,形成与库区干流水位相适应的顺水流向的河床纵剖面,使支流来水敞流入干流,但又会因水库主汛期调水调沙运用升高水位时而再次淤堵支流,如此反复,使支流河口段虽有时冲开然而不能保持。

对于支流河口段拦门沙坎的冲刷下切,利用官厅水库降低水位冲刷的资料得到的计算式进行计算。

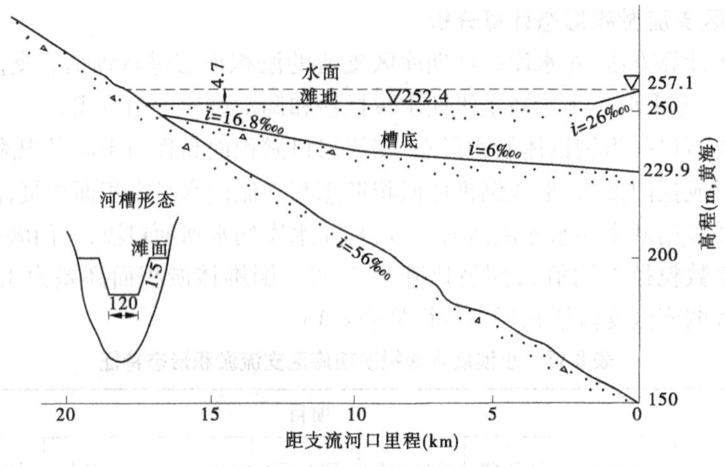

图 8-3　支流畛水河淤积形态

按支流河口段淤积物中数粒径 D_{50} 为 0.022 mm，平均冲刷比降 i 为 8‰，用畛水河、东洋河、亳清河 3 条有实测洪水的资料，以丰水、平水和枯水 3 个典型年的汛期，用各场洪水的平均流量计算，计算结果见表 8-14，综合 3 条支流系列年洪水过程，算得需要冲刷年数为 6 年。

表 8-14　库区支流淤积后冲刷下切计算

支流	支流淤积情况			河口冲刷下切深度(m)			需要冲刷年数(年)
	河口淤积面高程(m)	河口设计河底高程(m)	河口淤积厚度(m)	典型年汛期			
				1958 年	1964 年	1967 年	
畛水河	257.1	229.9	27.2	6.2	7.6	5.0	6
东洋河	259.3	232.5	26.8	7.0	8.8	5.6	6
亳清河	263.8	240	23.8	7.0	8.6	4.3	6

当库区支流冲刷下切形成适应于库区干流水位的河流纵剖面形态时，将出现顺水流向河床纵剖面。

小浪底库区主要支流的远期淤积平衡比降见表 8-15。计算表明，除位于水库干流尾部段的支流外，库区支流的砂卵石推移质只在回水区尾部段淤积，经估算，支流砂卵石 200 年也不能进入干流。

表 8-15　库区主要支流淤积比降(远期淤积平衡时)

项目	支流										
	大峪河	白马河	畛水河	石井河	东洋河	高沟	西阳河	太涧河	东河	亳清河	板涧河
推移质淤积比降(‰)	30	56.5	16.8	36	27.6	66	31.8	48	36	21.6	37.8
悬移质淤积比降(‰)	6	9.4	6	6	6	11	6	8	6	6	6.3

8.1.2　有效库容及拦沙库容

小浪底水库正常蓄水位 275 m，设计原始库容 126.5 亿 m^3，其中支流库容 40.8 亿 m^3，占总库容的 32.3%；干流库容 85.7 亿 m^3，占总库容的 67.7%。汛期限制水位 254 m，相应原始库容 78.2 亿 m^3，其中支流库容 21.7 亿 m^3，占总库容的 27.7%；干流库容 56.5 亿 m^3，占总库容的 72.3%。

规划设计计算水库形成高滩深槽平衡形态后总有效库容为 51.0 亿 m^3，其中支流有效库容 16.1 亿 m^3，占总库容的 31.6%；干流有效库容 34.9 亿 m^3，占总库容的 68.4%。拦沙库容 75.5 亿 m^3，其中河口拦门沙坎淤堵的支流无效库容 3 亿 m^3，则永久性拦沙库容为 72.5 亿 m^3。

根据设计的淤积形态，采用不同水沙系列分析计算，水库形成高滩深槽平衡形态后总有效库容为 51.3 亿～51.7 亿 m^3，拦沙库容为 75.2 亿～74.8 亿 m^3，扣除支流无效库容 3 亿 m^3，则永久性拦沙库容为 72.2 亿～71.8 亿 m^3，与规划设计阶段成果基本相当，见表 8-16。

表 8-16　小浪底水库有效库容计算成果（淤积平衡时）

高程(m，黄海)			220	230	250	254	260	265	270	275
原始库容（亿 m^3）		干流库容	23.6	31.6	51.7	56.5	64.0	70.8	75.5	85.7
		支流库容	6.0	9.2	19.4	21.7	26.5	30.7	38.5	40.8
		总库容	29.6	40.8	71.1	78.2	90.5	101.5	114.0	126.5
有效库容（亿 m^3）	系列 1	干流库容	0	0.15	6.7	10.2	14.8	20.5	27.3	35.6
		支流库容				0	3.4	6.7	10.9	16.1
		总库容	0	0.15	6.7	10.2	18.2	27.2	38.2	51.7
	系列 2	干流库容	0	0.15	6.6	10.2	14.5	20.2	27.0	35.3
		支流库容				0	3.4	6.7	10.9	16.1
		总库容	0	0.15	6.6	10.2	17.9	26.9	37.9	51.4
	系列 3	干流库容	0	0.15	6.6	10.2	14.5	20.2	27.0	35.3
		支流库容				0	3.4	6.7	10.9	16.1
		总库容	0	0.15	6.6	10.2	17.9	26.9	37.9	51.4
	规划设计	干流库容	0	0.14	6.4	10.0	14.2	19.8	26.6	34.9
		支流库容				0	3.4	6.7	10.9	16.1
		总库容	0	0.14	6.4	10.0	17.6	26.5	37.5	51.0

综上所述，采用新的水沙系列计算水库干支流淤积平衡形态与规划设计阶段相关成果比较，拦沙库容仅减小（相应有效库容增加）0.3 亿～0.7 亿 m^3，成果基本一致。

8.2 数学模型计算研究

采用数学模型对最终推荐的运用方式进行库区泥沙冲淤计算,起始地形条件为2007年10月实测地形。计算采用的3个水沙系列在前10年反映一定的丰枯变化幅度,其中,1960系列为水沙偏丰系列,1968系列为平水平沙系列,1990系列为水沙偏枯系列。

前10年3个不同的水沙系列整个拦沙后期长度差别不大,水库拦沙后期年限差1~2年,水动力学模型计算拦沙后期年限为1960系列15年,1968系列17年,1990系列16年;经验模型计算结果为1960系列16年,1968系列17年,1990系列16年。

8.2.1 水库淤积形态

8.2.1.1 干流淤积形态

数学模型计算的1960系列、1968系列和1990系列的干流淤积形态见图8-4~图8-6。

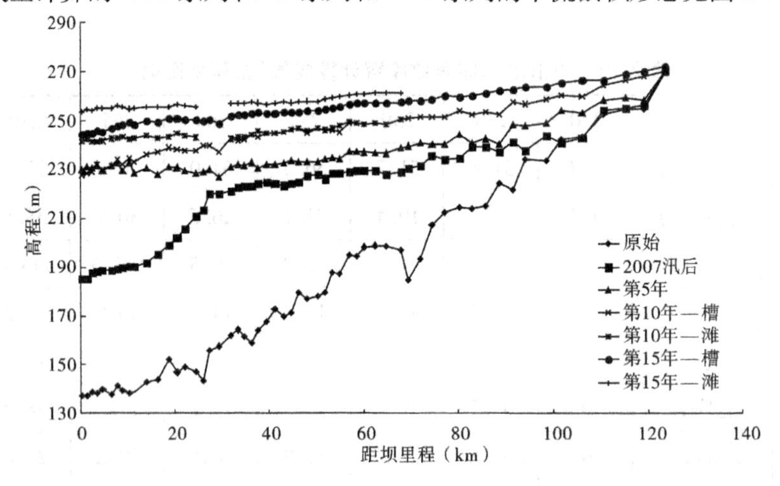

图8-4 1960系列库区淤积纵剖面(干流)

1960系列,水库运用第5年,库区尚未形成明显滩槽,坝前淤积面高程约231 m;水库运用第10年,水库在距坝30 km范围内形成滩槽,坝前滩面高程约241 m,槽底高程227 m;水库运用第15年,坝前滩面高程约为254 m,槽底高程约245 m,拦沙后期完成。

1968系列,小浪底水库运用第5年,坝前淤积面约223 m,并未形成明显的滩槽。水库运用第10年,坝前滩面高程约237 m,由于降低水位冲刷库区,使得河槽下切,槽底高程约225 m。水库运用第17年,坝前滩面达254 m,主槽河底高程为240 m,拦沙后期完成。水库运用过程中,滩面持续淤积抬升,主槽有冲有淤、冲淤交替。

1990系列,小浪底水库运用第5年,坝前淤积面约223 m;水库运用第10年,坝前淤积面高程约240 m,由于来水偏枯,在前10年中水库降低水位冲刷恢复库容的机会,尚未形成滩槽。而后,水库遇到合适的水沙条件降水冲刷恢复库容,运用到第16年,坝前滩面达254 m,主槽河底高程为230 m,拦沙后期完成。

8.2.1.2 支流淤积形态

图8-7~图8-18分别给出了各系列水库运用第5年、第10年和拦沙期结束时的大峪

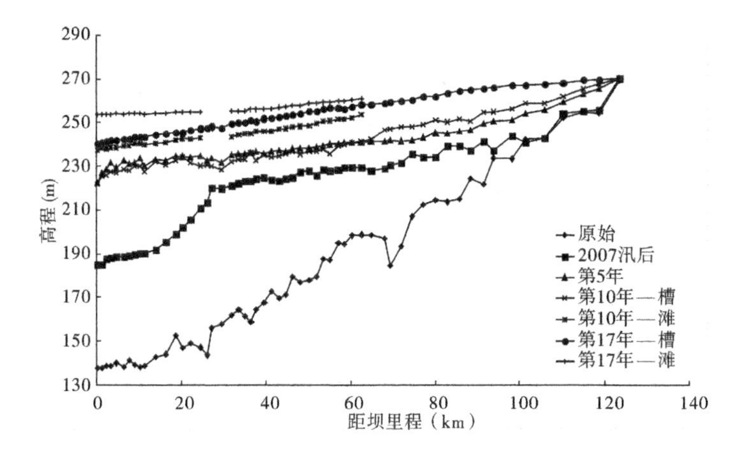

图 8-5　1968 系列库区淤积纵剖面(干流)

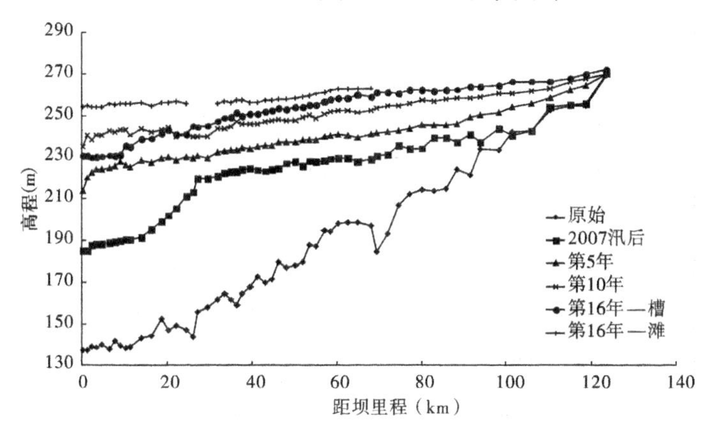

图 8-6　1990 系列库区淤积纵剖面(干流)

河、畛水河、西阳河及亳清河 4 条支流的纵剖面图。由图可以看出，各个系列支流纵剖面计算结果差别不大，支流沟口的高程随着干流滩面的淤积高程而逐步抬高，在支流沟口处形成高度约 4 m 的拦门沙坎，拦门沙坎后的支流库容由泥沙淤积填充。

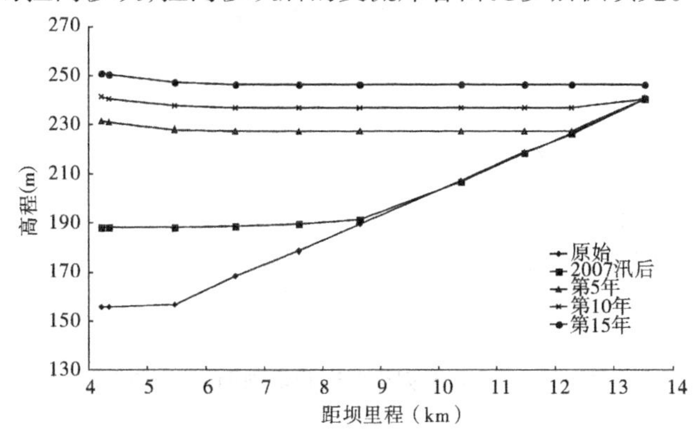

图 8-7　1960 系列库区淤积纵剖面(大峪河)

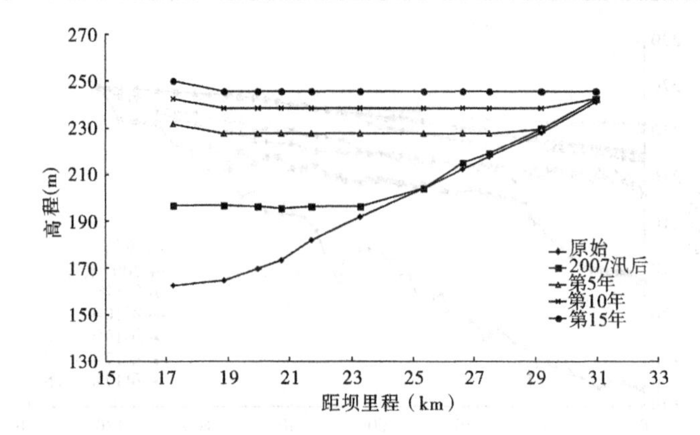

图 8-8　1960 系列库区淤积纵剖面(畛水河)

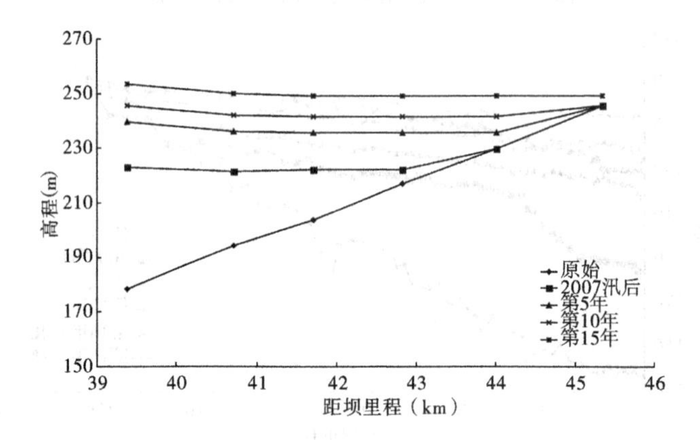

图 8-9　1960 系列库区淤积纵剖面(西阳河)

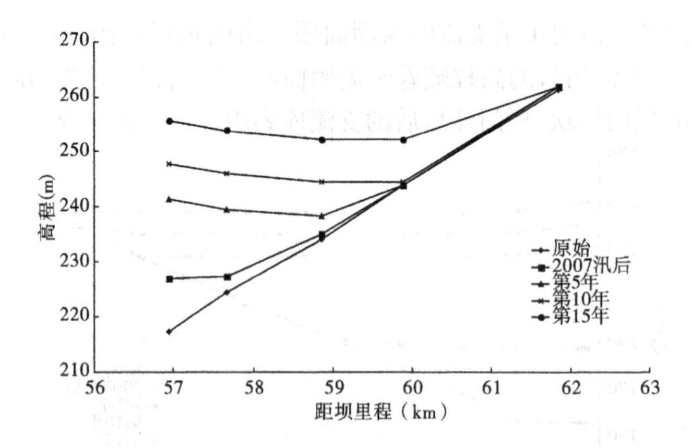

图 8-10　1960 系列库区淤积纵剖面(亳清河)

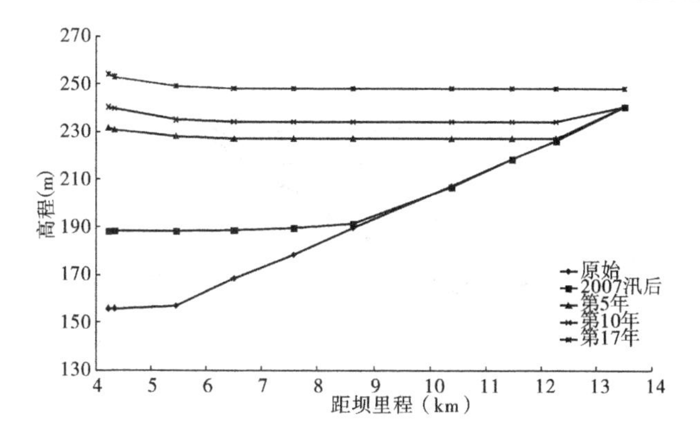

图 8-11　1968 系列库区淤积纵剖面(大峪河)

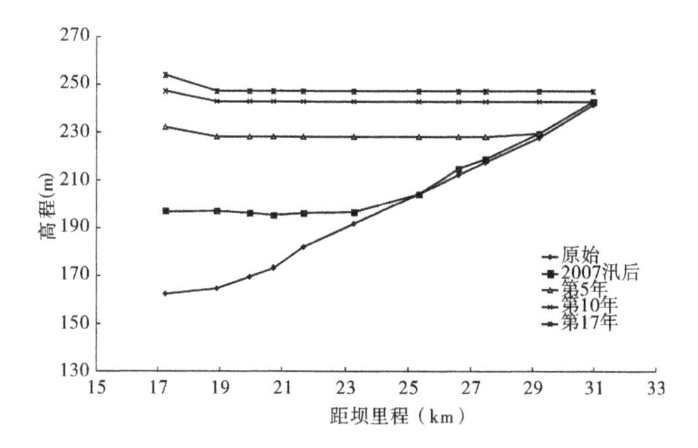

图 8-12　1968 系列库区淤积纵剖面(畛水河)

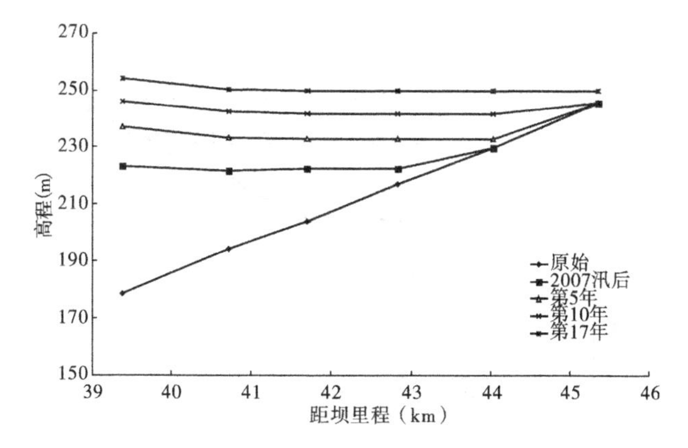

图 8-13　1968 系列库区淤积纵剖面(西阳河)

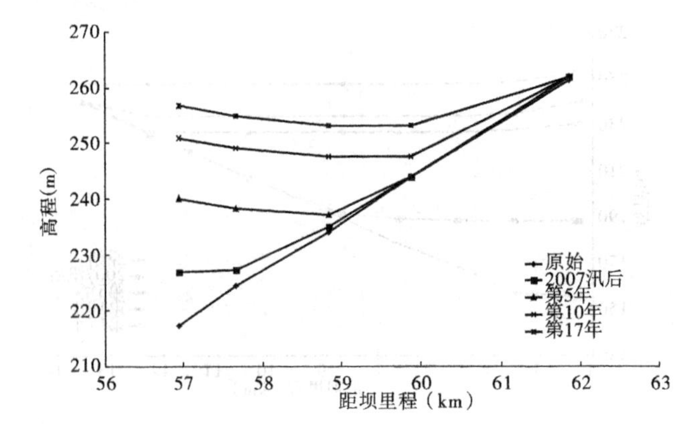

图 8-14 1968 系列库区淤积纵剖面(亳清河)

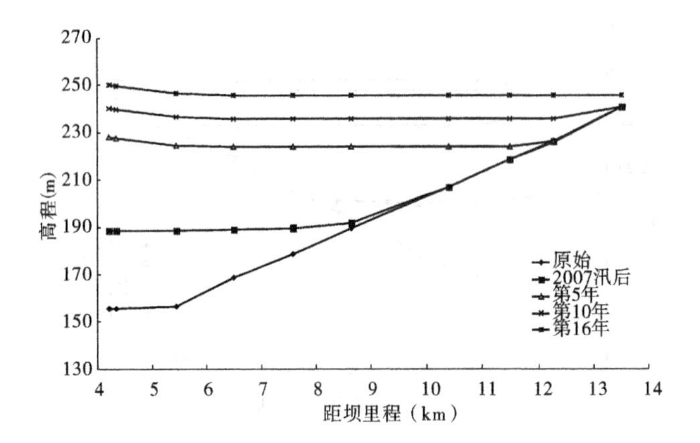

图 8-15 1990 系列库区淤积纵剖面(大峪河)

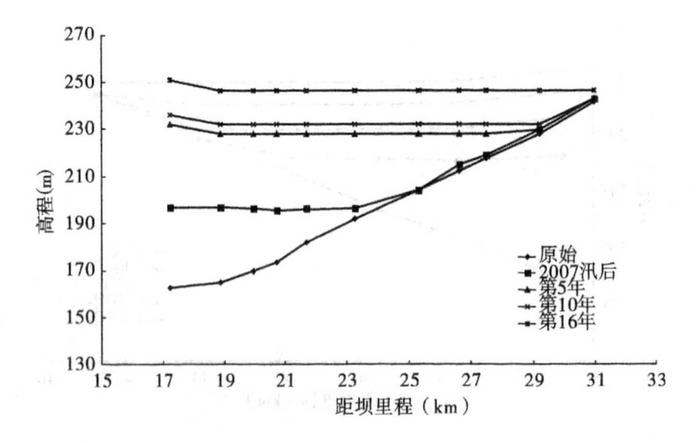

图 8-16 1990 系列库区淤积纵剖面(畛水河)

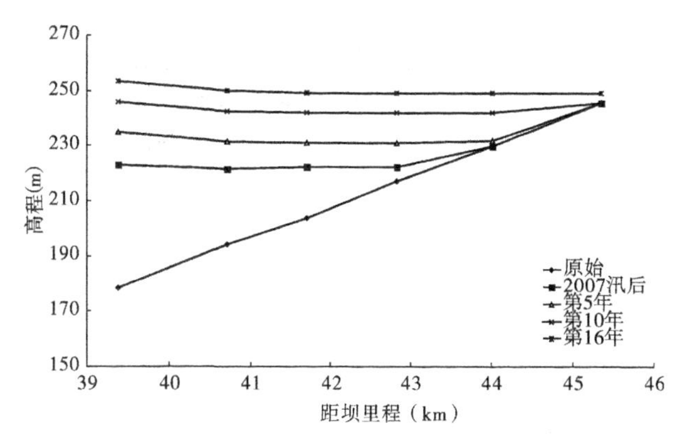

图 8-17　1990 系列库区淤积纵剖面(西阳河)

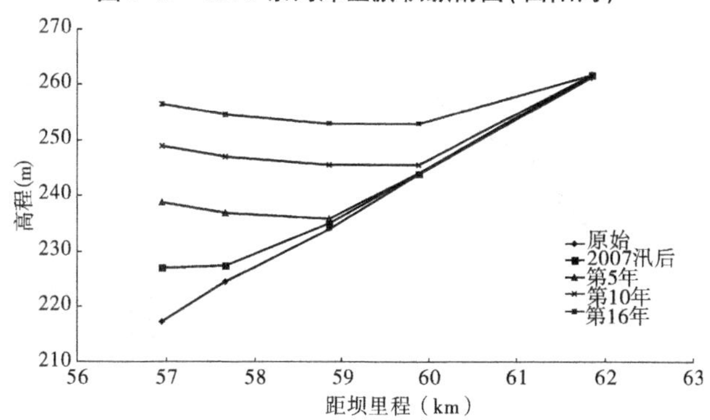

图 8-18　1990 系列库区淤积纵剖面(亳清河)

8.2.2　水库拦沙库容和有效库容

8.2.2.1　支流无效库容

表 8-17 和图 8-19 给出了各系列小浪底水库支流无效库容计算结果。由图 8-19、表 8-17可知,在水库拦沙期以前,各系列支流无效库容随着干流淤积发展有所增加,至水库拦沙期完成后,支流无效库容增加幅度很小。水库运用 50 年,各系列支流无效库容值为 3.32 亿~3.39 亿 m^3。

表 8-17　各系列水库支流无效库容计算成果

年序	支流无效库容(亿 m^3)		
	1960 系列	1968 系列	1990 系列
0	0.10	0.10	0.10
5	1.97	1.93	1.87
10	2.51	2.56	2.64
15	3.18	3.12	3.17
20	3.34	3.26	3.27
25	3.34	3.30	3.29

续表 8-17

年序	支流无效库容(亿 m³)		
	1960 系列	1968 系列	1990 系列
30	3. 34	3. 35	3. 31
35	3. 34	3. 35	3. 32
40	3. 35	3. 38	3. 32
45	3. 34	3. 39	3. 32
50	3. 34	3. 39	3. 32

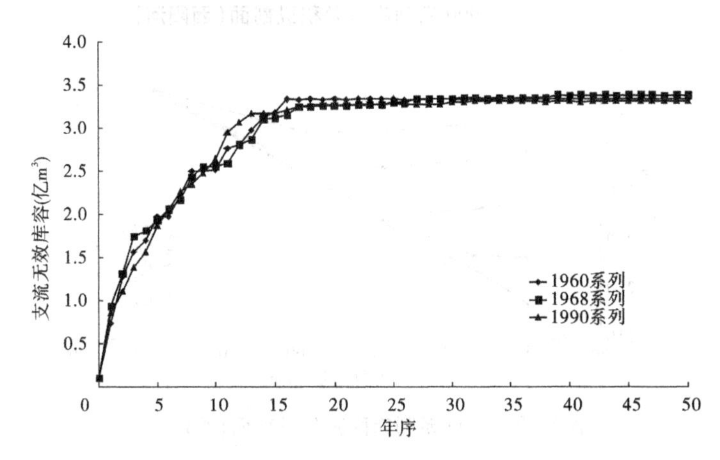

图 8-19　各系列水库支流无效库容变化过程

8. 2. 2. 2　水库拦沙库容和有效库容

表 8-18 和图 8-20 ~ 图 8-22 给出了各系列水库库容变化成果。由图、表可知,在水库拦沙期以前,各系列水库干支流库容总趋势是减小的。拦沙期完成后,水库进入正常运用期,库区支流库容几乎不再减小,基本维持不变,干流库容和总库容在一定范围内变化。

表 8-18　各系列水库库容计算成果　(单位:亿 m³)

年序	1960 系列			1968 系列			1990 系列		
	干流	支流	总库容	干流	支流	总库容	干流	支流	总库容
0	55. 85	47. 90	103. 75	55. 85	47. 90	103. 75	55. 85	47. 90	103. 75
5	40. 16	36. 12	76. 28	39. 34	36. 60	75. 94	40. 64	37. 30	77. 94
10	31. 86	30. 68	62. 54	35. 30	30. 55	65. 85	29. 31	29. 67	58. 98
15	21. 86	23. 60	45. 46	25. 80	24. 68	50. 48	25. 17	23. 56	48. 73
20	24. 14	22. 73	46. 87	23. 84	23. 38	47. 22	25. 25	22. 76	48. 01
25	28. 02	22. 72	50. 74	24. 29	22. 91	47. 20	25. 22	22. 49	47. 71
30	25. 01	22. 71	47. 72	22. 69	22. 45	45. 14	24. 19	22. 35	46. 54
35	25. 52	22. 63	48. 15	22. 53	22. 42	44. 95	23. 60	22. 33	45. 93

续表 8-18

年序	1960 系列			1968 系列			1990 系列		
	干流	支流	总库容	干流	支流	总库容	干流	支流	总库容
40	23. 99	22. 47	46. 46	31. 58	22. 28	53. 86	26. 30	22. 32	48. 62
45	23. 28	22. 47	45. 75	33. 55	22. 27	55. 82	24. 03	22. 31	46. 34
50	24. 24	22. 47	46. 71	22. 72	22. 27	44. 99	25. 46	22. 30	47. 76
正常运用期均值	25. 15	22. 65	47. 80	25. 39	22. 65	48. 04	26. 04	22. 44	48. 48

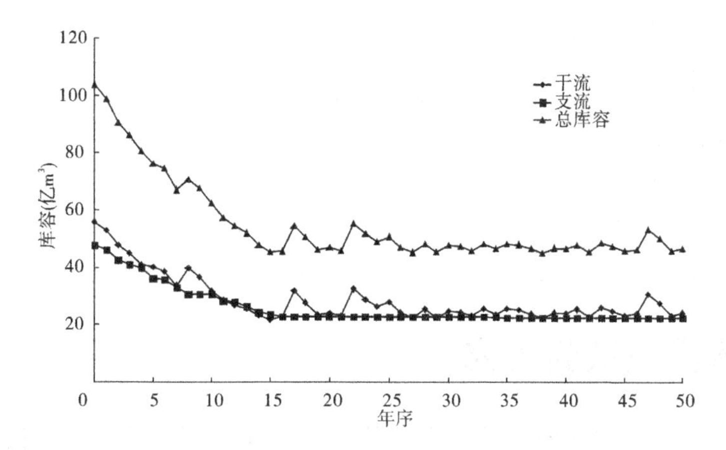

图 8-20　1960 系列水库库容变化过程

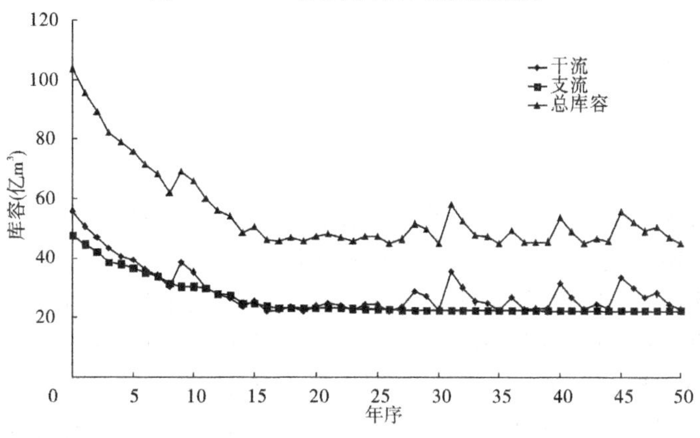

图 8-21　1968 系列水库库容变化过程

经统计,拦沙期完成至水库运用第 50 年的正常运用时期,1960 系列、1968 系列和 1990 系列历年水库总有效库容平均值分别为 47. 80 亿 m^3、48. 04 亿 m^3 和 48. 48 亿 m^3,其中干流库容平均值为 25. 15 亿 m^3、25. 39 亿 m^3 和 26. 04 亿 m^3,支流库容的平均值为 22. 65 亿 m^3、22. 65 亿 m^3 和 22. 44 亿 m^3。水库汛限水位 254 m 以上历年总有效库容平均值分别为 42. 21 亿 m^3、41. 90 亿 m^3 和 42. 20 亿 m^3,其中干流库容平均值为 20. 81 亿 m^3、20. 72 亿 m^3 和 20. 86 亿 m^3,支流库容的平均值为 21. 40 亿 m^3、21. 18 亿 m^3 和 21. 34 亿 m^3。水库进入正常运用期以后,随着水库调水调沙运用,泥沙在汛限水位 254 m 至死水位

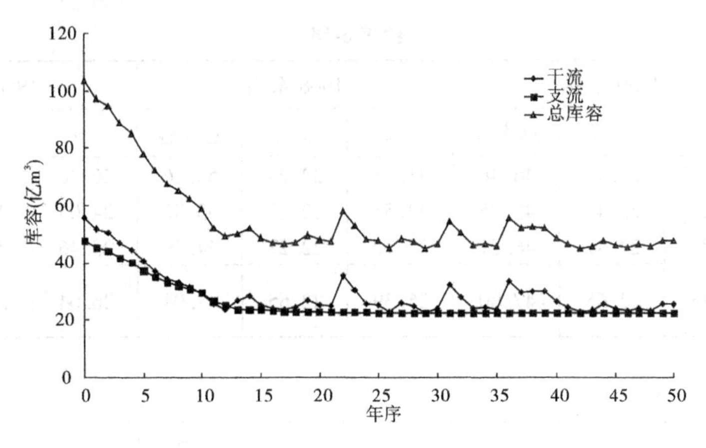

图 8-22 1990 系列水库库容变化过程

230 m 之间的 10 亿 m^3 槽库容内冲淤变化，与原初步设计成果基本相当，汛限水位 254 m 以上剩余有效库容满足防洪库容不小于 40.5 亿 m^3 的设计要求。从拦沙期完成至水库运用到第 50 年各系列年均拦沙量分别为 76.40 亿 m^3、76.11 亿 m^3 和 75.74 亿 m^3，与规划设计阶段采用的成果比较接近，拦沙量略大于设计拦沙库容是由于河槽临时性淤积造成的。

8.3 实体模型试验研究

采用前期水沙偏丰的 1960 系列对最终推荐的运用方式进行库区实体模型试验，起始地形条件为 2007 年 10 月实测地形。

8.3.1 水库淤积形态

8.3.1.1 干流淤积形态

1）纵剖面

水库调水调沙过程中，泥沙在库区沿程淤积分布的不均匀性，使得淤积形态相应发生不断的调整。图 8-23 与图 8-24 给出了典型年份库区干流汛后纵剖面深泓点套绘图。水库运用过程中，河床纵剖面总体呈同步抬升趋势，部分年份地形调整剧烈。

系列年初始边界条件采用 2007 年 10 月地形，淤积形态为三角洲。三角洲顶点距坝约 27.2 km，顶点高程 220.07 m。在库区三角洲洲面水流往往接近均匀流，三角洲顶点以下的前坡段，水深陡增，流速骤减，水流挟沙力急剧下降，处于超饱和状态，大量泥沙在此落淤，使三角洲洲体随库区淤积量的增加而不断向坝前推进。系列年试验至第 1 年库区三角洲面发生不同程度的淤积，其中 HH08 ~ HH43 之间深泓点平均抬升幅度为 4 ~ 5 m，三角洲顶点由 2007 年 10 月的 HH17 向前推进至 HH15（距坝 24.4 km），HH07 以下及 HH43 以上深泓点变化不大。系列年第 2 年，全库区发生淤积，其中 HH14 以下的三角洲前坡段尤为明显，如距坝 18.7 km 的 HH12 断面，位于三角洲前坡段，水深骤然增加，水流挟沙率大幅度减小，大量泥沙在该库段淤积，深泓点淤积厚度高达 25 m。前坡段大量淤积，使得三角洲不断向坝前推进，至第 4 年，三角洲顶已推移至距坝 10.3 km 的 HH08 断面。系列年第 5 年来沙量大，库区淤积形态表现为三角洲面的抬升，同时三角洲顶点推进

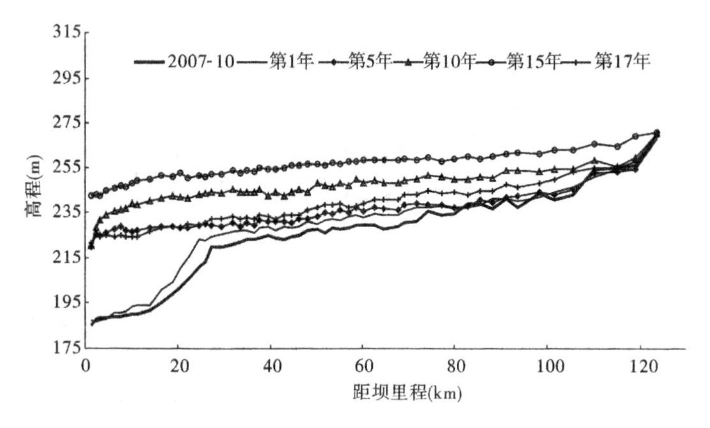

图8-23　推荐方案系列年试验库区干流汛后纵剖面变化过程(深泓点)

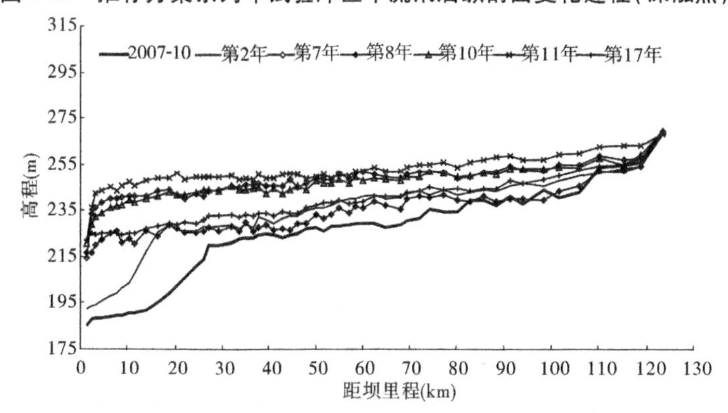

图8-24　推荐方案系列年试验地形变化幅度较大年份干流汛后纵剖面(深泓点)

至坝前转化为锥体淤积形态,仅在坝前存在冲刷漏斗。

河床纵比降的调整过程与水沙条件和水库调度方式有关。试验初始阶段,淤积三角洲面纵比降较大,随着三角洲不断向坝前推进,洲面比降逐步减小。试验系列第8年,水库相机降水冲刷,自下而上的溯源冲刷占主导地位,河床纵比降增大至2.79‱,之后在水库逐步抬高拦粗排细调水调沙运用过程中,河床纵比降趋于减缓,第17年的相机降水冲刷运用,河床纵比降又增大至2.73‱。

2)横断面

横断面总体表现为同步淤积抬升趋势。图8-25给出了部分横断面套绘图。

一般情况下,河槽形态取决于水沙过程,长时期的小流量过程河槽逐步萎缩,历时较大流量随着河槽下切展宽,河槽过水断面面积显著扩大。在较为顺直的狭窄库段,一般水沙条件下为全断面过流如HH19～HH16之间的八里胡同库段(见图8-25中HH17断面)。在河床较宽库段往往形成滩槽,如图8-25中HH29、HH37等断面。在库区上段河床狭窄,但河势受两岸山体的制约蜿蜒曲折,当主流紧贴一岸时,在对岸仍有形成滩地的可能,如图8-25中HH44断面基本处于弯顶处,主流稳定在左岸,流量较大时河槽以大幅度的下切为主。HH48断面河谷相对较宽,虽然河槽横向展宽受上下游山嘴的制约,但遇大流量时河槽在展宽与下切的同时得到大幅度的扩展。HH52断面上下游较为顺直且河谷狭窄仅约300 m,在较大流量过程中基本无滩地。

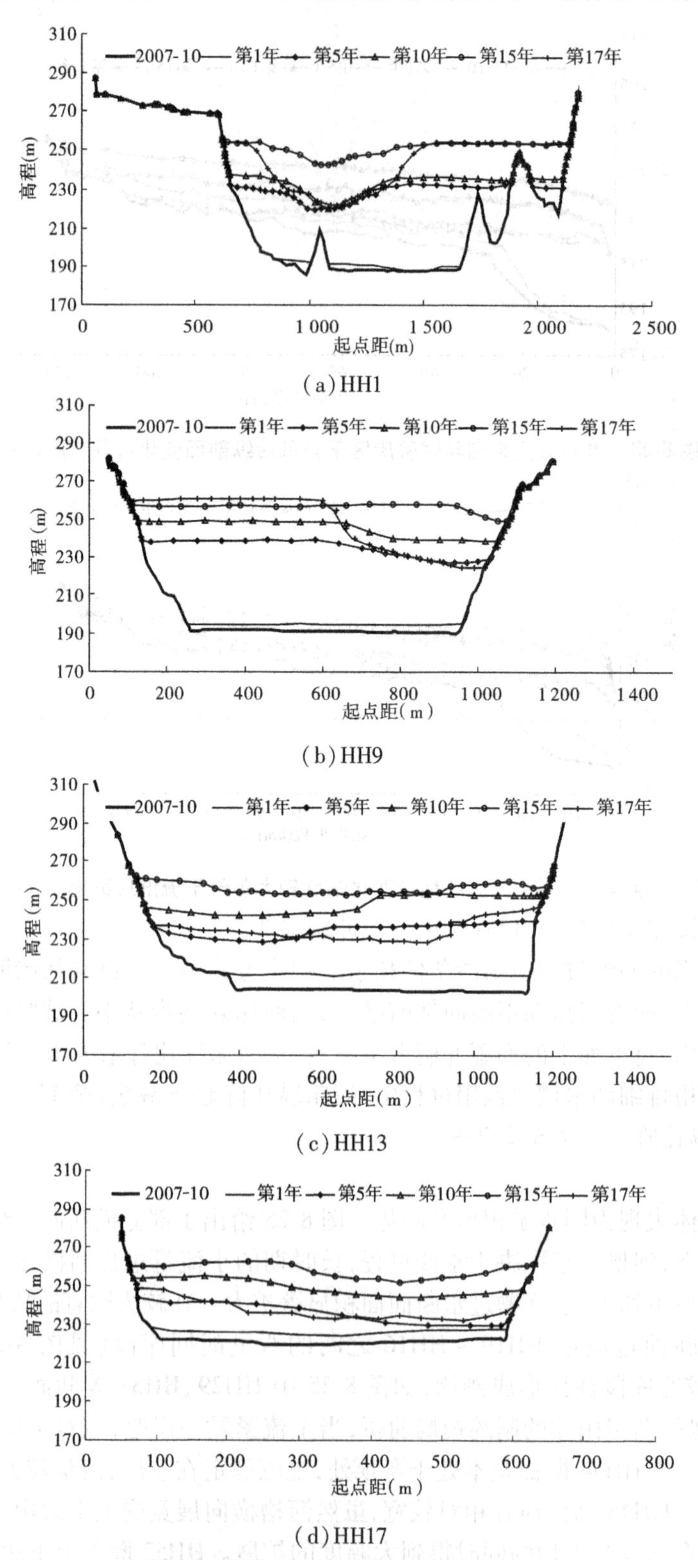

(a) HH1

(b) HH9

(c) HH13

(d) HH17

图 8-25　推荐方案系列年试验横断面套绘

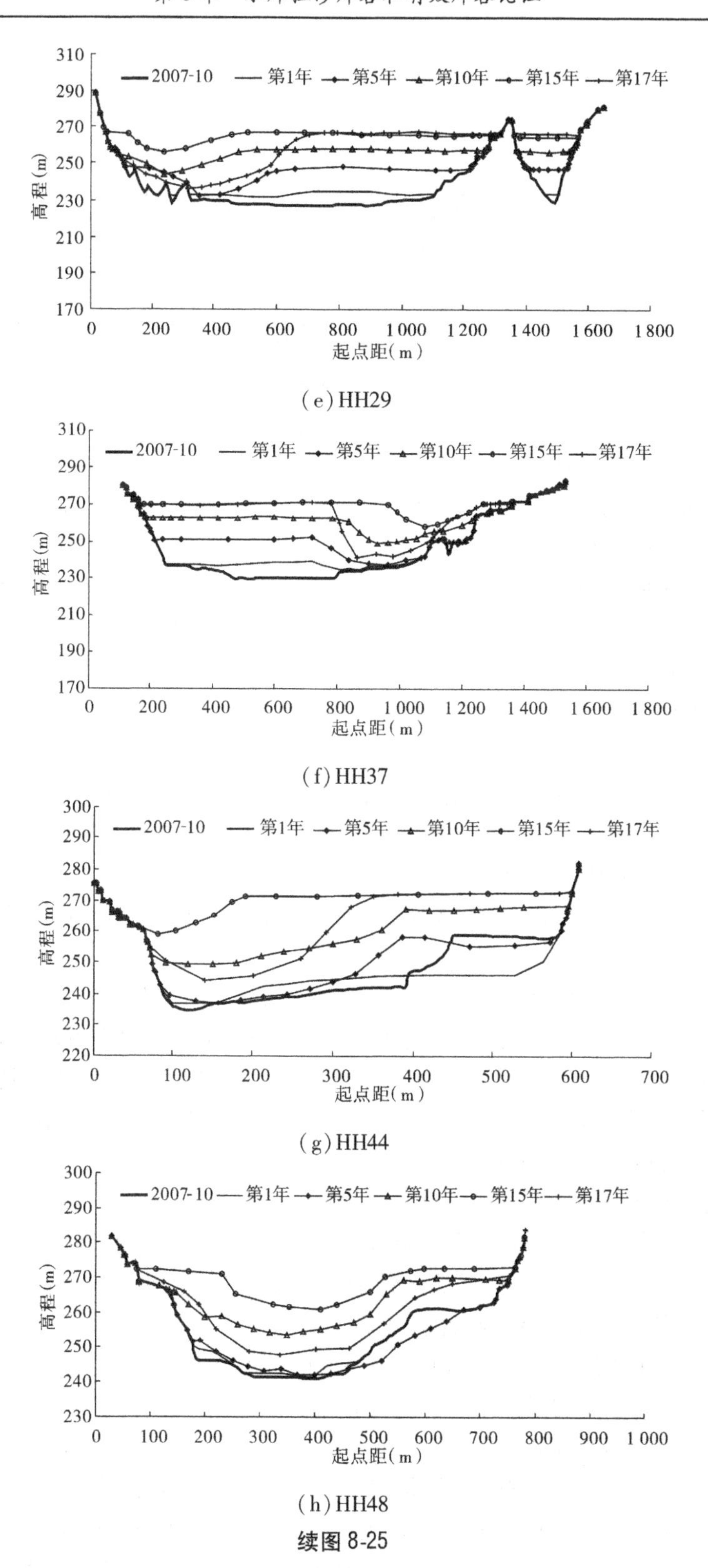

(e) HH29

(f) HH37

(g) HH44

(h) HH48

续图 8-25

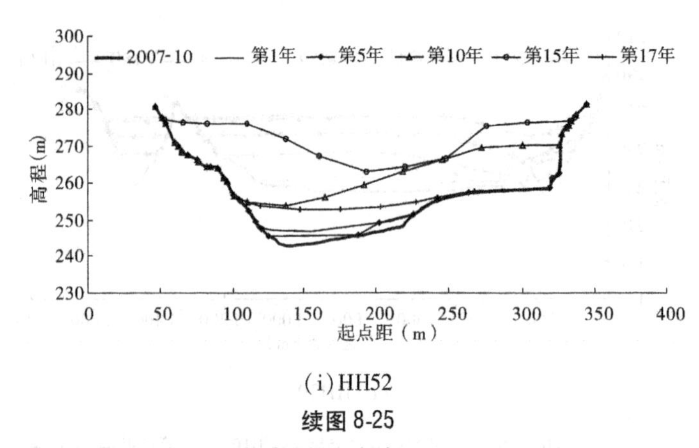

(i) HH52

续图 8-25

横断面横向位移主要与库区边界条件及水库运用过程有关。系列年试验中大部分时段与库段河槽位置相对固定，只是随流量的变化，河槽形态发生调整或略有位移，如HH37 断面以上、HH29 ~ HH27 断面之间、HH23 ~ HH14 断面之间、HH10 ~ HH9 断面之间的库段。其余库段河槽往往发生大幅度的位移，如在距坝 50 ~ 60 km 之间的 HH36 ~ HH30 断面之间，处于变动回水区，往往是非汛期泥沙淤积的部位，在淤积过程中河槽被部分或全部掩埋，在翌年汛前降水过程中，河槽出现的位置受上下游河势的变化等因素影响，往往具有随机性。此外，该库段断面宽阔，一般为 2 000 ~ 2 500 m，在持续小流量年份河槽萎缩，滩地形成横比降，突遇较大流量，极易发生河槽的位移，如距坝 60. 13 km 的 HH36 断面，河槽沿横断面发生频繁且大幅度的位移。在部分弯道附近，由于水流入弯顶冲的部位不同也会引起河槽位置的改变，如距坝 20. 39 km 的 HH13 断面。坝前库段在水库调水调沙运用过程中，库水位变动幅度较大且频繁，输沙流态随之不断发生变化，地形在冲刷与淤积之间转换过程中，极易发生河槽位移，如距坝 3. 34 km 的 HH3 断面。

横断面变化幅度较大的时段主要表现在降水冲刷时期。在水库调度过程中，往往利用较大流量过程进行相机降水冲刷，以恢复部分库容，同时可利用较大流量过程输送库区冲刷的泥沙。在水位迅速大幅度下降过程中，产生自下而上的溯源冲刷，与大流量过程发生的沿程冲刷相结合，具有较大的塑槽效果，河槽下切与展宽的过程中得到较大幅度的扩展，例如在系列年中第 8 年及第 17 年的断面观测结果。特别是第 17 年，流量较大且历时长，对河槽的冲刷作用非常显著。

8. 3. 1. 2　支流淤积形态

小浪底库区支流仅有少量的推移质入库，可忽略不计，所以支流的淤积主要为干流来沙倒灌所致。随着试验的进行，支流淤积形态不断变化，逐渐形成倒比降，且愈加显著。图 8-26 给出了部分支流的纵断面套绘图。

支流相当于干流河床的横向延伸，支流河床淤积过程与天然的地形条件关系密切，而且与干支流交汇处干流的淤积形态和过程有关。

距坝约 18 km 的支流畛水河，原始库容达 17. 5 亿 m^3，275 m 高程回水长度达 20 km 以上，按设计的淤积形态，淤积末端距沟口约 18 km。畛水河沟口断面狭窄约 600 m，干流水沙侧向倒灌进入畛水河时过流宽度小，意味着进入畛水河的沙量少。畛水河上游地形开阔，如距口门约 3 km 处，河谷宽度达 2 300 m 以上，进入支流的水沙沿流程过流宽度骤

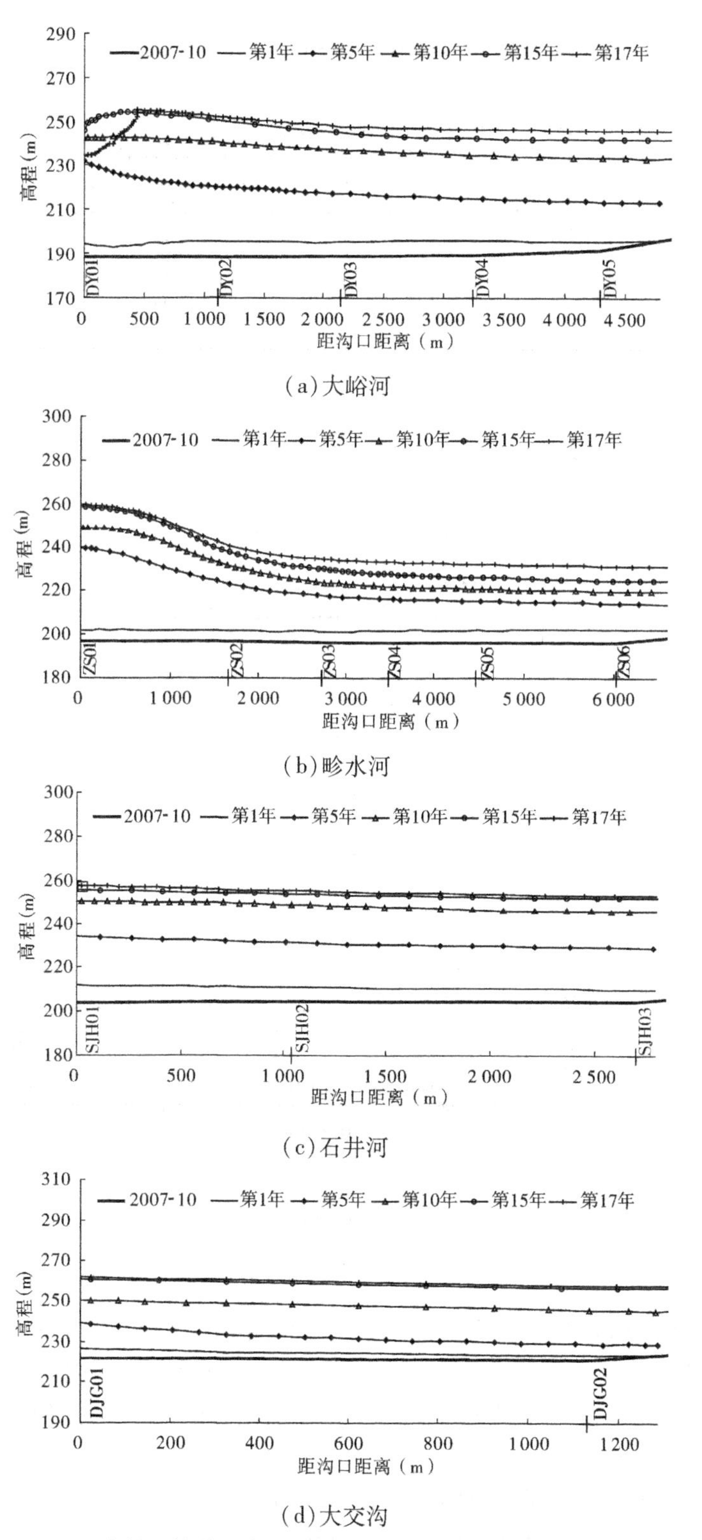

(a)大峪河

(b)畛水河

(c)石井河

(d)大交沟

图 8-26　推荐方案系列年试验典型支流纵断面套绘

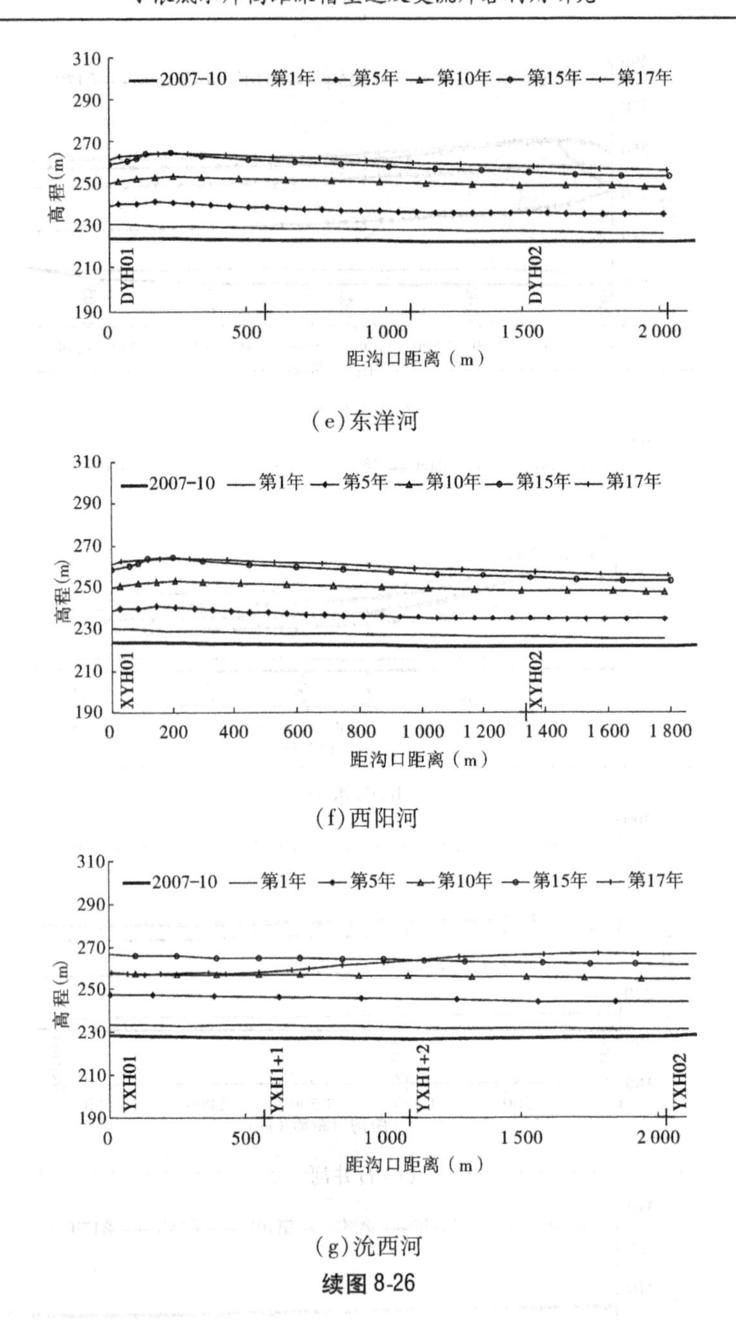

(e)东洋河

(f)西阳河

(g)沇西河

续图 8-26

然增加，流速迅速下降，挟沙能力大幅度减小，泥沙沿程大量淤积，倒灌进入畛水河的浑水越远离口门，挟带的沙量越少，而过流（铺沙）宽度大，这是畛水河内部淤积面抬升幅度小的根本原因。随着干流河床淤积面不断抬高，支流淤积面抬升缓慢，使得干支流淤积面高差呈逐年增加的趋势。

与畛水河地形不同的是，距坝约 23 km 的支流石井河，原始库容为 3.62 亿 m^3，275 m 高程回水长度约 10 km，沟口宽度大于 2 000 m，向上游过流宽度逐渐缩窄，距沟口约 2 700 m处，河谷宽度缩窄至500 m 左右。地形条件使干流水沙倒灌量值大，支流内部铺沙宽度逐步减少，河床抬升速度快。

支流库容较小时，支流淤积速度较快。例如，大交沟原始库容仅 0.824 亿 m^3，275 m 高程回水长度不足 5 km，泥沙填充速度相对较快。

支流纵剖面的变化过程还反映出，即使干流河床处于动平衡状态，支流仍会随浑水倒灌而缓慢抬升。

需要指出的是，受地形的限制，库区模型对某些支流并未全部涵盖。在支流有蓄水的情况下，倒灌入支流的浑水往往形成异重流，本来可以运行距离更长的异重流，在被截断处受阻会壅高或逆向运动与倒灌水流掺混，使局部淤积偏高。与实际接近的淤积地形应该是淤积长度更远些，在纵比降明显变缓处淤积面会再低些。

支流横断面淤积形态大多是平行抬升，见图 8-27。当干流河床大幅度下降时，在支流近口门处，淤积面会随之降低，有时会出现明显的沟槽现象，如距坝约 4 km 的支流大峪河，经历第 17 年降水冲刷后 01 断面河床降低 20 m 以上。

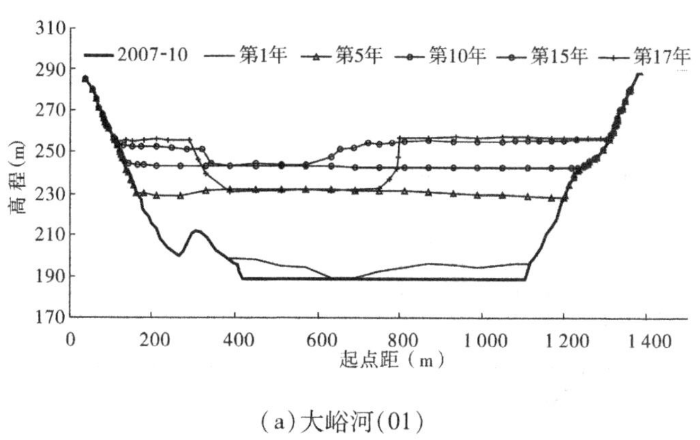

(a) 大峪河(01)

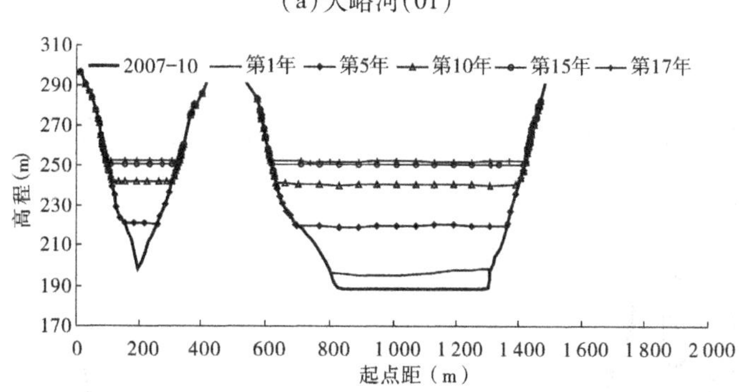

(b) 大峪河(02)

图 8-27　推荐方案系列年试验典型支流横断面套绘

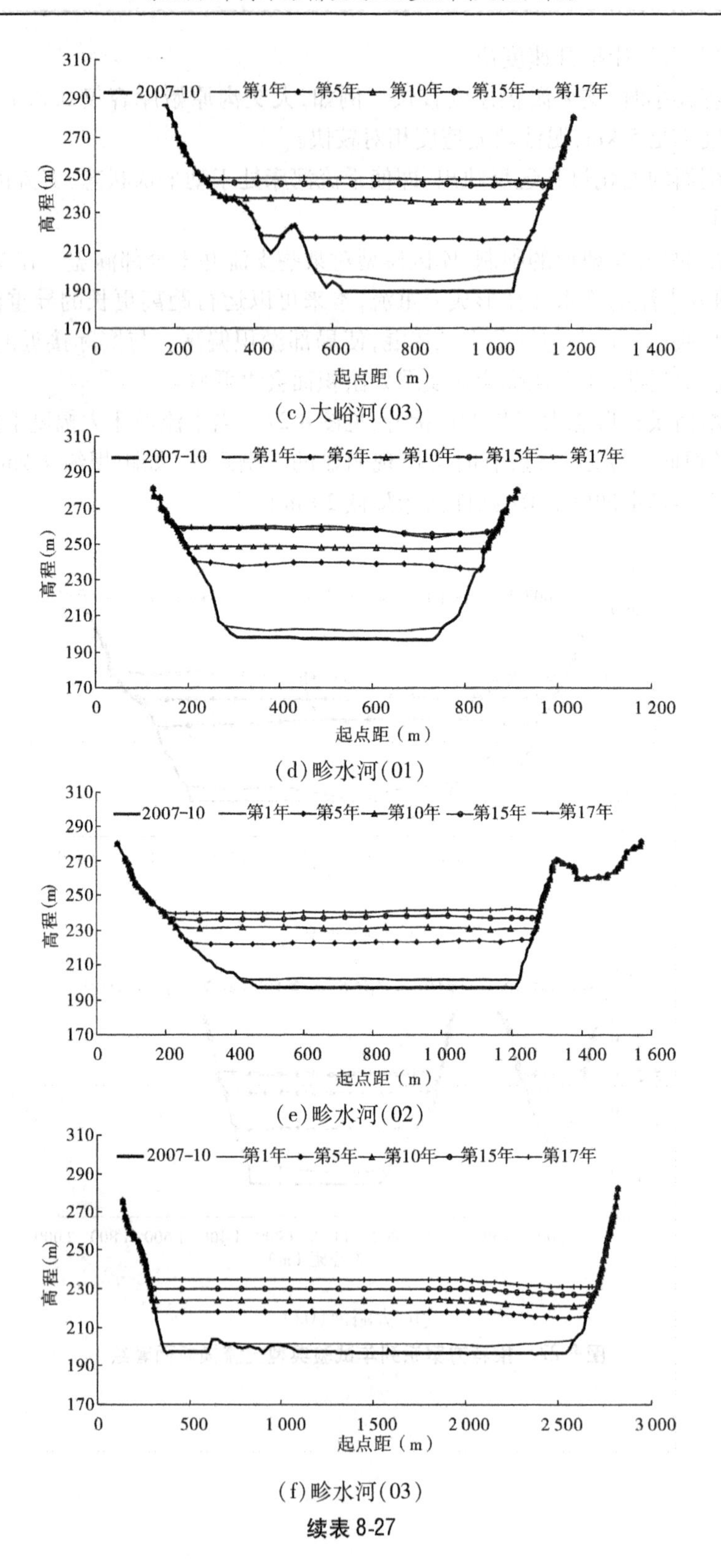

(c)大峪河(03)

(d)畛水河(01)

(e)畛水河(02)

(f)畛水河(03)

续表 8-27

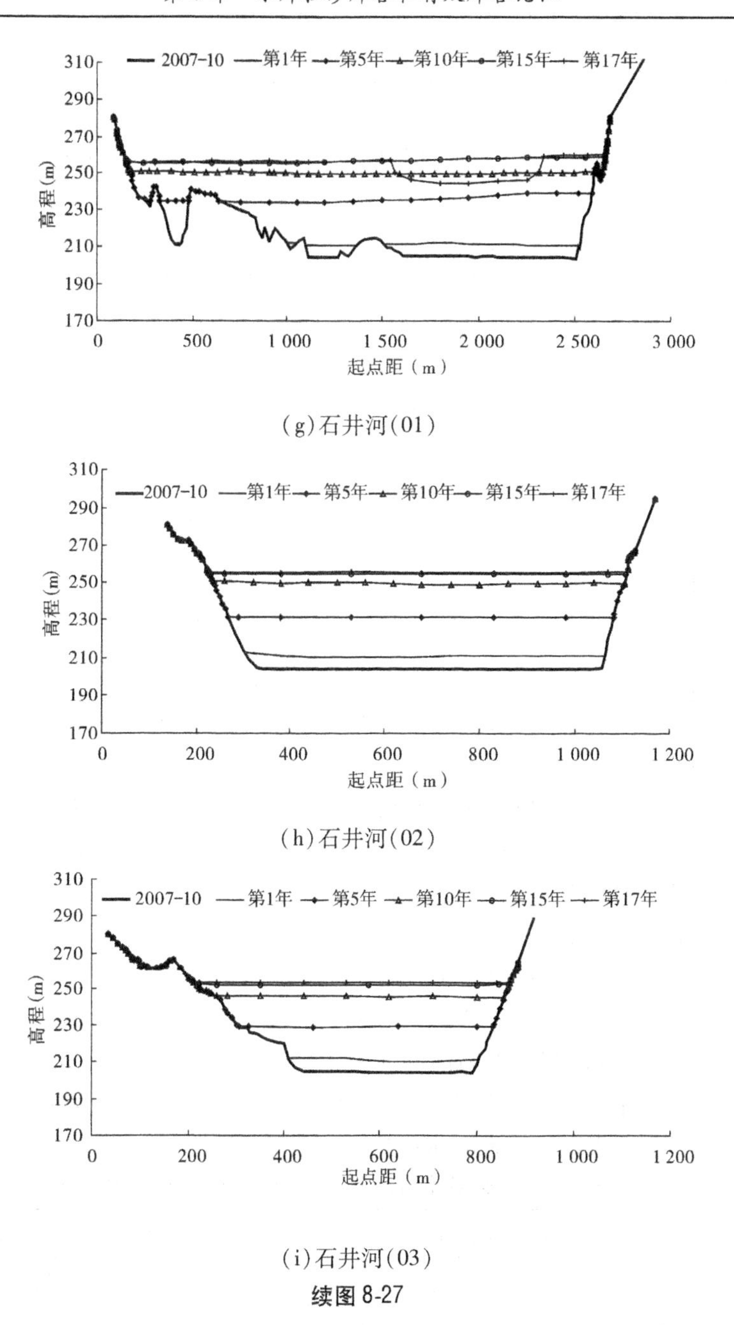

(g)石井河(01)

(h)石井河(02)

(i)石井河(03)

续图 8-27

8.3.2 水库拦沙库容和有效库容

表 8-19 为试验过程中历年坝前滩面高程变化过程,以坝前滩面高程达到 254 m 为指标确定拦沙期结束时期,可以看出,拦沙期结束在第 14 年。图 8-28 为坝前滩面高程变化图。

表 8-19 坝前滩面高程变化过程 （单位：m）

年序	1	2	3	4	5	6	7	8	9
滩面高程	191.0	194.5	202.5	207.9	233.9	234.3	239.3	241.1	243.0
年序	10	11	12	13	14	15	16	17	—
滩面高程	245.2	247.3	249.5	252.4	254.1	254.2	254.2	254.2	—

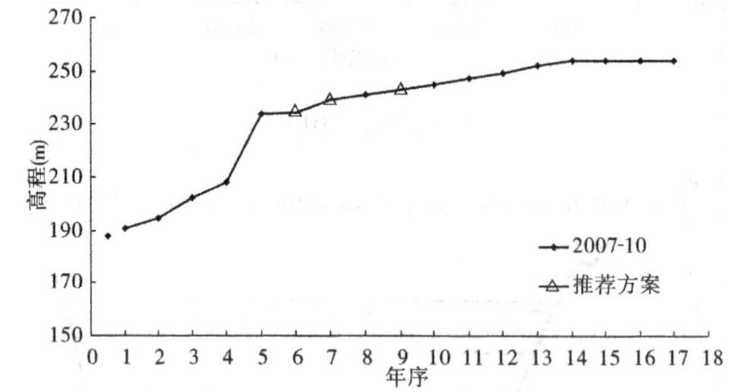

图 8-28 推荐方案坝前滩面高程变化

随着水库淤积发展，水库库容也随之变化，表 8-20、图 8-29、图 8-30 给出了拦沙期结束与系列年试验结束时的库容。

实体模型试验成果表明，随着水库淤积发展，水库库容也随之变化。第 14 年拦沙期结束时，275 m 高程以下水库总库容为 48.346 亿 m^3，其中干流库容 18.628 亿 m^3，支流库容为 29.718 亿 m^3。扣除支流无效库容，275 m 高程以下有效库容为 41.58 亿 m^3，254 m 高程以上防洪库容为 40.82 亿 m^3。

第 17 年试验结束时，水库 275 m 高程总库容为 52.171 亿 m^3，其中干流库容为 25.827 亿 m^3，支流库容为 26.344 亿 m^3。扣除支流无效库容，275 m 高程以下水库有效库容为 47.30 亿 m^3，254 m 高程以上防洪库容为 41.15 亿 m^3。

按 1997 年 10 月小浪底水库实测原始库容 127.54 亿 m^3 计，拦沙期结束时水库拦沙量为 79.19 亿 m^3，系列年试验结束时水库拦沙量为 75.37 亿 m^3。

表 8-20 拦沙期结束与系列年试验结束库区高程库容

高程（m）	拦沙期结束（亿 m^3）			系列年结束（亿 m^3）		
	干流	支流	总库容	干流	支流	总库容
190	0	0	0	0	0	0
195	0	0	0	0	0	0
200	0	0	0	0	0	0
205	0	0	0	0	0	0
210	0	0.002	0.002	0	0	0
215	0	0.010	0.010	0	0	0

续表 8-20

高程(m)	拦沙期结束(亿 m³)			系列年结束(亿 m³)		
	干流	支流	总库容	干流	支流	总库容
220	0	0.060	0.060	0	0	0
225	0.001	0.140	0.141	0.220	0	0.220
230	0.017	0.270	0.287	0.540	0.100	0.640
235	0.043	0.590	0.633	0.840	0.300	1.140
240	0.088	1.100	1.188	1.460	0.770	2.230
245	0.195	1.880	2.075	2.410	1.390	3.800
250	0.411	3.600	4.011	4.090	2.810	6.900
255	0.990	7.290	8.280	6.420	5.280	11.700
260	3.250	12.150	15.400	9.900	9.210	19.110
265	7.320	17.810	25.130	14.440	14.280	28.720
270	12.720	23.460	36.180	19.900	19.940	39.840
275	18.628	29.718	48.346	25.827	26.344	52.171

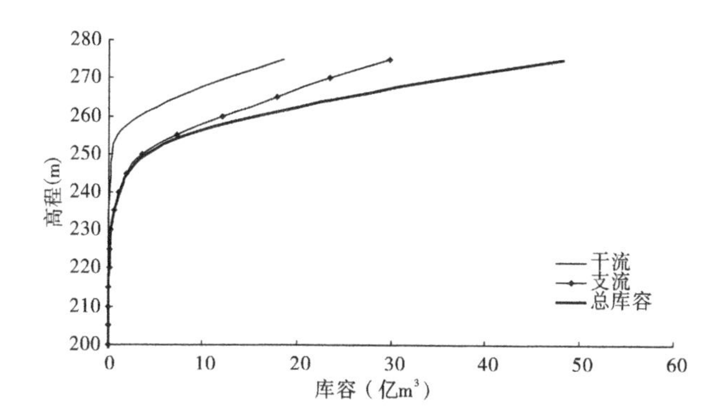

图 8-29　推荐方案拦沙期结束库区库容曲线

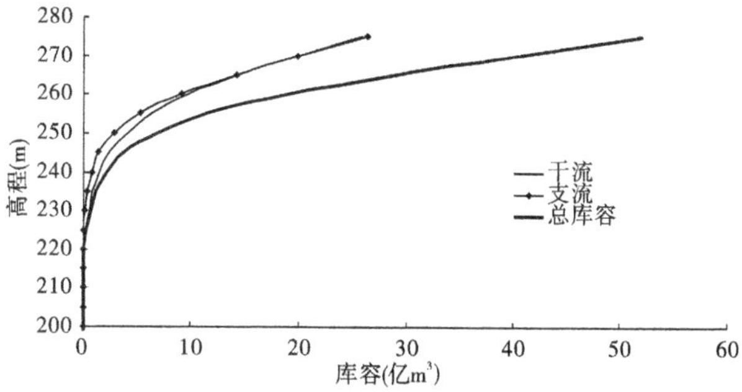

图 8-30　推荐方案系列年试验结束库区库容曲线

8.4　本章小结

采用理论与经验分析、数学模型计算和实体模型试验多种方法，考虑不同水沙条件，分析论证了小浪底库区平衡淤积形态，进一步分析论证了水库的拦沙库容和有效库容。

理论与经验分析结果表明，采用不同水沙系列分析计算，水库形成高滩深槽平衡形态后总有效库容为51.3亿~51.7亿 m^3，拦沙库容为75.2亿~74.8亿 m^3，扣除支流无效库容3亿 m^3，可拦沙量72.2亿~71.8亿 m^3。与规划设计阶段成果基本相当。

数学模型计算结果表明，1960系列、1968系列和1990系列拦沙期完成年限分别为15年、17年和16年。从拦沙期完成至水库运用到第50年，各系列有效库容平均值分别为47.80亿 m^3、48.04亿 m^3 和48.48亿 m^3，其中汛限水位254 m以上历年水库总有效库容平均值分别为42.21亿 m^3、41.90亿 m^3 和42.20亿 m^3，满足防洪库容不小于40.5亿 m^3 的设计要求。从拦沙期完成至水库运用到第50年各系列年均值分别为76.40亿 m^3、76.11亿 m^3 和75.74亿 m^3，与规划设计阶段采用的72.5亿 m^3 比较接近。

实体模型试验成果表明，采用1960系列，按照推荐运用方式运用，水库14年完成拦沙期。拦沙期结束时水库有效库容为41.58亿 m^3，水库拦沙量为79.19亿 m^3。

第9章 主要结论

本项目从理论研究、实测资料分析、数学模型模拟计算和实体模型试验等方面开展研究工作,同时与库区原型观测、工程运行总结紧密结合,主要研究结论如下:

(1)分析了黄河近期水沙变化特性,研究了黄河水沙变化趋势,提出了研究采用的小浪底水库入库水沙条件。成果已用于黄河流域综合规划修编。

预估未来50年黄河龙华河洑四站多年平均水量为285亿m^3左右,多年平均沙量为10亿t左右。在2020年水平1956~2000年水沙系列中选取前10年平水平沙的1968系列、水沙偏丰的1960系列、水沙偏枯的1990系列三个系列进行本项目的研究。三个系列50年平均水沙量差别不大,龙华河洑四站水量分别为293.1亿m^3、292.3亿m^3、287.6亿m^3,沙量分别为10.56亿t、10.44亿t、10.52亿t,前10年平均水量分别为288.0亿m^3、339.8亿m^3、234.4亿m^3,平均沙量分别为11.81亿t、13.10亿t、8.35亿t。

考虑三门峡水库的调节作用,以及龙华河洑至三门峡河段的工农业用水和冲淤调整,1968系列、1960系列、1990系列小浪底水库入库50年平均水量分别为273.2亿m^3、272.6亿m^3、268.0亿m^3,沙量分别为9.92亿t、9.84亿t、9.81亿t。前10年平均水量分别为268.0亿m^3、320.0亿m^3、215.4亿m^3,平均沙量分别为10.98亿t、11.99亿t、7.87亿t。

(2)水库不同运用阶段应该采取不同的排沙方式,运用初期,蓄水体大,壅水程度高,水库主要的排沙方式为异重流和浑水水库排沙;运用至中、后期,随着库区的持续淤积,水库壅水明流排沙和均匀流排沙机遇逐渐增多。

水库降低水位冲刷效果主要与库区前期冲淤状态、入库流量、入库含沙量、冲刷历时等因素相关。水库前期为淤积状态时,降低水位冲刷效果好,而前期库区为冲刷状态时,则冲刷效果差,后者的平均冲刷强度和冲刷效率仅为前者的1/3左右。平均流量为2 000~3 000 m^3/s量级的洪水,综合冲刷效果较好,且入库过程中有一定的发生机遇,适合用于降低水位冲刷排沙;冲刷历时保持6 d左右比较适宜。综合考虑这些影响因素,小浪底水库运用中、后期(拦沙后期和正常运用期),应根据水文预报,当入库水沙条件有利时,提前泄空蓄水,形成溯源加沿程的强烈冲刷,塑造高滩深槽,恢复库容;当入库水沙条件不利时,进行蓄水兴利。采用冲淤交替的方式有利于水库高滩深槽形态的塑造和长期有效库容的保持,在正常运用期保持水库长期冲淤平衡。

(3)实测资料分析表明,小浪底水库运用以来干流淤积为三角洲淤积形态,水库的淤积形态与水库的运用水位关系密切。运用水位降低,淤积三角洲顶点向坝前推进,顶点高程随之降低;运用水位升高,淤积三角洲顶点向上游移动,顶点高程随之升高。总体而言,随着水库的淤积发展,三角洲逐渐向坝前推移,截至2011年10月,三角洲顶点推进至距坝16.39 km,顶点高程约215.2 m。

库区支流淤积形态,有些时段形成了一定高度的支流拦门沙坎,但随着时间的推移,拦门沙坎逐渐又被泥沙淤平，并未形成较为严重的拦门沙坎。大峪河、畛水河、石井河距坝较近，干流以异重流输沙为主，支流未形成拦门沙坎；而西阳河、沇西河距坝相对较远，处于干流淤积三角洲顶点上游，干流以浑水明流输沙为主，支流已初步呈现拦门沙坎雏形；亳清河距坝最远，虽然位于干流浑水明流运动区，但由于其回水长度较短，也未形成拦门沙坎。

(4)水库运用方式，特别是坝前水位的变化，与水库冲刷形态关系密切。前期有一定的淤积量，在淤积面相对较高的情况下，降低水位易发生溯源冲刷，冲刷效果好，若入库流量较大，配合沿程冲刷则冲刷可发展至全库区。由于黄河水资源供需矛盾越来越突出，小浪底水库拦沙后期要冲刷水库恢复库容可以利用的大流量机遇少，选择溯源加沿程这种冲刷方式，在来大流量时迅速降低水位，提前泄空蓄水，待大流量到来时集中排沙，这种冲刷模式的冲刷效率最高，且有利于高滩深槽的形成。

根据有关水库实测资料和模型基本理论，研究了水库冲淤计算方法和模拟技术，开发提出了小浪底水库水文学和水动力学两套数学模型。

(5)采用调控上限流量为 3 700 m^3/s 和 2 600 m^3/s 的不同冲刷时机的对比分析可知，两个调控上限流量表现出相同的规律，水库降水冲刷时机越早，降水冲刷的次数越多，库区淤积越慢，拦沙后期越长，综合利用效益越好，在库区淤积量达42 亿 m^3 之前，水库坝前淤积面较低，尚不具备降低水位冲刷恢复库容的条件，因此选定冲刷时机为水库淤积42 亿 m^3 开始进行降水冲刷。

小浪底水库坝前水位不宜骤升骤降，库水位在 275 ~ 250 m 时，连续 24 h 下降最大幅度不应大于 4 m；库水位在 250 m 以下时，连续 24 h 下降最大幅度不应大于 3 m；当库水位连续下降时，7 d 内最大下降幅度不应大于 15 m。库水位在 260 m 以上连续 24 h 的上升幅度不应大于 5.0 m。分析小浪底水库减淤要求的拦沙库容和调水调沙库容、防洪要求的防洪库容和综合利用要求的调节库容，以及枢纽的设计思想，综合考虑，小浪底水库拦沙期最低运用水位 210 m，正常运用期最低运用水位 230 m。

(6)采用数学模型和实体模型对逐步抬高拦粗排细的运用方式(方式一)和多年调节泥沙、相机降水冲刷调水调沙的运用方式(方式二)进行分析论证。两种运用方式，方式一主汛期水库蓄水量按照拦粗排细的运用要求控制，库水位在一个较小的范围内有升降变化，但总趋势是逐步升高的，滩槽淤积面同时逐步上升，当坝前淤积面淤至 245 m，再降低库水位冲刷下切，形成高滩深槽，之后利用槽库容拦粗排细调节运用，水库持续淤积，拦沙期较短。方式二小水时蓄水拦沙，拦粗排细运用，大水时降低水位排沙或冲刷恢复库容，库区冲淤交替进行，滩槽同步形成，水库库容可以重复利用，拦沙期较方式一延长。两个数学模型计算的 1968 系列结果表明，水库形成高滩的年限方式一为 11 年，方式二为 16 ~ 18 年，由于降水冲刷恢复库容，方式二比方式一延长了水库拦沙期 5 ~ 7 年。实体模型试验的 1990 系列具有相同的性质，由于该系列前期来水较枯，方式二降水冲刷恢复库容机会相对较少，即便如此，水库形成高滩的年限的长度方式一为 15 年，方式二为 16 年，方式二比方式一延长水库拦沙期 1 年。

数学模型计算结果，两种运用方式第 18 年水库都形成了滩槽淤积形态，坝前滩面高程都达到 254 m，但深槽的河床高程有所不同，坝前 30 km 范围内方式一河槽纵剖面较方式二高 5～10 m。支流淤积形态没有十分明显的差别，支流沟口的高程随着干流滩面的淤积高程而逐步抬高，在支流沟口处形成高度约 4 m 的拦门沙坎，拦门沙坎后的支流库容由泥沙淤积填充。在水库运用过程中，方式一淤积速度较方式二快，其支流无效库容也发展相对较快，但最终两种运用方式支流无效库容差别不大。方式一至第 11 年完成拦沙期，其无效库容为 3.18 亿 m^3，有效库容为 46.17 亿 m^3（其中干流库容为 22.39 亿 m^3，支流库容为 23.78 亿 m^3）；方式二至第 18 年拦沙后期完成，其无效库容为 3.21 亿 m^3，有效库容为 48.84 亿 m^3（其中干流库容为 24.89 亿 m^3，支流库容为 22.95 亿 m^3）。两种运用方式拦沙期完成后，库区冲淤交替出现，库区干、支流库容差别不大。

实体模型试验 20 年成果表明，两种方式相比，支流口门处高程和滩面高程基本相同，拦门沙坎高度方式二略小于方式一。水库总库容方式二和方式一分别为 53.629 亿 m^3 和 52.153 亿 m^3，其中干流库容分别为 21.225 亿 m^3 及 16.064 亿 m^3，支流库容分别为 32.404 亿 m^3 及 36.089 亿 m^3。方式二与方式一相比，干流库容多 5.161 亿 m^3，支流库容少 3.685 亿 m^3，总库容多 1.476 亿 m^3。

（7）采用理论与经验分析、数学模型计算和实体模型试验多种方法，考虑不同水沙条件，分析论证了小浪底库区平衡淤积形态，进一步分析论证了水库的拦沙库容和有效库容。

理论与经验分析结果表明，采用不同水沙系列分析计算，水库形成高滩深槽平衡形态后总有效库容为 51.3 亿～51.7 亿 m^3，拦沙库容为 75.2 亿～74.8 亿 m^3，扣除支流无效库容 3 亿 m^3，可拦沙量为 72.2 亿～71.8 亿 m^3，与规划设计阶段成果基本相当。

数学模型计算结果表明，1960 系列、1968 系列和 1990 系列拦沙期完成年限分别为 15 年、17 年和 16 年。从拦沙期完成至水库运用到第 50 年，各系列有效库容平均值分别为 47.80 亿 m^3、48.04 亿 m^3 和 48.48 亿 m^3，其中汛限水位 254 m 以上历年水库总有效库容平均值分别为 42.21 亿 m^3、41.90 亿 m^3 和 42.20 亿 m^3，满足防洪库容不小于 40.5 亿 m^3 的设计要求。从拦沙期完成至水库运用到第 50 年各系列年均拦沙量分别为 76.40 亿 m^3、76.11 亿 m^3 和 75.74 亿 m^3，与规划设计阶段采用的 72.5 亿 m^3 比较接近。

实体模型试验成果表明，采用 1960 系列，按照推荐运用方式运用，水库 14 年完成拦沙期。拦沙期结束时水库有效库容为 41.58 亿 m^3，水库拦沙量为 79.19 亿 m^3。

参考文献

[1] 李景宗．黄河小浪底水利枢纽规划设计丛书——工程规划[M]．北京：中国水利水电出版社，2006.

[2] 张俊华，陈书奎，李书霞，等．小浪底水库拦沙初期水库泥沙研究[M]．郑州：黄河水利出版社，2007.

[3] 韩其为．水库淤积[M]．北京：科学出版社，2003.

[4] 张瑞瑾，谢鉴衡．河流泥沙动力学[M]．北京：水利电力出版社，1998.

[5] 刘继祥．黄河小浪底水利枢纽规划设计丛书——水库运用方式研究与实践[M]．北京：中国水利水电出版社，2008.